Reinhard Strehl
Grundprobleme des Sachrechnens

smd
Studienbücher Mathematik Didaktik

Herausgeber:
Professor Hans-Dieter Gerster
Professor Herbert Kütting
Professor Dr. Arno Mitschka
Professor Dr. Friedhelm Padberg
Professor Dr. Reinhard Strehl

Reinhard Strehl

Grundprobleme des Sachrechnens

Herder
Freiburg · Basel · Wien

Alle Rechte vorbehalten – Printed in Germany
Illustrationen: Joachim Glombik, Freiburg
© Verlag Herder Freiburg im Breisgau 1979
Satz: wico-grafik, St. Augustin
Druck und Einband: Freiburger Graphische Betriebe 1979
ISBN 3-451-18610-1

Inhalt

Zur Einführung

In der Diskussion über Zielsetzungen und Legitimation des Unterrichtsfaches Mathematik stellt sich immer wieder die Frage nach dem Verhältnis von Anwendungen der Mathematik und im Alltag benötigtem Wissen einerseits und einer mehr formalen Bildung durch Mathematik andererseits. In der älteren Rechendidaktik wurde diese Frage meist so beantwortet, daß man zumindest für Grund- und Hauptschulen das sogenannte *Sachrechnen* als „bürgerliches Rechnen" und somit die im „täglichen Leben" benötigten Rechentechniken in den Vordergrund stellte und eine Hinführung zu abstrakterem mathematischen Denken vorwiegend als Aufgabe des Gymnasiums ansah. Die Kritik an den Textaufgaben und der Dreisatz-Schematik dieses Sachrechnens richtet sich auf ein weitgehend unkritisches Umgehen mit den Inhalten der Textaufgaben und zugleich auf das Problem, daß unter Umständen gerade von Zielsetzungen wie Umwelterschließung und Lebensbewältigung her die Förderung mathematischer Begriffsbildung und flexiblen Denkens heute vielleicht wichtiger ist als alle an spezielle Inhalte gebundenen Anwendungen. Dabei stellt sich die Frage, wie weit einerseits eine mathematische Durchdringung der traditionellen Rechentechniken erforderlich ist, um diese sinnvoll anwenden zu können, und wie weit andererseits die Beschäftigung mit den der Realität entnommenen Sachverhalten eine Voraussetzung dafür ist, den Schüler überhaupt für das Lernen von Mathematik motivieren zu können.

Ausgehend von solchen Problemstellungen werden wir in einem ersten Kapitel die Ziele des traditionellen Sachrechnens, kritische Einwände und eine mögliche Gegenposition etwas genauer betrachten.

Da sich das *Rechnen mit Größen* als zentral für einen sehr großen Teil aller Anwendungen von Mathamatik erweist, soll in Kap. II der Größenbegriff untersucht werden. Dabei kommen unter anderem auch das *Problem des Messens* sowie im Zusammenhang mit der sogenannten Teilbarkeitseigenschaft mancher Größenbereiche die Querverbindungen zur *Bruchrechnung* zur Sprache.

Die elementaren Rechenoperationen bei Größen bilden auch den mathematischen Hintergrund für einen erheblichen Teil der *Textaufgaben*, wie sie von der Grundschule bis weit in die Sekundarstufe I hinein auftreten, so daß wir im Anschluß an die Analyse des Größenbegriffs in Kap. III zunächst die *sprachliche Gestaltung und logische Struktur einfacher Textaufgaben* untersuchen wollen und dabei insbesondere auch die Schwierigkeiten, die sich für den Schüler bei der Übersetzung der Umgangssprache in Rechenausdrücke ergeben.

In Kap. IV werden dann unter dem allgemeinen Gesichtspunkt von *Zuordnungen zwischen Größenbereichen* die traditionellen Stoffgebiete des Sachrechnens betrachtet, nämlich die *Proportionalitäten und Antiproportionalitäten*, die *Prozent- und Zinsrechnung* sowie der *Verhältnisbegriff*. Diese Stoffgebiete haben ja ihre grundsätzliche Bedeutung nicht verloren.

Im Anschluß daran – Kap. V – werden zunächst einige Beispiele für weitere mathematische Stoffgebiete und Verfahrensweisen skizziert, die für die Behandlung von Sachaufgaben relevant sind. In einer kanppen Übersicht soll dann gezeigt werden, ein wie reichhaltiges und eng verflochtenes Netz von Begriffen *insgesamt den mathematischen Hintergrund des Sachrechnens* ausmacht, womit die These bestätigt wird, daß sich Sachrechnen und Hinführung zu mathematischen Begriffsbildungen nicht ausschließen müssen.

Das folgende Kapitel – VI – geht der Bedeutung und den Möglichkeiten von *graphischen Darstellungen im Sachrechnen* nach, und im letzten Kapitel schließlich wollen wir im Zusammenhang mit den Möglichkeiten zum *Problemlösen im Sachrechnen* und *zur Erschließung eines Sachverhalts im Rahmen von Unterrichtsprojekten* noch einmal auf die grundsätzliche Problematik zurückkommen, die wir einleitend angesprochen haben.

In den mehr stofforientierten Kapiteln werden Aussagen mit dem Charakter von *Definitionen* durch ● und *Sätze* durch ■ hervorgehoben. Ein streng deduktiver Aufbau ist jedoch nicht angestrebt.

Das Thema Sachrechnen ist seiner Natur nach offen und kann in einem Band wie dem vorliegenden kaum in allen seinen Aspekten bis in unterrichtliche Einzelfragen hinein ausdiskutiert werden. Wir haben aber versucht, die grundsätzlichen Fragestellungen nicht nur mit der Klärung des jeweiligen mathematischen Hintergrunds sondern ebenso auch mit vielen praktischen Hinweisen für den Unterricht zu verbinden.

Für Kritik und Hilfe von Kollegen sowie für viele Anregungen von studentischer Seite – besonders während meiner Lehrtätigkeit in Berlin – habe ich herzlich zu danken.

Lüneburg, im November 1978   Reinhard Strehl

I. Sachrechnen – anwendbares Wissen oder Denkerziehung durch Mathematik?

Während sich mathematische Begriffe und auch die meisten Stoffgebiete des Mathematikunterrichts in der Regel klar umreißen lassen, ist weitgehend offen, was unter *Sachrechnen* zu verstehen ist. Sachrechnen nur als „bürgerliches Rechnen" aufzufassen, wäre zu eng und dem gegenwärtigen Stand der fachdiaktischen Diskussion nicht angemessen. Sachrechnen als „Anwenden von Mathematik" schlechthin zu verstehen, wäre aber viel zu allgemein. Sachrechnen ist keine mathematische Disziplin, kein in sich geschlossenes Stoffgebiet des Mathematikunterrichts, und es erscheint uns auch im Sinne einer Eingrenzung dieses Begriffs und damit zugleich unseres Themas nur wenig sinnvoll, ad hoc festzulegen, welche Inhalte oder Stoffgebiete dazugehören sollen und welche nicht. Der Grund dieser Schwierigkeit liegt darin, daß die Frage nach dem Sachrechnen in einem sehr engen Zusammenhang steht mit dem Problem der *allgemeinen Zielsetzungen des Mathematikunterrichts*. Etwas zugespitzt lautet die Frage:

> Soll der Mathematikunterricht auf Lebensnähe und unmittelbar praktisch anwendbare Kenntnisse oder auf mathematische Bildung, strukturelles Denken bzw. allgemein Denkerziehung hinarbeiten?

Je nach Art der Beantwortung dieser Frage kann der Begriff Sachrechnen anders verstanden werden und hat er ein anderes Gewicht. Wir wollen diesem Problem in einem ersten Kapitel nachgehen, indem wir bei einem Verständnis von Sachrechnen ansetzen, wie es im traditionellen Rechenunterricht der Grund- und Hauptschule vorherrschend war. Wir wollen kritische Einwände formulieren und fragen, ob die in den sechziger Jahren verstärkt einsetzenden Reformbemühungen, mit denen der Aspekt des mathematischen Denkens stärker betont wurde als zuvor, eine befriedigende Alternative gebracht haben, oder ob es erforderlich ist, nach einer Synthese zu suchen. Schließlich ist zu prüfen, welche positiven Möglichkeiten sich aus einem neuen Verständnis des Begriffs Sachrechnen und Hand in Hand damit aus neueren Überlegungen zur Zielsetzung des Mathematikunterrichts ergeben.

In bezug auf die dabei auftretenden mathematischen Begriffe und didaktisch-methodischen Problemstellungen müssen wir zunächst von dem Vorverständnis ausgehen, das der Leser mitbringt, auch wenn die fraglichen Begriffe und Probleme in den späteren Kapiteln noch im einzelnen erörtert werden. Dies gilt nicht zuletzt für den Größenbegriff und für Abbildungen zwischen Größenbereichen, die sich, vom Stoff her gesehen, als zentral für das elementare Sachrechnen erweisen werden. Es erscheint uns aber wichtig, alle späteren Einzelüberlegungen zu einschlägigen Begriffsbildungen und Fragen der Unterrichtsgestaltung von vornherein in Beziehung zu setzen zu den allgemeinen Fragen, die wir hier kurz umreißen wollen.

1. Das traditionelle Sachrechnen und die mit ihm verbundenen Zielsetzungen

Für die Grundschule und in besonderem Maße für die Hauptschule wurden Rechen- bzw. Mathematikunterricht und Sachrechnen lange Zeit weitgehend miteinander identifiziert. Sowohl in bezug auf die Ziele als auch in bezug auf Inhalte und Methoden des Rechenunterrichts bzw. Mathematikunterrichts war das Sachrechnen ein zentraler Begriff. Dies hat einen sehr deutlichen Niederschlag gefunden in den älteren Richtlinien der einzelnen Bundesländer zum Mathematikunterricht, wie sie bis in die 2. Hälfte der sechziger Jahre hinein formuliert wurden.

,,Im Mathematikunterricht der Hauptschule sollen . . . die in Sachbereichen verborgenen rechnerischen Beziehungen erfaßt . . . werden''. (Baden-Würtemberg 1967)[1]

,,Im Mathematikunterricht der Hauptschule soll die Umwelt nach Zahl, Maß und Form erfaßt werden''. (Berlin 1968)[2]

Was solchen Richtlinien-Formulierungen und älteren Didaktiken über das Sachrechnen und die Aufgabe des Rechen- bzw. Mathematikunterrichts zu entnehmen ist, läßt sich in den folgenden Punkten zusammenfassen:

1. Sachrechnen ist dem Stoff nach Rechnen mit Maßen und Gewichten, ,,*bürgerliches Rechnen*''.

Der Terminus ,,Sachrechnen'' erscheint durchaus angemessen; denn unter den Sachen sind die Gegenstände des täglichen Lebens zu verstehen, und

---

1 Vorläufige Arbeitsanweisungen für die Hauptschulen Baden-Württembergs, hrsg. vom Kultusministerium Baden-Württemberg, Stuttgart 1967, Neckar Verlag Villingen, S. 115.
2 Rahmenpläne für Unterricht und Erziehung in der Berliner Schule, Berlin 1968, B III a 13, Hauptschule: Mathematik, S. 1.

wenn darüber rechnerische, also quantitative Aussagen gemacht werden sollen, so haben wir es entweder mit *Stückzahlen*, d. h. mit Anzahlen von Gegenständen jeweils einer bestimmten Art, oder mit *Maßzahlen* zu tun. Länge, Flächeninhalt, Gewicht, Preis eines Gegenstandes usw., alles was mitunter auch als „benannte Zahl" bezeichnet wird, sind aber Beispiele für *Größen*. Der Größenbegriff nimmt also eine zentrale Stellung im Sachrechnen ein, obwohl er in der traditionellen Rechendidaktik kaum als Oberbegriff für verschiedene Maße und Gewichte herausgestellt wurde. Umgekehrt fällt im Hauptschulbereich vielmehr eine starke Spezialisierung verschiedener Berechnungsarten auf, wobei schon im Namen entweder ein bestimmter Sachbereich mit der „Rechnung" verbunden wird, wie in der Zinsrechnung, der Mischungsrechnung, der Gewinn- und Verlustrechnung. Oder aber es wird ein Hinweis auf einen besonderen Begriff oder Lösungsweg gegeben wie in der Prozentrechnung, der Verhältnisrechnung, der Dreisatz- oder Schlußrechnung usw. Diese Gebiete machen den Kern des traditionellen Sachrechnens aus. Der jeweilige Sachverhalt wird dabei fast ausschließlich sprachlich in Form von *Textaufgaben* vermittelt, so daß „Sachrechnen" und „Lösen von Textaufgaben" fast synonym verwendet werden können.

In den eingangs zitierten Berliner Rahmenplänen von 1968 steht neben Zahl und Maß noch der Begriff „Form", was auf geometrische Themen hindeutet. Man muß sich aber bewußt machen, daß Geometrie im traditionellen Rechenunterricht im wesentlichen ein Berechnen spezieller Flächen und Körper war und somit ebenfalls Sachrechnen als ein „Erfassen der Umwelt" durch Berechnen von Größen.

2. Sachrechnen ist zugleich *Inhalt und Ziel* des Rechenunterrichts.

Die Richtlinien sprechen von den „Rechenfällen des täglichen Lebens"[3], auf die der Schüler vorbereitet werden soll. Oder es heißt etwas ausführlicher: Der Schüler soll „sichere und geläufige Kenntnisse und Fertigkeiten im Rechnen erwerben und sie bei der Durchdringung von Sachverhalten der Umwelt, besonders in den Bereichen der Arbeit, Wirtschaft, Technik und Gesellschaft verwenden lernen". (Niedersachsen 1962)[4] Ebenso die hessischen Richtlinien von 1957: „Der Rechenunterricht zielt auf Anwendung. Sachrechnen ist deshalb auf allen Stufen zu pflegen"[5]. Und für Rheinland-

---

3 Bildungsplan für die Grundschulen in Baden-Württemberg, 1967, Neckar Verlag Villingen, S. 96.
4 Richtlinien für die Volksschulen des Landes Niedersachsen, Hannover 1962, S. 82.
5 Bildungsplan für die allgemeinbildenden Schulen im Lande Hessen. II Das Bildungsgut. A Das Bildungsgut der Volksschule. Amtsblatt des Hessischen Ministers für Erziehung und Volksbildung, Februar 1957.

Pfalz wird noch im selben Jahr apodiktisch formuliert: „Das Rechnen der Volksschule . . . *ist* Sachrechnen"[6]. Dabei fließen durchaus auch Erwartungen in bezug auf die zukünftige Haltung und Rolle der Schüler mit ein. In denselben Richtlinien ist die Rede von einer „Erziehung zur Sachlichkeit" im Mathematikunterricht und von einem „Beitrag zur rechten Wertschätzung der Dinge und Erscheinungen". Man liest weiter: „In der 8. Mädchenklasse tritt die Körperberechnung zugunsten einer Flächenberechnung zurück, die in enger Beziehung zu Handarbeit und Hauswirtschaft steht"[7]. Dies ist zugleich ein heiterer Kommentar zu unserer obigen Feststellung über den Zusammenhang zwischen Geometrieunterricht und Sachrechnen.

3. Das Sachrechnen ist zugleich ein *durchgängiges didaktisch-methodisches Prinzip*.

So wird 1955 für die bayerischen Volksschulen formuliert: „Der Rechenunterricht geht auf allen Altersstufen von lebensnahen, mathematisch zwingenden und zugleich kindgemäßen Rechensituationen aus, arbeitet den mathematischen Gehalt heraus, schreitet zur Erkenntnisgewinnung sowie zur Pflege angemessener Rechenfertigkeit fort"[8]. Diese Forderungen stehen ganz im Einklang mit dem, was W. Oehl die „Sachbezogenheit des rechnerischen Lernprozesses" nennt[9]:

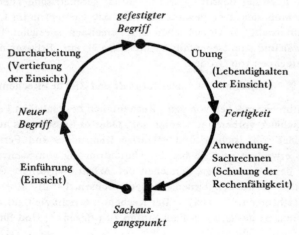

6 Richtlinien für die Volksschulen in Rheinland-Pfalz, Runderlaß des Ministers für Unterricht und Kultus vom 29. 3. 57, Grünstadt 1957, S. 31.
7 ebenda, S. 35.
8 Bildungsplan für die bayrischen Volksschulen, hrsg. vom Bayrischen Staatsministerium für Unterricht und Kultus, Amtsblatt Jg. 1955, S. 425–512.
9 W. Oehl, Der Rechenunterricht in der Hauptschule, Hannover ⁵1974, S. 115.

Ähnlich wie es in dieser Abbildung zum Ausdruck kommt, jedoch schon mit etwas stärkerer Betonung des mathematischen Aspekts, äußern sich auch die Richtlinien des Landes Nordrhein-Westfalen, die 1968, also schon im Jahr der einsetzenden Mathematikreform noch unter Mitwirkung von Wilhelm Oehl entstanden sind[10].

4. Mit dem breiten Anspruch des Sachrechnens verdindet sich häufig noch eine Abgrenzung des *Rechenunterrichts* der Volksschule gegenüber dem *Mathematikunterricht* des Gymnasiums.

Man sieht auf der einen Seite die sogenannte Lebensnähe und Anschaulichkeit, auf der anderen die abstrakte, exakte Mathematik. Wie stark dabei gerade mit dem Sachrechnen eine Festlegung der Volksschule auf eine überkommene Vorstellung von *volkstümlicher Bildung* einherging, soll durch ein weiteres Richtlinienzitat verdeutlicht werden: ,,Der Rechenunterricht (der Hauptschule) hat die Aufgabe, die in der Grundschule erworbene Fertigkeit im Umgang mit Zahlen und in der zahlenmäßigen Erfassung der Wirklichkeit so zu festigen und zu erweitern, daß sie für die Bewältigung der im späteren Leben vorkommenden rechnerischen Aufgaben ausreicht und eine sichere Grundlage gibt für das Rechnen im häuslichen und beruflichen Wirkungskreis". Und weiter: ,,Die Grenzen zwischen dem Rechenunterricht der Volksschule einerseits und dem Mathematikunterricht der höheren Schulen (und Fachschulen) andererseits müssen sowohl stofflich als auch methodisch beachtet werden. Es ist nicht seine Hauptaufgabe, zu mathematisch abstraktem Denken zu führen". (Schleswig-Holstein, 1954)[11] Es ist sehr bemerkenswert, daß diese Aussage in manchen Wendungen fast wörtlich dem entspricht, was schon in der Mitte des 19. Jahrhunderts, also genau 100 Jahre früher, über die Aufgabe der Volksschule gesagt wurde: ,,Der Rechenunterricht in der Volksschule hat sich nur insoweit um die Zahl zu kümmern, als dies erforderlich ist, um den Kindern zu einer vollständigen Kenntnis von Welt und Leben zu verhelfen, als deren künftige Lebensstellung es erfordern kann, und (es) darf daher die abstrakte Zahlenlehre oder die Arithmetik auch nicht einmal nach ihren Anfängen als ein Objekt des Volksschulunterrichts anerkannt werden. Ebensowenig ist es statthaft, sich auf einen angeb-

---

10 Grundsätze, Richtlinien, Lehrpläne für die Hauptschule in Nordrhein-Westfalen; Die Schule in Nordrhein-Westfalen, Eine Schriftenreihe des Kultusministers, Heft 30, Ratingen 1968.
11 Richtlinien für die Lehrpläne des 5.–9. Schuljahrs der Volksschulen des Landes Schleswig-Holstein vom 8. 1. 1954, hrsg. vom Kultusminister des Landes Schleswig-Holstein.

lichen Bildungszweck der Volksschule zu berufen, um der abstrakten Zahlenlehre einen Platz in der Volksschule zu verschaffen"[12].

Die Vorstellung vom „lebensnahen Sachrechnen" als dem Inhalt und Ziel des Mathematikunteririchts der Volksschule hat also Wurzeln, die sehr weit zurückreichen. Sie spiegelt sich nicht nur in den zitierten Richtlinien, sondern bis in die sechziger Jahre hinein auch in Schulbüchern und zahlreichen didaktischen Schriften, die ihre Zielsetzung oftmals schon durch einen Titel wie „Zahl und Raum in unserer Welt", „Volkstümliche Raumkunde", "Lebensvolle Raumlehre" oder „Lebensnahes Rechnen" hervorheben[13].

2. Kritische Einwände

Einwände gegen das traditionelle Sachrechnen und die mit ihm verbundene Konzeption eines Rechenunterrichts für Grund- und Hauptschule lassen sich unter verschiedenen Gesichtspunkten formulieren. Sie beziehen sich sowohl auf den fachlich mathematischen Aspekt der behandelten Stoffe als auch auf allgemeinere fachdidaktische und pädagogische Probleme und nicht zuletzt auf die Frage der Zielsetzungen.

In fachlicher Hinsicht wurde vor allem hervorgehoben:

1. Es fehlte vielfach eine mathematisch befriedigende Klärung der verwendeten Begriffe und Verfahren.

Man denke an die Unterscheidung zwischen Zahlen und Größen, an den Begriff „proportional" oder an Formeln und ihre Umformungen in der Prozentrechnung. Mit fehlender begrifflicher Klarheit wird aber dem Schüler die Möglichkeit zu voller Einsicht genommen, und es besteht die Gefahr, daß die gelernten Rechenverfahren nur als unverstandene Mechanismen blind gehandhabt werden.

12 Goltzsch/Theel, Der Rechenunterricht in der Volksschule, Berlin 1854, S. VII; zitiert nach Müller, W./ Thyen, H., Rechentüchtigkeit und mathematische Bildung, Vergleichende Untersuchung von Rechenbüchern für das 5. bis 8. Schuljahr der Hauptschulen, Realschulen und Gymnasien (Max Traeger Stiftung, Forschungsberichte, 5), Darmstadt 1967, S. 159.
13 K. Resag (Hrsg.), Zahl und Raum in unserer Welt, Braunschweig 1961–1966; M. Mayer, Volkstümliche Raumkunde, München o. J.; H. Kempinsky, Lebensvolle Raumlehre, Bonn 1952; W. Junker/K. Sczyrba, Lebensnahes Rechnen, Ratingen ²1964. Man vgl. auch die Formulierungen über „Lebensechtheit" und „Lebensnähe" von Sachaufgaben bei H. Schwartze, Grundriß des mathematischen Unterrichts, Bochum o. J. (erschienen etwa 1967), S. 89 ff.

2. Gemeinsame Strukturen in verschiedenen Sachbereichen wurden zu wenig beachtet, eine Einordnung in allgemeinere mathematische Begriffsbildungen unterblieb vielfach ganz, und Querverbindungen zu anderen mathematischen Stoffgebieten wurden zu wenig berücksichtigt.

Mit der Klassifikation von Maßen und Gewichten als „benannten Zahlen" wird z. B. sehr viel weniger ausgesagt als mit der Einsicht, daß gewisse Rechengesetze charakteristisch sind für Größenbereiche und somit für alle Maße und Gewichte gelten müssen. Proportionalitäten sind spezielle Beispiele für monotone Fuktionen, die übrigens bei den Sachproblemen der Wirklichkeit weitaus häufiger anzutreffen sind als die Proportionalitäten selbst, und monotone Funktionen wiederum sind Spezialfälle von Abbildungen schlechthin und so fort.

Es geht aber nicht nur darum, die Zinsrechnung als Prozentrechnung zu erkennen, die auf einen speziellen Sachbereich angewandt wird und deshalb nur eine besondere Terminologie hat. Es geht auch um die Beziehungen zwischen Prozentrechnung und Bruchrechnung, zwischen Prozentrechnung und dem Begriff der relativen Häufigkeit in der elementaren beschreibenden Statistik, zwischen monotonen Fuktionen und Häufigkeitsverteilungen, zwischen manchen graphischen Dartellungen für Proportionalitäten und den zentrischen Streckungen in der Geometrie und um viele derartige Wechselbeziehungen mehr.

Die Einwände, die sich auf die Zielsetzungen sowie auf allgemeinere pädagogische und didaktische Fragen beziehen, überschneiden sich wechselseitig und sind so vielfältig, daß wir nur die wichtigsten Punkte nennen können:

1. Die tatsächlich auftretenden und nachweisbaren Anwendungen der im traditionellen Sachrechnen erworbenen Kenntnisse sind nur gering.

Der Begriff der Lebensnähe, der im Zusammenhang mit dem Sachrechnen immer wieder vorkommt, ist selbst äußerst problematisch. Wenn man einmal absieht von sehr speziellen Berufen wie z. B. dem des technischen Zeichners und den wenigen Fällen, wo Schulmathematik für jedermann im Alltag auftritt — etwa der Prozentbegriff beim Rabatt —, so weiß man sehr wenig darüber, wo und in welchem Umfang mathematische Kenntnisse außerhalb der Schule überhaupt gebraucht werden.

Im Zusammenhang mit beruflichen Ausbildungsgängen treten bei den verschiedensten Eingangs- und Abschlußprüfungen zwar immer wieder Aufgaben des traditionellen Sachrechnens auf. So liest man in einer Berufsschulabschlußprüfung aus dem Jahre 1975 als Prüfungsaufgabe für Verkäuferinnen im Bäckerhandwerk:

Aus Sahne mit 35 % Fettgehalt und Vollmilch mit 3 % Fett soll Kaffeesahne mit einem Fettgehalt von 15 % hergestellt werden.
a) In welchem Verhältnis müssen Sahne und Vollmilch gemischt werden?
b) Wieviel Sahne und wieviel Vollmilch werden für 1 500 g Kaffeesahne benötigt?

Oder für das Fleischerhandwerk:

Ein Kunde bezahlt für 400 g Rinderherz 3,84 DM. Beim Kochen tritt ein Verlust von 150 g ein.
1. Wieviel g Rinderherzen, frisch, werden für 5 Personen benötigt, wenn das Fertiggericht einer Portion 150 g sein soll?
2. Was kosten Rinderherzen für 5 Personen?[14]

Die Beispiele zeigen deutlich, daß es sich hier wiederum um Schul-Aufgaben handelt, die sich in dieser Form in der Berufspraxis nur selten stellen dürften[15].

2. Aufgaben aus der Welt der Erwachsenen wirken nicht immer motivierend auf das Kind.

Bei Aufgaben wie den obigen Beispielen handelt es sich ja – wenn sie überhaupt vorkommen – um ein „Lernen auf Zukunft" anhand von Problemen, die für das Kind genau genommen noch nicht akut sind. Aufgaben, die denen der Berufsschulabschlußprüfungen gleichen, finden sich zwar in unseren Schulbüchern in großer Zahl. Doch hier zeigt sich ein Dilemma: Einerseits ist es Aufgabe der Schule, das Kind auf die Welt der Erwachsenen vorzubereiten, andererseits dürfen seine gegenwärtige Situation, seine Interessen und Bedürfnisse nicht vernachlässigt werden.

3. Sachaufgaben haben oft den Charakter von Einkleidungen vorgegebener mathematischer Zusammenhänge und Verfahrensweisen und stellen sich schon deshalb im außerschulischen Bereich so nicht.

14 Abschlußprüfung Nov. 1975 der Berufschulen (gewerblicher Bereich), Kultusministerium Baden-Württemberg; zitiert nach G. A. Lörcher, Sachrechnen in der beruflichen Ausbildung, unveröffentlichte Materialsammlung.
15 Vgl. auch U. Raatz/H. Forth/W. Priesner, Welche mathematischen Kenntnisse sind im Beruf erforderlich? – eine empirische Untersuchung, in: Lernzielorientierter Unterricht, 1973, Heft 2; W. Wolf, Ein erster Bericht über empirische Untersuchungen aus dem Projekt „Mathematik am Arbeitsplatz", in: Lernzielorientierter Unterricht, 1973, Heft 2.

Die entscheidende Frage lautet also: Was ist früher, der jeweilige mathematische Inahlt, ein bestimmtes Rechenverfahren oder das zugehörige Sachproblem?

4. Um für den Schüler einer mathematischen Bearbeitung zugänglich zu sein, müssen die Sachprobleme oft so vereinfacht werden, daß die „Wirklichkeit" stark verfälscht wird.

Dies gilt zum Teil gerade für Standardprobleme des Sachrechnens: Der Zusammenhang zwischen Warenmenge und Preis ist ja in den seltensten Fällen wirklich eine lineare Funktion, und ein Preis hängt meist von sehr viel mehr Faktoren ab, als sie im Rechenbuch erscheinen. Oder: Grundstücke sind nur selten rechtwincklig, wie es die Flächenberechnung der Schule haben möchte.

5. Die durch Sachrechnen vermittelten Inahlte entsprechen vielfach nicht der Umwelt der Schüler und werden bei Konzentration auf den formal rechnerischen Aspekt aus ihrem Zusammenhang gelöst und nicht mehr kritisch gesehen.

Dieser Punkt ist von besonderem Gewicht.. Es gibt in unseren Schulbüchern immer noch den kleinen bäuerlichen Betrieb und den mittelständischen Handwerker in einem Maße, wie es für die Lebensumstände der meisten Schüler nicht mehr charakteristisch ist, ebensowenig wie die Normalfamilie mit dem gut verdienenden Vater, zwei Kindern, einer Mutter, die den Haushalt führt, und einer märchenerzählenden Großmutter.
Nun gibt es durchaus auch neurere Schulbücher, die sich bemühen, in den angebotenen Materialien und Beispielen zeitnah zu sein, und man darf nicht vergessen, daß Schulbücher nicht von heute auf morgen geschrieben werden, so daß schon aus diesem Grunde die Forderung nach Aktualität nicht überspitzt werden darf. Aber selbst wenn anhand des letzten statistischen Jahrbuchs das Jahreseinkommen verschiedener Berufsgruppen verglichen wird, wenn Zahlen über Entwicklungshilfe oder über Mietsteigerungen genannt werden, so ist die entscheidende Frage doch, ob dann nur Unterschiede, Prozentsätze oder Durchschnittswerte berechnet werden, oder ob die Frage nach den Ursachen und Auswirkungen der berechneten Werte auch wirklich diskutiert wird. Offensichtlich werden damit die traditionellen Grenzen des Faches Mathematik gesprengt, und die Grenzen zu Fächern wie Gemeinschaftskunde, Arbeitslehre, Geographie u. a. m. werden fließend. Hält man dies nicht für erforderlich oder will es vielleicht „um der Mathematik willen" nicht hinnehmen, so ist folgendes zu bedenken: Die Berechnung einer Differenz oder eines Prozentsatzes gehorcht mathematischen Gesetzmäßigkeiten. Wird der inhaltliche Hintergrund nicht mitdiskutiert, so besteht die

Gefahr, daß das Gesetzmäßige und Notwendige der Rechnung ungewollt auf die Sache selbst übertragen wird und daß der Schüler die Sachverhalte, die den Hintergrund seiner Rechnungen bilden, unkritisch hinnimmt. P. Damerow hat auf die Gefahr einer solchen Blindheit gegen Inhalte mit besonderem Nachdruck hingewiesen und an das böse Beispiel eines Schulbuchs aus dem Dritten Reich erinnert, in dem die Kosten für die Pflege „Erbminderwertiger" in einer „Sachaufgabe" auf Baukosten für Eigenheime umgerechnet werden[16].

Wir betonen schon an dieser Stelle, daß alle hier aufgeführten Einwände gegen das traditionelle Sachrechnen auch einen positiven Aspekt enthalten. Gelingt es nämlich, sie im Unterricht voll zu berücksichtigen, so kann sich das Sachrechnen gerade dadurch als überaus fruchtbar erweisen.

3. Denkerziehung als Alternative zum traditionellen Sachrechnen?

Fragt man ganz allgemein nach der Bedeutung und den Zielen des Schulfachs Mathematik, so lassen sich folgende Gesichtspunkte anführen:

1. Der Mathematikunterricht vermittelt die *Kulturtechnik* Rechnen. Er hilft dem Schüler, seine Umwelt zu erschließen, und dient der Vorbereitung auf den außerschulischen Alltag und Beruf.

2. Der Mathematikunterricht leistet *Denkerziehung*, Schulung von logischem Denken, strukturellem Denken usw.

3. Der Mathematikunterricht führt den Schüler heran an *Mathematik als Kulturgut*. Ohne Mathematik wäre unsere naturwissenschaftlich-technische Zivilisation nicht denkbar, und die Entwicklung der Mathematik ist untrennbar mit der europäischen Geistesgeschichte verbunden.

4. Der Mathematikunterricht öffnet – für eine kleine Zahl von Schülern – den Zugang zur *Mathematik als Wissenschaft*.

5. Schließlich muß Mathematik auch als *Spiel und Kunst* gesehen werden. Die Entwicklung spezieller intellektueller Fähigkeiten gehört ebenso zur Entfaltung der Persönlichkeit wie die Entwicklung von musischen und künstlerischen Fähigkeiten.

Unter den genannten Aspekten des Mathematikunterrichts kommt zweifellos den beiden ersten das größte Gewicht zu, und viele Versuche, allgemeine Lernziele für das Fach Mathematik zu formulieren, führen im wesentlichen

16 P. Damerow u. a., Elementarmathematik: Lernen für die Praxis? Stuttgart 1974, S. 142 ff.

diese beiden Gesichtspunkte weiter aus. So nennt H. Winter[17] als Ziel des Mathematikunterrichts drei *allgemeine Haltungen und Fähigkeiten*, nämlich

> zu argumentieren,
> sich kreativ zu verhalten und
> Umweltsituationen zu mathematisieren,

und fünf *geistigt Grundtechniken*, nämlich:

> Klassifizieren,
> Ordnen,
> Generalisieren,
> Analogisieren,
> und Formalisieren.

Erwähnt sei auch ein Lernzielkatalog des Kieler Arbeitskreises Gesamtschule[18]. Danach geht es um die Entwicklung der Fähigkeit bzw. der Bereitschaft des Schülers

> zu logischem Denken,
> zu synthetischem Denken,
> zur Erfassung mathematischer Sachverhalte,
> zur mathematischen Kommunikation,
> zum Behandeln mathematischer Probleme
> und zum Anwenden von Mathematik
> auf die Gegebenheiten der Umwelt.

Auch hier bildet Denkerziehung den Gegenpol zu einem pragmatischen Hinarbeiten auf anwendbares Wissen, also zum Sachrechnen im weitesten Sinne. Die entscheidende Frage ist, ob Sachrechnen als anwendbares Wissen und Denkerziehung im Mathematikunterricht nebeneinanderstehen, wobei im Laufe der Entwicklung des Mathematikunterrichts die Gewichte durchaus unterschiedlich gesetzt wurden, oder ob eine Synthese oder Integration beider Aspekte möglich ist.

17 H. Winter, Über den Nutzen der Mengenlehre für den Arithmetikunterricht, in: Die Schulwarte 25, 1972, S. 11 ff. Vgl. auch H. Winter, Vorstellungen zur Entwicklung von Curricula für den Mathematikunterricht in der Gesamtschule, in Beiträge zum Lernzielproblem, Ratingen 1972, S. 67 ff. Man vgl. auch die kritische Weiterführung dieses Ansatzes bei E. Wittmann, Grundfragen des Matematikunterrichts, Braunschweig 1974, S. 36 ff.

18 Vgl. O. Lange, „Allgemeine Lernziele für Mathematik" – Erläuterungen zu einem Katalog, in: Lernzielorientierter Unterricht, 1974, Heft 4. Die hier genannten Lernziele sind im vollständigen Lernzielkatalog weiter aufgeschlüsselt, und die Teilziele werden bei Lange durch zahlreiche Beispiele erläutert.

Die in den sechziger Jahren einsetzenden Reformbemühungen, die in den Beschlüssen der Kultusministerkonferenz vom 3. Oktober 1968 ihren Niederschlag fanden, führten ganz eindeutig zu einer starken Akzentuierung der mathematisch formalen Seite[19]. Dabei ist zu beachten, daß die Reformbemühungen nicht zuletzt dadurch angeregt wurden, daß man der Schule von außen her, d. h. von der Wirtschaft, den Industrie- und Handwerkskammern und anderen berufsbildenden Institutionen her, ein Versagen ihres Rechenunterrichts vorwarf[20]. Durchaus im Einklang mit den im letzten Abschnitt gesammelten kritischen Einwänden gegen das traditionelle Sachrechnen sah man einerseits die Ursachen dieses Versagens in einer nicht ausreichenden mathematischen Fundierung des Rechenunterrichts und dadurch in mangelnder Einsicht des Schülers in die erlernten Rechenverfahren und betonte andererseits als Ziel des Mathematikunterrichts Aspekte wie kontinuierliche Lernfähigkeit, Flexibilität des Denkens, logisches Denken und Strukturerfassen im Gegensatz zu Rechenfertigkeit und speziell anwendbaren Kenntnissen. In der Tat kann man in der Förderung solcher Fähigkeiten wie Analysieren, Abstrahieren, Ordnen, Schlußfolgern, Verallgemeinern und systematisch Fallunterscheidungen Treffen eine heutigen Lebensumständen angemessene Form der Lebensnähe im Mathematikunterricht und somit eine Alternative zum traditionellen Sachrechnen sehen. In dem Maße wie man hoffen konnte, solche Ziele und Denkweisen im Umgang mit den Begriffen und Problemen der Mathematik selbst und nicht erst bei ihren Anwendungen erreichen zu können, wurde das traditionelle Sachrechnen in den Hintergrund gedrängt. Die Probleme der Kindgemäßheit und Motivation im Mathematikunterricht schienen dabei lösbar durch eine Umsetzung mathematischer Begriffe und Strukturen in mathematische Spiele und durch Konstruktion *strukturierter Lernmaterialien*, im Umgang mit denen das Kind einen Zugang zu den mathematischen Inhalten gewinnen kann. Jedoch, auch ein ganz an Denkerziehung durch Mathematik orientierter Unterricht soll ja den Schüler befähigen, *zukünftige Aufgaben zu bewältigen*. Statt wie früher von den „Rechenfällen des täglichen Lebens" sprechen die

---

19 Empfehlungen und Richtlinien zur Modernisierung des Mathematikunterrichts an den allgemeinbildenden Schulen, Beschluß der Kultusministerkonferenz vom 3. 10. 1968, in: Sammlung der Beschlüsse der Ständigen Konferenz der Kultusminister in der Bundesrepublik Deutschland, Neuwied.

20 Bei der in jüngster Zeit geführten Diskussion um die Mängel der Reform, um Nutzen oder Schaden der sogenannten „Mengenlehre" in der Grundschule wurde vielfach der Vorwurf erhoben, die neue Mathematik habe die traditionell notwendigen Rechenfertigkeiten und praktischen mathematischen Kenntnisse verkümmern lassen. Dabei wurde übersehen, daß gerade dieser Vorwurf seinerzeit ein wesentlicher Ansatzpunkt für die Reform war.

Empfehlungen der Kultusministerkonferenz sehr deutlich von den Anforderungen „der modernen, rationalisierten Welt"[21]. Auch hier liegt also der Bezugspunkt, an dem der Mathematikunterricht zu orientieren ist, außerhalb der Schule, und die problematische Frage nach dem, was der Mathematikunterricht für die Bewährung des Schülers im außerschulischen Bereich leisten kann, bleibt weiterhin offen. Denn ebenso wie die tatsächliche Anwendbarkeit der im Sachrechnen erworbenen Kenntnisse kaum belegbar ist, so wissen wir auch nur wenig darüber, ob und wie sich eine im Bereich der Mathematik als solcher geleistete Denkerziehung auch wirklich überträgt auf andere Problemstellungen. Der Schüler lernt etwa, ein und dieselbe mathematische Struktur, z. B. die der Gruppe, in verschiedenen mathematischen Spielen zu erkennen. Ob aber damit so etwas wie ein strukturerfassendes Denken schlechthin aufgebaut wird, und wie dies auch außerhalb der Schule zum Tragen kommt, ist ungewiß.

Damit ist ein zentrales Problem des Lernens und speziell des Lernens von Mathematik angesprochen, das sogenannte *Transferproblem*, auf das wir kurz eingehen wollen:
Unter Transfer wird in der Psychologie meist ein Lernen oder Problemlösen aufgrund von vorausgegangenem Lernen verstanden. Man spricht auch von Lernübertragung und unterscheidet zwischen vertikalem und lateralem Transfer. Dabei ist im ersten Fall das bereits Gelernte ein Teil, ein Element oder Spezialfall des Neuen, es geht also um ein Verallgemeinern oder um ein Aufsteigen zu hierarchisch übergeordneten Begriffen und Problemen. Im zweiten Fall liegt das neu zu Lernende oder das neu zu lösende Problem auf gleicher Ebene wie das bereits beherrschte, und dieses kann als Parallelbeispiel oder zumindest als Analogon zum neuen Probelm gesehen werden. In jedem Fall aber erfolgt nach dem bisherigen Stand der psychologischen Forschung die Übertragung nicht von selbst oder nur zufällig, sondern bedarf neben anderen Voraussetzungen als Bedingungen des Lernens einer Vermittlung, z. B. durch gemeinsame Elemente in den beiden Lernsituationen oder durch ihre gemeinsame Struktur. Verschiedene psychologische Theorien und Denkmodelle akzentuieren in unterschiedlicher Weise die verschiedenen Voraussetzungen und Bedingungen der Lernübertragung. Die beiden genannten Aspekte scheinen uns aber zumindest in unserem Zusammenhang die wichtigsten zu sein. Der Begriff Struktur ist dabei nicht speziell im mathematischen Sinn gemeint, etwa als Ordnungsstruktur oder Verknüpfungsgebilde, er ist aber in bezug auf das Lernen von Mathematik besonders wichtig, und zugleich läßt sich anhand des Strukturbegriffs – in der engen

mathematischen wie in der allgemeineren Bedeutung – die Problematik
eines einseitig auf formale Bildung und Denkerziehung durch Mathematik
ausgerichteten Mathematikunterrichts besonders gut aufzeigen: Ein Kind
kann den als Beispiel bereits erwähnten Begriff der Gruppe lernen, indem es
in einem Abstraktionsprozeß die gemeinsame Struktur verschiedener mathematischer Spiele erfaßt. Nun wird es aber im außerschulischen Bereich
weder den benutzten Lernmaterialien oder ähnlich streng strukturierten
Objekten noch der Gruppenstruktur in einer Problemsituation wieder be-
gegegnen, so daß sowohl gemeinsame Elemente als auch gemeinsame Strukturen als Voraussetzung einer Lernübertragung von der Mathematik zur Um-
weltsituation hin fehlen. Was das Kind in einem solchen, hier bewußt etwas
zugespitzt gekennzeichneten Mathematikunterricht gelernt hat, kann erst
auf einer sehr viel höheren Ebene fruchtbar werden, nämlich als Bereitschaft
und Fähigkeit, überhaupt Problemsituationen auf zugrundeliegende allgemeine Strukturen hin zu betrachten und zu analysieren, und zwar auch ohne
daß vom Mathematikunterricht her bereits ein Muster für diese Strukturen
bekannt wäre. Ob aber diese mehr als allgemeine Haltung oder als Einstellung Problemsituationen gegenüber zu kennzeichnende Zielsetzung in einem
einseitig an Denkerziehung orientierten Mathematikunterricht erreicht
werden kann, ist zumindest ungewiß.

4. Umwelterschließung und mathematisches Denken im Sach-
rechnen – Thesen zu den positiven Aspekten und Möglichkeiten

Die Überlegungen zum traditionellen Sachrechnen und den damit verbundenen Zielsetzungen einerseits und zur Transferproblematik in einem ganz an
formaler mathematischer Bildung orientierten Mathematikunterricht andererseits zeigen deutlich, daß keine dieser beiden Möglichkeiten, weder anwendbares Wissen noch Denkerziehung, für sich allein Ziel und Inhalt des
Mathematikunterrichts sein kann, daß sie aber auch nicht unvermittelt
nebeneinanderstehen sollten. Vielmehr müssen wir nach einer Synthese fragen, nämlich nach der Möglichkeit mathematisch-struktureller Betrachtungsweisen *bei* Sachproblemen. Der Hinweis auf gemeinsame Elemente oder gemeinsame Strukturen in verschiedenen Problemsituationen als Voraussetzung von Transfer gibt uns einen Anhaltspunkt dafür, daß eine solche Synthese möglich ist, und wie sie gewissermaßen von zwei Seiten her aufgebaut
werden kann:

Einerseits: Beim Erarbeiten rein mathematischer Begriffe und
Strukturen sollten nicht nur dafür konstruierte mathematische

Spiele, strukturierte Lernmaterialien und dergleichen eingesetzt
werden — obwohl deren Sinn hier nicht bestritten wird — sondern
soweit wie irgend möglich sollte man stets auch Beispiele und
Modelle aus der Umwelt des Kindes heranziehen. Dann nämlich
sind die genannten Voraussetzungen für einen Transfer des Gelernten gegeben.

Ein elementares Beispiel: Symmetrieachsen lassen sich nicht nur bei den
abstrakten Figuren der Geometrie wie Dreieck, Rechteck, oder Rhombus
beobachten, sondern auch bei Möbelstücken, Fahrzeugen, Brückenkonstruk-
tionen und vielem mehr. Auf solche Beispiele und die mit ihnen gegebene
Möglichkeit einer *Erschließung der Umwelt durch Mathematik* hat in jüngster Zeit vor allem H. Winter immer wieder hingewiesen[22].

Andererseits: Beim Umgang mit Sachprobelmen und dem Stoff des
traditionellen Sachrechnens, den wir durchaus für wichtig halten,
muß stärker als bisher auf die zugrunde liegenden Strukturen und
Begriffe hingearbeitet werden. Dabei geht es jedoch nicht nur um
bessere Einsicht in die bentuzten rechnerischen Verfahrensweisen
— ein solches Postulat war ja in den Äußerungen der zitierten
älteren Volksschulrichtlinien zum Sachrechnen immer schon enthalten — sondern es geht durchaus um Entwicklung und Schulung
mathematischen Denkens, wie es die Bemühungen zur Reform des
Mathematikunterrichts in den Vordergrund gestellt haben.

Bei einem konsequenten derartigen Vorgehen wirkt sich das Transferproblem
weniger aus; denn logisches Denken, Strukturerfassen usw. werden von den-
jenigen Inhalten her aufgebaut, auf die sie angewendet werden sollen. Man
muß dabei jedoch in Kauf nehmen, daß die zu diskutierenden Begriffe und
Strukturen unter Umständen andere sind als diejenigen, die von der Mathematik als Wissenschaft her als besonders einfach und grundlegend erscheinen. Es ist auffällig, daß in der Diskussion um die Zielsetzungen des Mathematikunterrichts in lezter Zeit micht mehr nur mathematisches Denken
einerseits und Anwenden von Mathematik andererseits gegenübergestellt
werden, sondern daß der Begriff der *Mathematisierung von Umweltsitua-*
tionen mehr und mehr an Bedeutung gewinnt[23]. Diese Tendenz, die all-
mählich auch Eingang in offizielle Verlautbarungen über Mathematikunterricht findet, entspricht unserer vom Transferbegriff ausgehenden Argumen-
tation.

22 Vgl. z. B. H. Winter, Die Erschließung der Umwelt im Mathematikunterricht der
   Grundschule, in: Beiträge zum Mathematikunterricht 1976, Hannover 1976.
23 Vgl. z. B. den auf S. 19 angegebenen Lernzielkatalog von H. Winter.

Die Überlegungen zu einer möglichen Synthese von Sachrechnen und Denkerziehung durch Mathematik machen es erforderlich, den Begriff Sachrechnen neu und weiter zu fassen als bisher und ihn nicht nur durch eine Aufzählung der traditionell dazugehörenden und eventuell neuer Stoffgebiete zu erklären. Insbesondere müssen wir das Sachrechnen aus der Verengung auf das „lebensnahe" bürgerliche Rechnen lösen. Eine mögliche Begriffsbestimmung könnte lauten:

> *Sachrechnen ist Anwendung von Mathematik auf vorgegebene Sachprobleme und Mathematisierung konkreter Erfahrungen und Sachzusammenhänge vorwiegend unter numerischem Aspekt.*

Dieser Definitionsversuch ist notwendigerweise recht allgemein und bedarf einiger zusätzlicher Anmerkungen und Abgrenzungen: Zunächst dürfte deutlich sein, daß wir unter Sachrechnen nicht allein die traditionellen Stoffgebiete des Volksschulsachrechnens verstehen, obwohl Prozentrechnung, Zinsrechnung und dergleichen offensichtlich mit unter die obige Begriffsbestimmung fallen und es nach wie vor erforderlich ist, diese Inhalte im Sinne eines neu verstandenen Sachrechnens aufzuarbeiten. Vom Stoff her gesehen gibt es jedoch darüber hinaus wichtige Bereiche, die ganz sicher mit zum Sachrechnen gehören. Zu nennen sind hier vor allem einfache lineare Optimierungsprobleme als Anwendungen von Gleichungen und Ungleichungen und der große Bereich der beschreibenden Statistik. Wir wollen aber unter Sachrechnen im Sinne der gegebenen Erklärung vor allem auch einen wichtigen Zugang zum Unterrichten von Mathematik sehen und glauben, daß die konkreten mathematischen Inhalte ebenso wie die unserer Umwelt entnommenen Probleme, die im Sachrechnen behandelt werden, viel stärker zeitbedingt sein dürften als das mit den Stichworten Umwelterschließung und Mathematisierung angedeutete Prinzip.

Die Offenheit des Begriffs Sachrechnen gilt erst recht in bezug auf die angesprochenen Mathematisierungsprozesse, die ja – wenn sie wirklich vom Schüler geleistet werden sollen – zum fruchtbarsten, aber vielleicht auch schwierigsten Arbeiten innerhalb des Mathematikunterrichts führen und die auch in Materialien für den Lehrer wie dem vorliegenden Band nur sehr skizzenhaft beschrieben werden können. Sie sind ja nicht ein für allemal planbar, sondern müssen in kleinen oder größeren Unterrichtsprojekten sich immer wieder aus der konkreten Situation einer Klasse ergeben.

Nun könnte man den beiden Begriffen der *Anwendung von Mathematik* und der *Mathematisierung* vielleicht allen Mathematikunterricht schlechthin unterordnen. Dem steht die Einschränkung auf den numerischen – vielleicht sollte man enger sagen *arithmetischen* – Aspekt eines Problems entgegen, die dem Wortbestandteil „Rechnen" entspricht. So ist es zu verstehen, daß die elementare beschreibende Statistik unter den neueren Stoffgebieten des Sachrennens eine zentrale Stellung einnimmt, während manchen, mehr theoretische Fragestellungen der Wahrscheinlichkeitsrechnung hier nicht hingehören. Bei der Betrachtung eines Ornaments oder eines Bauwerks können geometrische Einsichten wie die Aussage über den Schnitt der Höhen eines Dreiecks durchaus umwelterschließende Bedeutung haben und sind doch nicht Sachrechnen. Oder, um ein noch extremeres Beispiel zu wählen: Auch Aussagenlogik kann Umwelt erschließen, nämlich die Mehrdeutigkeiten der Umgangssprache bewußt machen. Logik ist aber nicht Gegenstand des Sachrechnens, sondern allenfalls ein Hilfsmittel.

Wir müssen weiter einschränken: Sowohl Mathematisierungsprozesse als auch Anwendungen von Mathematik sind für die Wissenschaft überaus wichtig, und zwar sowohl in den Naturwissenschaften als auch im gesellschafts- oder sozialwissenschaftlichen Bereich. Aber diese wissenschaftlichen Anwendungen von Mathematik sind nicht gemeint. Allerdings: Die Übergänge von Alltagsproblemen zum Physikunterricht der Schule, der die Alltagsprobleme einer technisierten Welt verständlich zu machen versucht, und schließlich zu Physik als Wissenschaft und Mathematik als einem Mittel, mit dem diese Wissenschaft arbeitet, sind fließend, und somit ist auch Sachrechnen nicht scharf von Angewandter Mathematik abzugrenzen. Probleme des linearen Optimierens wurden bereits erwähnt und finden sich heute in vielen Schulbüchern, die auch für die Hauptschule gedacht sind. Dennoch sind dies nur elementare Beispiele für ein anspruchsvolles und inzwischen weit ausgebautes Gebiet der Angenwandten Mathematik.

Auf der Grundlage des hier umschriebenen Verständnisses von Sachrechnen wollen wir den in Abschnitt 2 gesammelten Einwänden gegen das traditionelle Sachrechnen nun eine Reihe von positiven Gesichtspunkten und Möglichkeiten gegenüberstellen. Wir bemerken vorweg, daß die obigen Einwände damit nicht aufgehoben sind. Sie können aber nicht bedeuten, daß man wegen der aufgezeigten Negativa auf Sachrechnen verzichten müßte oder könnte, sondern die genannten Einwände sind als Hinweise auf Gefahren zu verstehen, denen man gerade bei der Behandlung der traditionell zum Sachrechnen gehörenden Stoffgebiete stärkere Beachtung schenken sollte, als bisher geschehen. Umgekehrt sind die folgenden positiven Aspekte nicht allein schon durch eine andere und verbesserte Stoffauswahl gewährleistet, sondern es sind zugleich Ziele, die auch die Art und Weise betreffen, wie Mathematik unterrichtet wird, und die vielleicht auch nicht immer leicht zu verwirklichen sind.

1. Die im Sachrechnen auftretenden mathematischen Begriffe und Strukturen sind mathematisch relevant und stehen in engen Wechselbeziehungen nicht nur untereinander, sondern auch zu vielen anderen, scheinbar rein mathematischen Begriffen, die in der Schule angesprochen werden.

2. Das Sachrechnen zwingt zu einer Auseinandersetzung mit der Umgangssprache. Die Aufgabe heißt insbesondere: Erkennen mathematischer Operationen oder Zusammenhänge und ihrer logischen Abfolge und Verkettung in einem durch Text vermittelten Sachverhalt.

3. Beim Sachrechnen kann das Problemlösen im Vordergrund stehen im Gegensatz zu einer gewissen Überbetonung des Begriffslernens während der letzten Jahre.

4. Sachrechnen bietet Möglichkeiten zu fächerübergreifenden Unterrichtsprojekten; besonders zu Fächern wie Gemeinschaftskunde oder Arbeitslehre hin sind vielfältige Querverbindungen zu beachten. Vor allem dadurch kann einer ,,Blindheit gegenüber Inhalten" begegnet werden.

Dies sind zunächst Thesen, die wir in den folgenden Kapiteln noch näher untersuchen müssen. Wenn man sie jedoch zusammen mit den zuvor formulierten kritischen Einwänden gegen das traditionelle Sachrechnen wirklich ernst nimmt, so erweist sich nachträglich die alte Richtlinienformel, wonach Mathematikunterricht Sachrechnen ist, als überaus anspruchsvolle Forderung, zu der man im wesentlichen auch heute noch stehen kann.

II. Größen und Größenbereiche als Grundlage des elementaren Sachrechnens

Fragt man nach den Beziehungen zwischen Mathematik und Umwelt, so ergibt sich eine zugleich einfache und wichtige erste Antwort, wenn man das Auftreten von *Zahlen in der Umwelt* beobachtet. Dabei zeigt sich, daß Zahlen, denen man außerhalb von Schule und Wissenschaft begegnet, neben ihrer Verwendung im Sinne von Namen — wie z. B. bei Postleitzahlen, Konto- und Autonummern — besonders häufig als *Maßzahlen* auftreten. Zahlen kommen beispielsweise in Ausdrücken wie

$$5 \text{ kg}, 4 \text{ km}, 125 \text{ m}^2, 7 \text{ Min.}, 25,- \text{ DM oder } 50 \text{ km/h}$$

vor, und diese Ausdrücke sind Namen für *Größen,* nämlich für Gewichte, Längen, Flächeninhalte, Zeitspannen, Geldwerte oder Geschwindigkeiten. Daneben begegnen wir Zahlen als *Stückzahlen* in Wendungen wie

$$200 \text{ Personen}, 15 \text{ Fahrzeuge}, 32 \text{ Kisten},$$

und in den Grundschulklassen lauten die ersten Rechnungen nicht abstrakt „3 + 4", sondern „3 Nüsse und 4 Nüsse". Der Gebrauch der Zahlen als Anzahlen oder Stückzahlen entspricht aber ganz ihrer Verwendung bei den üblichen Maßen und Gewichten, so daß sich also das Rechnen mit diesen, das Rechnen mit Größen, in der Tat als gemeinsamer begrifflicher Hintergrund für alles Sachrechnen erweist.

Doch nicht nur im Sachrechnen spielen Größen eine Rolle. Die Festigung des Zahlenbegriffs beim Grundschulkind und die Zahlbereichserweiterung bei der Einführung der Bruchzahlen sind ohne ein Arbeiten mit Größen heute kaum denkbar. Sie sind von den ersten Rechenübungen an nicht nur in den Anwendungsaufgaben wichtig, sondern auch als unverzichtbares Mittel der Veranschaulichung für die Operationen mit Zahlen.

Wir wollen deshalb in diesem Kapitel zunächst den Größenbegriff näher untersuchen und können dabei drei Ebenen unterscheiden,

die Ebene der *Repräsentanten* für Größen,

die der *Größen* selbst

und die der *Namen für Größen*, also die Ebene ihrer Benennung oder Beschreibung durch *Maßzahl und Einheit.*

Wenn wir diese drei Ebenen vorweg am Beispiel der Längen verdeutlichen
wollen, können wir sagen:
Ein Stab, eine gezeichnete Strecke oder eine gespannte Schnur sind Stell-
vertreten, spezielle Konkretisierungen oder — wie wir sagen wollen — Repräsentanten von Längen. Es sind Objekte, mit denen das Kind handeln
kann.
Die Länge selbst ist eine Abstraktion. Man kann sie als gemeinsame Eigenschaft gewisser Strecken oder Stäbe deuten. Die Bildung des Begriffs
Länge erfolgt also analog zum Kardinalzahlbegriff, der durch eine Abstraktion von gleichmächtigen Mengen her gewonnen werden kann.
Ein Ausdruck wie ,,2 m'' schließlich ist ein Name für eine Länge, zusammengesetzt aus der Maßzahl ,,2'' und der Maßeinheit ,,m'' (Meter). Man
könnte leicht andere Namen für dieselbe Länge angeben, z. B. ,,200 cm'',
ebenso wie man für dieselbe Länge auch andere Stäbe oder Strecken als
Repräsentanten wählen könnte.

Eine Länge als Größe muß also sowohl von ihren Repräsentanten als auch
von den Möglichkeiten, sie zu benennen, unterschieden werden, und solche
Unterscheidungen sind nicht nur mathematische Theorie. Wenn ein Kind
sagt

,,Dieser Stab ist so lang (hat dieselbe Länge) wie jener'',

so macht es sprachlich eine Unterscheidung zwischen Repräsentanten und
Größen, also zwischen den Stäben und ihrer Eigenschaft ,,Länge'', auch
wenn es sich dessen nicht bewußt ist. Andererseits braucht es dabei durchaus
nicht an Maßzahlen zu denken, sondern kann die Stäbe nebeneinanderstel-
len, um sie zu vergleichen.

Ein weiteres Beispiel für die Notwendigkeit, den Größenbegriff präziser zu
fassen:

Die Summe zweier Dreiecksseiten ist stets größer als die dritte.

Was besagt diese knappe Formulierung eines bekannten geometrischen Sach-
verhaltes? Man *addiert* zwei Längen und vergleicht ihre Summe mit einer
dritten Länge. Die Dreiecksseiten aber lassen sich eigentlich nicht addieren,
sie liegen nicht auf derselben Geraden; und wenn man sie nacheinander auf
einer Geraden abträgt, so sind die abgetragenen Strecken genau genommen
nicht die Seiten des betrachteten Dreiecks sondern eben nur *Strecken entsprechender Länge*. Man führt also ganz konkret Operationen mit den
Repräsentanten aus und macht Aussagen über die Längen, für die die ge-
zeichneten Strecken jeweils nur Stellvertreter sind. Ferner: Die Maßzahlen,
die man den einzelnen Strecken zuordnen könnte, sind für den geometrischen Satz ganz unwichtig. Im Gegenteil, Maßzahlen würden nur das Wesent-

liche einer solchen Aussage verwischen, die ja gerade unabhängig von allen Problemen der Meßgenauigkeit gilt und bewiesen wird.

Dasselbe gilt in bezug auf Flächenstücke beim Lehrsatz des Pythagoras:

Bei einem rechtwinkligen Dreieck ist die Summe der Kathetenquadrate gleich dem Hypotenusenquadrat.

Gemeint ist die Gleichheit der Flächeninhalte, und nur in bezug auf diese kann man von der Summe zweier Quadrate sprechen. Andererseits kommt es auch hier auf die Maßzahlen nicht an.

In den folgenden Abschnitten werden wir gemäß unseren Vorüberlegungen zunächst auf den Zusammenhang zwischen Größen und ihren Repräsentanten näher eingehen, dann auf das Rechnen mit Größen und schließlich auf das Messen von Größen. Auch wenn wir dabei immer wieder anschauliche Beispiele verwenden, wie sie auch im Unterricht auftreten können, so geht es doch zunächst um eine Analyse des begrifflichen Hintergrunds, wie sie für den Lehrer wichtig ist. Eine solche Begriffsanalyse ist in der Regel *nicht* Gegenstand des Unterrichts. Auch der systematische Aufbau von den Repräsentanten für Größen über die Größen und die Struktur eines Größenbereichs bis hin zum Problem des Messens dürfte sich im allgemeinen im unterrichtlichen Ablauf nur in den Grundzügen widerspiegeln. Die Schüler operieren ja immer schon mit Maßzahlen und benutzen diese ganz selbstverständlich beim Vergleichen und Addieren von Größen. Aber nicht zuletzt deshalb ist eine genaue inhaltliche Klärung und Trennung der verschiedenen Betrachtungsebenen beim Größenbegriff für den Lehrer unerläßlich.

Ferner: Zwischen den konkreten Operationen mit den Repräsentanten von Größen und dem Rechnen mit Zahlen bestehen deutliche Analogien, genauer: strukturelle Entsprechungen, die wir in der Mathematik als Isomorphismen bezeichnen. Nach dem, was wir über die Entwicklung des Denkens beim Kinde wissen, ist es aber erforderlich, immer wieder auf die zugrundeliegenden konkreten Operationen zurückzugreifen.

Neben diesen inhaltlichen und psychologischen Überlegungen ist schließlich noch ein weiterer Gesichtspunkt zu bedenken: Bei der Analyse des Größenbegriffs werden allgemeine mathematische Begriffe wie Menge, Relation, Klasseneinteilung oder Verknüpfung benötigt. Solche Begriffe sind mit der Reform des mathematischen Unterrichts in den letzten Jahren immer mehr in den Unterricht eingedrungen. Man hat aber in letzter Zeit den Bemühungen um die Reform des Mathematikunterrichts entgegengehalten, die abstrakten mathematischen Begriffe blieben inhaltsleer und würden für den Schüler allenfalls durch wirklichkeitsfremde, künstlich erfundene Spiele zugänglich gemacht. Wir wollen versuchen zu zeigen, daß solche Begriffe hingegen auch den Hintergrund für den Größenbegriff und damit indirekt für das ganze Sachrechnen bilden. Oftmals stehen die genannten mathematischen Begriffe selbst in den Ausbildungsgängen für Lehrer weitgehend isoliert da und werden nur in ihren innermathematischen Anwendungen gesehen. Eine Brücke zu den einfachen Schulstoffen hin zu schlagen, ist eines der Ziele dieses Kapitels.

1. Größen als Äquivalenzklassen

Noch vor Schulbeginn lernen viele Kinder, mit Geld umzugehen. Sie erfahren, daß ein Spielzeug, das 5,– DM kostet, sowohl mit fünf einzelnen Markstücken als auch mit einer einzelnen Münze bezahlt werden kann. Und sie wissen auch, daß diese einzelne Münze „mehr wert" ist als z. B. 10 Groschen zusammengenommen. In diesen einfachen Vorerfahrungen sind schon die wichtigsten Grundgedanken über *Größen* aus dem Bereich der Geldwerte enthalten:

Man kann ein und denselben Geldbetrag (Geldwert) auf verschiedene Arten mit Münzen oder Geldscheinen darstellen. Beim Umwechseln ändert sich der *Geldwert* nicht, wohl aber seine Darstellung (Repräsentation).

●   Der zu entrichtende Preis ist ein *Geldwert.* Die einzelnen Kombinationen (Haufen) von Münzen oder Geldscheinen, mit denen man bezahlt, sind *Repräsentanten* des Geldwertes.

Die im Unterricht des 1. oder 2. Schuljahres in diesem Zusammenhang üblichen Aufgabenstellungen zum Umwechseln von Geldbeträgen können für den Schüler mitunter durch einschränkende Bedingungen wie etwa die Vorgabe bestimmter Münzen zusätzlich an Interesse gewinnen:

    Welche verschiedenen Geldwerte lassen sich mit Hilfe einer vorgegebenen Menge von Münzen darstellen?

Bei der Arbeit mit Spielgeld ist hier zu beachten, daß sich die verschiedenen Geldwerte nicht alle gleichzeitig, sondern nur nacheinander bilden lassen. Bei einer vorgegebenen Menge von Münzen lassen sich die möglichen Teilmengen, von denen einige auch denselben Geldwert darstellen können, ja gleichzeitig allenfalls in einer Zeichnung erfassen, da ein und dieselbe Münze zu verschiedenen Teilmengen gehören kann.

    Wenn 50 Pf-Stücke, 1,– DM- und 2,– DM-Münzen zur Verfügung stehen, auf wieviele Weisen läßt sich dann der Geldwert 3,– DM darstellen?

Gerade bei den Geldwerten sind die Zahlen nicht wegzudenken. Wollte man dies im Sinne unserer Vorüberlegungen dennoch tun, so müßte man sagen:

●   Zwei Repräsentanten eines Geldwertes sind *gleichwertig* — man sagt auch *äquivalent* — wenn sie dieselbe Kaufkraft haben, d. h., wenn sie bei einem Einkauf gegeneinander austauschbar sind.

Eigentlich müßte man stets hinzufügen „... zu einem bestimmten Zeitpunkt und in einer bestimmten Währung". Wir wollen hier zunächst die Art der vorliegenden Begriffsbildung herauszustellen. Im Sinne eines Sachrechnens, das die außermathematischen Aspekte zu integrieren versucht, wäre es aber wichtig, mit den Schülern das hier gegebene Sachproblem zu diskutieren: Ein Geldwert ist „nicht stabil". Nicht einmal, wenn man die Kaufkraft in bezug auf eine bestimmte Ware oder auf ein Edelmetall wie Gold betrachtet, hat man einfache Verhältnisse, da auch der Wert solcher Güter nur relativ zu anderen und zeitabhängig zu bemessen ist.

Die Relation „... hat denselben Wert wie ..." ist — mathematisch gesehen — eine Äquivalenzrelation (auf einer Menge von Münz- oder Geldscheinkombinationen). Das bedeutet: Eine Münz- oder Geldscheinkombination A ist stets sich selbst gleichwertig (*Reflexivität*). Ist A zu B gleichwertig, so auch B zu A (*Symmetrie*). Und sind schließlich sowohl A und B als auch B und C gleichwertige Münz- oder Geldscheinkombinationen, so gilt dies auch für A und C (*Transivität*). Andere derartige Relationen, die auf andere noch zu besprechende Größen führen, sind:

„... ist deckungsgleich (konguruent) zu ..." (auf einer Menge von Strecken),

„... ist zerlegungsgleich zu ..." (auf einer Menge von Flächenstücken),

„... ist so schwer wie ..." (auf einer Menge von Objekten, die mit der Tafelwaage verglichen werden).

Die drei Eigenschaften einer Äquivalenzrelation lassen sich gut durch *Pfeildiagramme* verdeutlichen.

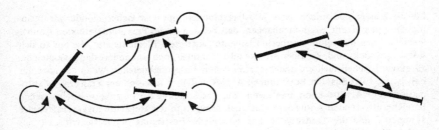

... ist deckungsgleich zu ...

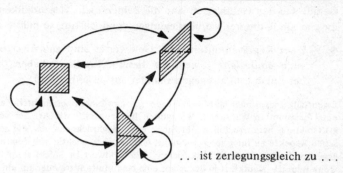

... ist zerlegungsgleich zu ...

Bei den Münzkombinationen sind die Elemente, deren Beziehungen durch die Pfeile angedeutet werden, Mengen:

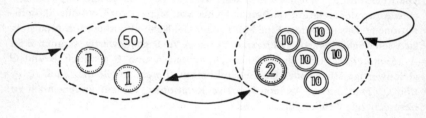

... hat denselben Wert wie ...

Diskutiert man die Eigenschaften einer Äquivalenzrelation mit einer Schulklasse, so ergeben sich in bezug auf die Reflexivität besondere Schwierigkeiten. Denn die dabei auftretenden Formulierungen sind in der Umgangssprache nicht üblich:

> Eine Kombination von Münzen ist zu sich selbst gleichwertig.

> Peter ist so groß wie er selbst.

> Die Strecke ist zu sich selbst deckungsgleich. Und so fort.

Für die Kinder sind solche Sätze selbstverständlich und eher lächerlich oder gar unsinnig. Dies mag damit zusammenhängen, daß bei den in der Praxis auftretenden Äquivalenzrelationen nur selten ,,isolierte Elemente'' auftreten, Elemente also, die nur zu sich selbst äquivalent sind. Zu einer Strecke gibt es immer noch eine andere deckungsgleiche, zu einem Flächenstück ein anderes, zum ersten zerlegungsgleiches. Wenn das aber der Fall ist, so folgt aus den Beziehungen A → B und B → A wegen der Transitivität automatisch A → A. Also kann man sagen: Zur Beschreibung der im außermathematischen Bereich auftretenden Äquivalenzrelationen genügen in der Regel die Eigenschaften der Symmetrie und der Transitivität. Die sprachliche Festlegung der Reflexivität ist als triviale logische Folgerung überflüssig und tritt allenfalls in bewußt tautologischen Wendungen auf, wenn man z. B. bestätigend sagt: Es ist eben, wie es ist.

Die Schwierigkeiten mit der Reflexivität fallen weniger ins Gewicht, wenn man statt der Eigenschaften einer Äquivalenzrelation von vornherein die *Klassenbildung* durch eine solche Relation hervorhebt.

■ Jede Äquivalenzrelation auf einer (nicht leeren) Menge erzeugt eine Klasseneinteilung dieser Menge, d. h., eine Zerlegung in (nicht leere) disjunkte Teilmengen[1].

Anschaulich für die genannten Beispiele:

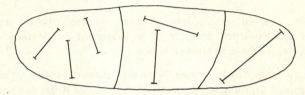

Längen als Klassen *deckungsgleicher* (gleicher langer) Stäbe

Betrachtet man in einer Grundschulklasse Stäbe statt der Strecken, so bedeutet die Klassenbildung für die Kinder etwa: Gleichlange Stäbe gehören in dasselbe Fach eines Sortierkastens.

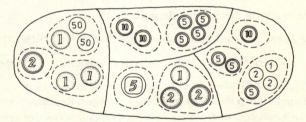

Geldwerte als Klassen *gleichwertiger* Münzkombinationen

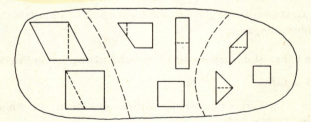

Flächengrößen als Klassen *zerlegungsgleicher* Flächenstücke

Man spricht auch von Flächeninhalten, obwohl dabei meist schon an eine Bezeichnung dieser Größen durch Einheit und Maßzahl gedacht wird.

1 Vgl. H.-D. Gerster, Aussagenlogik, Mengen, Relationen, Freiburg [4]1976, S. 156.

Natürlich wäre auch die Relation „. . . ist deckungsgleich (kongruent) zu . . .“ eine Äquivalenzrelation auf einer Menge von Flächenstücken. Die beiden Flächenstücke

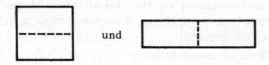

würden dann aber zu verschiedenen Klassen gehören, obwohl sie doch in einem sehr anschaulichen Sinne, z. B. in Bezug auf den Materialverbrauch beim Fliesenlegen, dieselbe Größen haben.

Wir haben eingangs den Preis einer Ware als Geldwert bezeichnet und haben dabei im grunde tautologisch formuliert, da ja in der Regel der Begriff Preis umgekehrt mit Hilfe des Begriffs Geldwert erklärt wird. Mit Hilfe der Klasseneinteilungen können wir genauer formulieren:

● Ein *Geldwert* ist eine Klasse gleichwertiger Zusammenstellungen von Münzen oder Geldscheinen.

Entsprechend gilt für die anderen Beispiele:

● Eine *Länge* ist eine Klasse deckungsgleicher (kongruenter) Strecken.

Eine *Flächengröße* ist eine Klasse zerlegungsgleicher Flächenstücke.

Statt die einzelnen Größen als Äquivalenzklassen zu erklären, also als Mengen von Elementen (Objekten) aus dem jeweiligen Repräsentantenbereich, spricht man besonders in Schulbüchern vielfach auch von der gemeinsamen Eigenschaft dieser Elemente bzw. Objekte:

● Ein Geldwert ist die gemeinsame Eigenschaft kaufkraftgleicher Münzkombinationen.

Eine Länge ist die gemeinsame Eigenschaft kongruenter Strecken.

Und so fort.

Wir wollen noch kurz einige weitere Größen erwähnen, die schon für die Grundschule wichtig sind:

● *Rauminhalte* sind Klassen inhaltsgleicher Körper oder Gefäße.

Die Äquivalenzrelation „. . . ist inhaltsgleich zu . . .“ könnte man auch ersetzen durch „. . . faßt ebensoviel Wasser wie . . .“ oder bei festen Körpern durch „. . . verdrängt ebensoviel Wasser wie . . .“.

● *Gewichte (Massen)*[2] sind Äquivalenzklassen gleichschwerer Objekte.

Bei „gleichschwer" darf man wiederum nicht unmittelbar an Gramm oder Kilogramm denken, sondern z. B. nur an den Vergleich mit einer Balkenwaage, die durch zwei gleichschwere Gegenstände im Gleichgewicht gehalten wird. Ausdrücke wie 5 kg, 6 g usw. sind Namen für Massen, auf die wir im Zusammenhang mit den Problemen des Messens noch näher eingehen werden.

● Zeitspannen sind Klassen von gleichlang dauernden Vorgängen (Handlungen, Abläufen, Geschehnissen).

Daß es sich auch beim Begriff der Zeitspanne um eine Klassenbildung handelt, ist unter den genannten Beispielen vielleicht am schwersten zu erkennen, weil die Repräsentanten einer Klasse, die einzelnen Vorgänge, nicht als Objekte greifbar sind, sondern nur in der Zeit beobachtet werden können. Man kann wieder unterscheiden zwischen den Zeitspannen selbst und den Namen für bestimmte Zeitspannen wie Jahr, Monat, Woche, Stunde usw..

Wir wollen unsere Überlegungen noch einmal in einer Tabelle zusammenfassen und geben dabei auch die üblichen *Benennungen* der Größen in einer gesonderten Spalte an, obwohl die Beschreibung einer Größe durch Maßzahl und Einheit noch einer genaueren Analyse bedarf.

Größen	Repräsentanten	Äquivalenzrelation	Benennungen
Geldwerte	Zusammenstellungen von Münzen oder Geldscheinen	. . . hat denselben Wert wie . . .	DM, Pf . . .
Längen	Strecken, Stäbe	. . . ist deckungsgleich zu . . . . . . ist so lang wie . . .	km, m, cm . . . Zoll, ft . . .
Flächengrößen (Flächeninhalte)	Flächenstücke, Platten	. . . ist zerlegungsgleich zu . . .	km^2, m^2 . . . ha, a . . .
Rauminhalte (Volumina)	Körper, Gefäße	. . . verdrängt soviel Wasser wie . . . . . . faßt soviel Wasser wie . . .	m^3, cm^3 . . . hl, l . . . Gallone

2 Wir wollen auf die physikalische Unterscheidung zwischen Gewichten und Massen hier nicht näher eingehen und werden den Begriff Gewicht wie in der Umgangssprache verwenden, obwohl es sich dabei genau genommen um eine ortsabhängige Größe handelt.

Größen	Repräsentanten	Aquivalenzrelation	Benennung
Gewichte	Körper, Gegenstände	... ist so schwer wie ... ... hält Gleichgewicht mit ... ... hat dieselbe Masse wie ...	t, kg, g ...
Zeitspannen	Vorgänge, Abläufe	... dauert so lange wie ...	Jahr, Woche, Tag, Std., Min., Sek....

Wir werden im folgenden von den verschiedenen Arten von Größen mitunter kurz als von verschiedenen *Größenbereichen* sprechen, obwohl mit diesem Begriff in der mathematikdidaktischen Literatur meist auch die Rechengesetze für Größen mitgemeint sind, die wir im folgenden Abschnitt erst näher begründen wollen.

Schließlich wollen wir noch eine wichtige Analogie zwischen Größen- und Zahlbegriff hervorheben: Wenn wir eine natürliche Zahl als Kardinalzahl einer endlichen Menge ansehen, so ist sie nichts anderes als eine Äquivalenzklasse von Mengen bezüglich der Relation „... ist gleichmächtig zu ...". Wir vergleichen z. B. mit den Längen und können die Analogie der beiden Begriffsbildungen in Anlehnung an A. Kirsch[3] in der folgnden Weise verdeutlichen, wobei „~" für „gleichmächtig" und „≡" für „kongruent" oder „deckungsgleich" stehen möge:

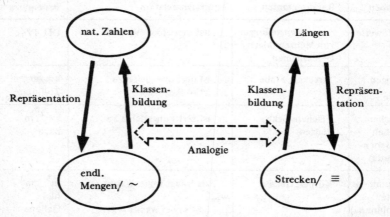

In der Tat gilt diese Analogie in bezug auf Kleinerrelation und Addition auch für die Rechengesetze, wie wir sie für die natürlichen Zahlen kennen und für Größen im folgenden Abschnitt erklären wollen.

3 A. Kirsch, Elementare Zahlen- und Größenbereiche, Göttingen 1970, S. 41.

2. Das Rechnen mit Größen – die Struktur eines Größenbereichs

Wir wollen uns zunächst dem *Vergleichen von Größen* und dann der *Addition* und *Substraktion* zuwenden. Wie bei den bisherigen Überlegungen wollen wir dabei die Maßzahlen vorerst außer Betracht lassen und vielmehr überlegen, was einem Größenvergleich, einer Addition oder Substraktion von Größen auf der Ebene der jeweiligen Repräsentanten entspricht.

Wir betrachten zwei Gegenstände A (Apfel) und B (Buch) als Repräsentanten für zwei Gewichte. Die Balkenwaage ermöglicht einen Vergleich und führt auf die Relation „. . . ist leichter (weniger schwer) als . . .". Es handelt sich dabei um eine *strenge Ordnungsrelation*, d. h. die betrachtete Relation ist *asymmetrisch* und *transitiv*. Diese Eigenschaften besagen:

■   Ist A leichter als B, so ist niemals B leichter als A *(Asymmetrie)*.

Ist A leichter als B und B leichter als C, so ist auch A leichter als C *(Transitivität)*.

Wenn wir vom Problem der Meßgenauigkeit absehen, können wir für den Gewichtsvergleich ferner festhalten:

Für zwei Gegenstände A und B gilt stets genau einer der drei Fälle: A ist leichter als B, B ist leichter als A, A ist ebenso schwer wie B.

Daß es sich wirklich so verhält, beruht letztlich auf physikalischen Gegebenheiten und ist nicht etwa mathematisch aus unseren Überlegungen über Größen zu deduzieren.

Der Gewichtsvergleich läßt sich leicht von den einzelnen Objekten auf die Gewichte selbst übertragen, also von der Ebene der Repräsentanten auf die der Größen. Wenn wir nämlich auf unserer Balkenwaage einen Gegenstand durch einen gleichschweren ersetzen, so ändert sich die Stellung der Waage nicht. Wir können also allgemein zwei Gewichte miteinander vergleichen, indem wir speziell zwei Gegenstände vergleichen; und die Auswahl dieser Repräsentanten spielt für den Vergleich der Gewichte keine Rolle.

Auf der Ebene der Größen, hier also der Gewichte (Massen), ist es üblich, die betrachtete Beziehung als Kleinerrelation zu bezeichnen und auch das von den Zahlen her vertraute Zeichen „<" zu verwenden. Wir wollen also sagen:

Der Gegenstand A ist *leichter* (weniger schwer) als B. (Repräsentanten)

Das Gewicht von A ist *kleiner* als das Gewicht von B. (Größen)

Beim Übergang von Rerpäsentanten zu Größen erhalten wir ein weiteres
Gesetz, das wie die übrigen Eigenschaften der Kleinerrelation ι von den
Zahlen her bekannt ist: An die Stelle der Beziehung „gleich schwer" tritt ja
die Gleichheit der Gewichte. Wenn wir die Gewichte zur Unterscheidung
von den Objekten mit a, b bezeichnen, können wir sagen:

■   Für zwei Gewichte a und b gilt stets gnau eine der drei Möglichkeiten
    a < b, b < a oder a = b. (*Trichotomiegesetz*)

Die Kleinerrelation für unsere Größen ist also nicht nur eine strenge Ordnungsrelation, sondern darüber hinaus eine *lineare* Ordnungsrelation. Das
bedeutet anschaulich: Wenn wir z. B. für vier, *paarweise verschiedene Gewichte* das Pfeilbild der Kleiner-Relation zeichnen, so ergibt sich als anschauliches Bild der linearen Ordnung eine „Kette" der folgenden Art:

Für vier *verschiedene Objekte* als Repräsentanten von Gewichten könnte es
demgegenüber auch so aussehen:

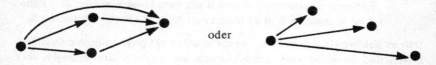

oder

Hier sind zwei bzw. drei der betreffenden Gegenstände gleich schwer, und
zwischen diesen besteht die Beziehung „. . . ist leichter als . . ." nicht. Im
Gegensatz zur Relation „. . . ist kleiner als . . ." *für Gewichte* erweist sich
also die Relation „. . . ist leicher als . . ." *für Objekte* als *nicht linear*.

Auch für die anderen bisher diskutierten Größen können wir wie für die Gewichte eine *lineare* Ordnungsrelation erklären, indem wir zunächst zwei
Repräsentanten miteinander vergleichen und diesen Vergleich dann auf die
entsprechenden Größen übertragen. Wie schon für die Gewichte hervorgehoben, ist dieses Vorgehen jedoch nur dann sinnvoll, wenn es für den Vergleich der Größen auf die spezielle Wahl der Repräsentanten nicht ankommt. Und daß dies wirklich so ist, müßte man genaugenommen jeweils
von den Gesetzen her begründen, die in den einzelnen Repräsentantenbereichen gelten, also z. B. für Längen und Flächengrößen von den Gesetzen
der Geometrie her[4].

4 Vgl. z. B. A. Mitschka/R. Strehl, Einführung in die Geometrie, Kongruenz- und
Ähnlichkeitsabbildungen in der Ebene, Freiburg 1975.

Man stellt also z. B. durch Abtragen mit dem Zirkel fest, daß eine Strecke $\overline{AB}$ *kürzer* als eine Strecke $\overline{CD}$ ist (Repräsentanten) und sagt dann:

Die *Länge* von $\overline{AB}$ ist *kleiner* als die von $\overline{CD}$.

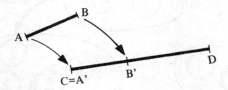

Statt Strecken abzutragen kann der Schüler auch Stäbe passend nebeneinander legen.

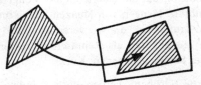

Zum Vergleich zweier Flächenstücke denkt man sie sich in geeigneter Weise übereinander gelegt:

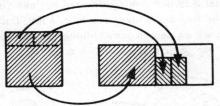

Während das Abtragen von Strecken oder das Nebeneinanderlegen von Stäben stets ohne weiteres möglich ist, kann es für den Flächenvergleich erforderlich sein, eines der beiden Flächenstücke zu zerlegen.

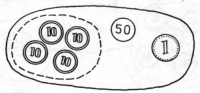

Wenn man aus einer Menge von Münzen eine echte Teilmenge herausgreift, so erhält man einen Repräsentanten für einen geringeren Geldwert:

Will man zwei beliebig vorgegebene Mengen von Münzen in Bezug auf ihren
Geldwert vergleichen, so muß man eventuell erst „umwechseln":

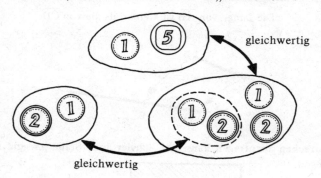

Bei den Geldwerten läßt sich nicht nur die Kleinerrelation, sondern ganz
analog zur Begründung des Rechnens mit natürlichen Zahlen als Kardinal-
zahlen auch die *Addition* auf ein Operieren mit Mengen zurückführen. Dazu
stellen wir uns *disjunkte* Mengen von Münzen, also konkret zwei nebenein-
anderliegende Münzhaufen vor, die wir vereinigen, also zusammenschieben.
Wir erhalten *einen* Münzhaufen als Repräsentanten für einen neuen Geldwert, die *Summe* der beiden gegebenen. Kurz:

●   Zwei Geldwerte (Größen) werden *addiert,* indem man zwei Repräsen-
      tanten, nämlich zwei diskunkte Mengen von Münzen oder Geldschei-
      nen, vereinigt.

Diese Erklärung der *Addition von Geldwerten* hat nur Sinn, wenn es keine
Rolle spielt, welche Repräsentanten man dabei wählt. Daß es sich in der Tat
so verhält, wollen wir an dem in der Abbildung skizzierten Beispiel verdeutlichen, wobei „~" für „gleichwertig" stehen möge:

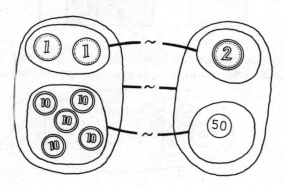

Analoges gilt für andere Größen:

● Man addiert zwei Längen, indem man Strecken oder Stäbe als Repräsentanten der gegebenen Längen nacheinander abträgt bzw. aneinandersetzt.

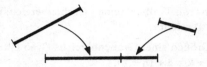

Man addiert zwei Flächengrößen, indem man die sie repräsentierenden Flächenstücke aneiandersetzt.

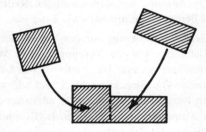

Wenn wir wie bisher die Repräsentanten mit A, B . . . bezeichnen, die zugehörigen Größen als Klassen mit |A|, |B| . . . oder kurz mit a, b . . . und die auf die Repräsentanten bezogene Operation (Vereinigen, Nacheinander Abtragen, Aneinandersetzen usw.) allgemein mit ⊕ so können wir unsere Erklärung für die Addition von Größen in einer kurzen Formel fassen:

● $a + b = |A| + |B| := |A \oplus B|$.

Die Addition von Größen kann also definiert werden durch Rückgriff auf einen Repräsentantenbereich und eine auf ihn anwendbare Operation. Wie wir für die Geldwerte und zuvor in bezug auf die Kleinerrelation für Größen schon ausgeführt haben, hat eine solche Erklärung nur Sinn, wenn es dabei auf die spezielle Wahl der Repräsentanten nicht ankommt. Man sagt auch:

Die Operation, auf welcher die Addition beruht, muß mit der Äquivalenzrelation, mit deren Hilfe eine Größe erklärt wird, *verträglich* sein.

Für die hier betrachteten Größen ist diese Verträglichkeit meist anschaulich unmittelbar evident, so daß wir darauf nicht weiter eingehen wollen. In bezug auf Längen und Flächengrößen verweisen wir noch einmal auf die Gesetze der Geometrie, von denen her eine Begründung zu geben wäre[5].

Zwei wichtige Eigenschaften der Addition von Größen wollen wir in einem Satz zusammenfassen:

■ Die Addition von Größen (eines Größenbereichs) ist assoziativ und kommutativ. Das heißt:

Sind g, h, k Größen eines Größenbereichs G, so gilt:
$$(g + h) + k = g + (h + k),$$
$$g + h = h + g.$$

Diese Gesetze müßten eigentlich für jeden der bisher betrachteten Größenbereiche von den Operationen mit den jeweiligen Repräsentanten her begründet werden. Wir beschränken uns auf zwei Beispiele: Die Addition von *Geldwerten* beruht auf der Vereinigung von Mengen von Münzen bzw. Geldscheinen. Für die Vereinigung von Mengen gelten aber Assoziativ- und Kommutativgesetz. Die Addition von *Längen* wurde durch das sukzessive Abtragen von Strecken erklärt und wir wissen aus der Geometrie, daß dabei in Bezug auf die Länge der entstehenden Gesamtstrecke die Reihenfolge des Abtragens keine Rolle spielt (Kommutativität) und daß es auch nicht auf die Art der Zusammenfassung von Teilstrecken ankommt (Assoziativität).

Zwischen der Addition von Größen und der zuvor besprochenen Kleinerbeziehung gibt es einen wichtigen Zusammenhang, den wir wiederum am Beispiel der Geldwerte verdeutlichen wollen: Bezahlt man eine Ware mit einem größeren Geldschein, so wird in der Regel ein Differnzbetrag herausgegeben. Dieser Betrag ist wie der Preis der Ware selbst ein Geldwert und es gilt:

Preis + Restgeld = Wert des gegebenen Geldscheins.

Dies gilt nur dann, aber auch immer dann, wenn der Preis *unter* dem Geldwert der gegebenen Scheine liegt. Für beliebige Größen können wir diesen Zusammenhang so formulieren:

■ Sind a, b Größen eines Größenbereichs G, so gilt a < b dann und nur dann, wenn es eine Größe x ∈ G gibt, für die gilt:
$$a + x = c$$
Kurz: $$a < b \Leftrightarrow \bigvee_{x \in G} a + x = b$$

5 Vgl. A. Mitschka/R. Strehl, a. a. O.. Was die Längen betrifft, so merken wir noch an, daß bei den meisten Axiomensystemen zur Euklidischen Geometrie die Verträglichkeit der Streckenkongruenz als einer Äquivalenzrelation mit dem sukzessiven Abtragen von Strecken mehr oder weniger direkt im Axiomensystem gefordert wird.

Man kann sagen: Die Gleichung a + x = b ist in G genau dann *lösbar*, wenn a < b ist, und man bezeichnet deshalb dieses Gesetz auch als *Lösbarkeitsgesetz.*

Für die Längen bedeutet das Lösbarkeitsgesetz anschaulich: Eine Strecke $\overline{AC}$ ist genau dann größer als eine darauf abgetragene Strecke $\overline{AB}$, wenn $\overline{AC}$ aus $\overline{AB}$ und $\overline{BC}$ durch sukzessives Abtragen im Sinne der Operation ⊕ zusammengesetzt ist. (Vgl. S. 41)

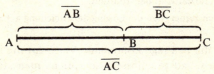

$\overline{BC}$ ist der „Unterschied" der beiden gegebenen Strecken und wir können ganz allgemein für beliebige Größen a, b ∈ G auch von einer Substraktion als Umkehrung der Addition von Größen sprechen:

● Für a, b ∈ G und a < b ist die *Differenz* b − a diejenige Größe x, für die a + x = b gilt.

Wir haben bisher von verschiedenen Größenbereichen nur im Sinne von verschiedenen Arten von Größen gesprochen. Bei allen bisher betrachteten Beispielen für Größen konnten wir jedoch *dieselben Gesetzmäßigkeiten* in bezug auf Addition und Kleinerrelation feststellen, auch wenn diese in Abhängigkeit von den jeweiligen Repräsentantenbereichen stets anders erklärt waren. Wenn wir nun abstrahieren, das heißt hier, wenn wir von den speziellen betrachteten Größen absehen und nur die beobachteten Gesetzmäßigkeiten ins Auge fassen, so können wir den Begriff *Größenbereich* als mathematischen Strukturbegriff definitorisch festlegen:

● (G, +, <), eine Menge G mit Elementen a, b, c, . . ., für die eine innere Verknüpfung + (Addition) und eine strenge Ordnungsrelation < (Kleinerrelation) erklärt sind, heißt Größenbereich genau dann, wenn für beliebige a, b, c ∈ G gilt:

(1) (a + b) + c = a + (b + c).
   Assoziativgesetz der Addition

(2) a + b = b + a.
   Kommutativgesetz der Addition

(3) Für a, b ∈ G gilt stets genau einer der drei Fälle a < b, b < a, a = b.
   Trichotomiegesetz

(4)   a $<$ b gilt genau dann, wenn es ein x $\in$ G gibt, für das a + x = b ist.

Lösbarkeitsgesetz

In dieser Definition hätten wir statt von einer Ordnungsrelation auch nur allgemein von einer *Relation* $<$ zu sprechen brauchen; denn die Eigenschaften einer *Ordnungsrelation* lassen sich aus den Gesetzen (1) bis (4) leicht folgern: Die Asymmetrie ergibt sich unmittelbar aus dem Trichotomiegesetz, und die Transitivität folgt aus dem Lösbarkeitsgesetz mit Hilfe der Assoziativität der Addition.

Der Leser überlege sich ferner, daß die Lösung der Gleichung a + x = b (für a $<$ b) eindeutig bestimmt ist.

Sind in bezug auf die in Frage kommende Verknüpfung und Ordnungsrelation Mißverständnisse ausgeschlossen, so spricht man statt von (G, +, $<$) auch kurz vom Größenbereich G.

Wenn wir von unserer Definition des Begriffs Größenbereich ausgehen, müssen wir nachträglich die konkreten Beispiele, die wir betrachtet haben, als *Modelle* der abstrakt vorgegebenen Struktur ansehen. Daß dies für die Schule nicht der einzuschlagende Weg sein kann, sollte sich von selbst verstehen. Vielmehr kann dort der Strukturbegriff Größenbereich überhaupt nur durch Abstraktion von vielen Beispielen her gewonnen werden und wird auch dann nur in den wenigsten Fällen so ausdrücklich wie hier formuliert werden können.

Betrachtet man statt (G, +, $<$) nur die bezüglich der Addition gegebene Struktur (G, +), so ist diese ein Verknüpfungsgebilde, das wegen der Assoziativität und Kommutativität der Verknüpfung als

kommutative Halbgruppe

bezeichnet wird. Alle Größenbereiche sind also spezielle Halbgruppen. Da auch *Gruppen* spezielle Halbgruppen sind und da der Gruppenbegriff nicht nur in der Mathematik als solcher, sondern auch in der Schulmathematik von Bedeutung ist, stellt sich die Frage nach der Beziehung zwischen der Struktur eines Größenbereichs und der einer Gruppe. Man kann feststellen:

■   Ein Größenbereich ist nie eine Gruppe, und umgekehrt.

Diese Tatsache ergibt sich aus dem Lösbarkeitsgesetz. In einer Gruppe ist nämlich eine Gleichung der Gestalt

$$a + x = b$$

und mit ihr auch die Gleichung

$$b + y = a$$

stets eindeutig lösbar. In einem Größenbereich kann aber höchstens eine der beiden Gleichungen lösbar sein. Für a = b gibt es sogar überhaupt keine Lösung, weil sonst nach dem Lösbarkeitsgesetz a $<$ a gelten müßte.

Neben den auch umgangssprachlich meist als Größen bezeichneten Maßen und Gewichten gibt es weitere wichtige Beispiele für die Struktur eines Größenbereichs:

■ |N, die Menge der natürlichen Zahlen (ohne Null) bildet einen Größen-
      bereich bezüglich der gewöhnlichen Addition und Kleinerrelation.

Fragt man nach einer Konkretisierung für diesen Größenbereich, so stößt man auf das im mathematischen Anfangsunterricht von jeher praktizierte Rechnen mit *Stückzahlen* gleichartiger Objekte, das Rechnen mit Nüssen und Äpfeln, mit Streichholzschachteln oder Kugeln und anderem mehr. Wenn mitunter in den Schulbüchern für die jeweils betrachteten Objekte Abkürzungen verwendet werden, etwa N für Nüsse, so kommt die Analogie zu den Größen auch in der Schreibweise zum Ausdruck:

$$7 N + 5 N = 12 N,$$
$$7 kg + 5 kg = 12 kg.$$

Das Arbeiten mit gleichartigen Elementen wie Nüssen, Kugeln und dergleichen kann in einem streng auf der elementaren Mengenlehre aufbauenden Rechenunterricht zum Problem werden, weil die Elemente der auftretenden Mengen nicht gut unterscheidbar sind. Dennoch wird man in der Praxis kaum jemals auf solche Veranschaulichungen des Rechnens mit natürlichen Zahlen verzichten wollen, und wenn man Mengen von Nüssen, Kugeln usw. als Repräsentantenbereiche für den Größenbereich der Stückzahlen auffaßt, besteht dazu auch nicht einmal theoretisch ein Grund.

Es gilt ferner:

■ $\mathbb{Q}^+$, die Menge der positiven rationalen Zahlen (Bruchzahlen) bildet
      einen Größenbereich bezüglich der gewöhnlichen Addition und Klei-
      nerrelation.

Schon dem Grundschulkind sind Ausdrücke wie $\frac{1}{2}$ l oder $\frac{1}{4}$ Pfund vertraut, wobei Bruchzahlen nur als Maßzahlen in Verbindung mit Maßeinheiten wie Liter oder Pfund zur Beschreibung von Größen dienen. Demgegenüber geht es hier zunächst darum, daß die Bruchzahlen selbst bezüglich Addition und Kleinerrelation einen Größenbereich bilden, wovon sich der Leser selbst im einzelnen überzeugen möge. Allerdings unterscheidet sich das Gebilde $(\mathbb{Q}^+, +, <)$ wesentlich von $(\mathbb{N}, +, <)$. Wir wollen vorerst nur einen wichtigen Unterschied erwähnen: In $\mathbb{N}$ gibt es eine kleinste Zahl, die Eins, nicht so hingegen in $\mathbb{Q}^+$. Die Zahl Null muß ja beim Größenbereich der Bruchzahlen wie bei dem der natürlichen Zahlen mit Rücksicht auf das Lösbarkeitsgesetz ausgeschlossen bleiben.

Der Begriff des Größenbereichs hat sich als tragender Strukturbegriff erwiesen. Er bildet den Hintergrund für das Rechnen mit natürlichen Zahlen, mit Maßen und Gewichten und mit Bruchzahlen, also praktisch für alles

Rechnen der Grundschule und bis in die Sekundarstufe I hinein. Auf den Zusammenhang zwischen Größen und Bruchzahlen werden wir im folgenden Abschnitt noch näher eingehen.

3. Vervielfachen und Teilen von Größen — Messen

Man kann eine Länge mehrfach zu sich selbst addieren, indem man ein und dieselbe Strecke mehrfach abträgt. Kurz: man kann eine Länge *vervielfachen.*

Dies gilt auch für die anderen bisher diskutierten Größen und aufgrund der im letzten Abschnitt herausgestellten Gesetzmäßigkeiten ganz allgemein für eine beliebige Größe g. Wir setzen abkürzend z. B.

$$g + g + g + g = 4 \cdot g.$$

Wenn wir dieses Vervielfachen genau definieren wollen, müssen wir eine sogenannte *rekursive Definition* verwenden[6]:

- $1 \cdot g = g$
  $(n + 1) \cdot g = n \cdot g + 1 \cdot g$

Wir erhalten das $(n + 1)$-fache einer Größe g, indem wir zum n-fachen von g noch einmal g addieren. $(n + 1) \cdot g$ wird mit Hilfe von $n \cdot g$ erklärt, und man kann so bis auf $1 \cdot g$ *zurückgehen.* Deshalb spricht man von einer rekursiven Definition.

Anschaulich: $n \cdot g$ ist diejenige Größe, die wir erhalten, wenn n gleiche Summanden g addiert werden:

- $n \cdot g = g + g + \ldots + g$ (n Summanden)

Wie vielfach üblich, werden wir den Malpunkt zwischen den Zahlen m, n ... und den Größen g, h ... im folgenden weglassen. Wir weisen schon an dieser Stelle darauf hin, daß diese abkürzende Schreibweise ganz mit der üblichen Bezeichnung einer Größe durch Maßzahl und Einheit im Einklang steht, wonach z. B. 10 g das Zehnfache der Größe „Gramm" bezeichnet.

Für das Vervielfachen von Größen gelten drei wichtige Rechenregeln:

- Sind m, n natürliche Zahlen und g, h Größen aus einem Größenbereich G, so gilt stets:

  (1) $m(g + h) = mg + mh$,

  (2) $(m + n)g = mg + ng$,

  (3) $m(ng) = (m \cdot n)g$.

6 Vgl. R. Strehl, Zahlbereiche, Freiburg ²1976, S. 52 ff.

Diese Regeln erinnern äußerlich an die beiden Distributivgesetze bzw. an das Assoziativgesetz der Multiplikation für Zahlen. Man beachte jedoch, daß in unseren Rechenregeln m und n Zahlen, g und h aber beliebige Größen, in der Regel also keine Zahlen sind. Die Gültigkeit dieser Gesetze ergibt sich für den Schüler aus der Erfahrung im Umgang mit Strecken, Gewichten usw.

Will man sich formal nur auf die Gesetze (Axiome) eines Größenbereichs und auf die obige rekursive Definition des Vervielfachens stützen, so sind die Beweise – weil m und n natürliche Zahlen sind – mit Hilfe von vollständiger Induktion zu führen. Wir beschränken uns auf ein Beispiel für einen solchen Beweis:

Die Gleichung m (g + h) = m g + m h ist richtig für m = 1; denn es ist

$$1 (g + h) = g + h = 1 g + 1 h,$$

jeweils nach Definition des Vervielfachens.
Die Gleichung sei richtig für m = k. Es sei also

$$k (g + h) = k g + k h.$$

Dann folgt für k + 1:

$$
\begin{aligned}
(k + 1) (g + h) &= k (g + h) + (g + h) & \text{nach Definition,} \\
&= (k g + k h) + (g + h) & \text{nach Voraussetzung bezüglich k,} \\
&= (k g + g) + k h + h) & \text{wegen Assoziativ- und Kommutativgesetz,} \\
&= (k + 1) g + (k + 1) h & \text{nach Definition.}
\end{aligned}
$$

Mithin gilt die behauptete Gleichung nach dem Induktionsprinzip für alle natürlichen Zahlen.

Wir nennen ohne Beweis noch einige weitere Rechengesetze, die sich aus den Axiomen für einen Größenbereich und der Definition des Vervielfachens ableiten lassen:

■   Sind a, b, c, g h Elemente eines Größenbereichs G und m, n natürliche Zahlen, so gilt stets:

a + c = b + c ⇒ a = b.
m g = n g ⇒ m = n.
m g = m h ⇒ g = h.

Diese Regeln werden auch als *Regularität der Addition* und als *Kürzungsregeln* bezeichnet.

Größen lassen sich also uneingeschränkt vervielfachen. Oder mit anderen Worten: Zu jeder Größe g eines beliebigen Größenbereiches G und jeder natürlichen Zahl n gibt es stets eine Größe h, so daß

$$n g = h.$$

Es stellt sich die Frage, ob nicht nur stets das n-fache einer Größe existiert,

sondern umgekehrt auch immer ihr *n-ter Teil*, ob es also auch immer eine
Größe x gibt, deren n-faches gerade g ist, so daß also

$$n x = g$$

ist. Wie üblich, wollen wir die Größe x — sofern sie existiert — dann mit $\frac{1}{n} g$
bezeichnen und halten fest:

● $\quad x = \frac{1}{n} g \; :\Leftrightarrow n x = g.$

Statt $\frac{1}{n} g$ schreibt man auch g : n.

Man spricht vom *Teilen* einer Größe, in der didaktischen Literatur und in
vielen Grundschulbüchern auch vom Verteilen:

> Eine Tafel Schokolade wird an n Kinder *verteilt*.
> Jedes erhält dann den n-ten Teil der vorhandenen Schokolade.

Die Gleichung n g = h läßt sich aber noch in anderer Weise betrachten.
Sind die Größen g und h gegeben, so kann man nach einer Zahl n fragen,
für die

$$n g = h.$$

Hier spricht man von *Aufteilen* oder *Messen*. Anschaulich:

> Eine Stange der Länge h wird *aufgeteilt in n Stücke der* Länge g.

Oder:

> Wenn man einen Repräsentanten für g n-mal aneinandersetzt, um
> die Länge h zu erhalten, so hat man h mit Hilfe von g *gemessen*.

(Vgl. dazu S. 54 ff.)
Mitunter wird vorgeschlagen, für die beiden Arten des Teilens von Größen
im Grundschulunterricht auch verschiedene Zeichen zu verwenden, wie etwa : für das Verteilen ÷ für das Aufteilen.
Damit wird unterstrichen, daß es sich um verschiedene Operationen handelt,
die bei der Arbeit mit konkreten Objekten auch durch verschiedenartige
Handlungen repräsentiert werden.

Man wird im allgemeinen nicht erwarten können, daß zu beliebig vorgegebenen Größen g und h stets eine natürliche Zahl n mit n g = h existiert. Wie
wir sehen werden, gibt es Fälle, in denen es nicht einmal eine rationale Zahl
$\frac{m}{n}$ gibt, für die $\frac{m}{n} g = h$ wäre. Zunächst müssen wir aber auf das Teilen von
Größen näher eingehen, um klären zu können, was überhaupt unter dem
Vervielfachen einer Größe mit einem Bruch $\frac{m}{n}$ zu verstehen ist.

Zu einer gegebenen Länge existiert offenbar stets auch ihr n-ter Teil; denn
wie wir aus der Geometrie wissen, können wir eine beliebige Strecke als Re-

präsentanten einer Länge immer wieder in n gleich lange Strecken zerlegen. Bei den Geldwerten hingegen – wenn wir sie wie gewöhnlich mit Hilfe von Münzen und Geldscheinen repräsentieren wollen – existiert der n-te Teil nur manchmal. Es gibt den 10-ten Teil einer Mark, aber nicht den dritten Teil. Deshalb wollen wir im ersten Fall von einem Größenbereich *mit Teilbarkeitseigenschaft*, im zweiten Fall von einem Größenbereich *ohne Teilbarkeitseigenschaft* sprechen.

● Ein Größenbereich G besitzt die *Teilbarkeitseigenschaft* – ist *divisibel* – genau dann, wenn es zu jedem g ∈ G und jeder natürlichen Zahl n ein x ∈ G gibt, so daß
$$n \, x = g.$$

Der Größenbereich der Stückzahlen bzw. $(\mathbb{N}, +, <)$ besitzen *nicht* die Teilbarkeitseigenschaft. Weitere Größenbereiche *mit* Teilbarkeitseigenschaft sind die Größenbereiche der Flächengrößen, der Zeitspannen oder auch $(\mathbb{Q}^+, +, <)$. Bei den Geldwerten ist insbesondere im bargeldlosen Zahlungsverkehr die Teilbarkeitseigenschaft praktisch gegeben, wenn man z. B. bei Massengütern mit geringem Preis auch mit Pfennigbruchteilen kalkuliert, wenn im Bankwesen Prozentbruchteile auftreten oder wenn Wechselkurse auf bis zu fünf Dezimalstellen genau angegeben werden.
Umgekehrt wird man in der Praxis nur selten mit $\frac{1}{3}$ m arbeiten, sondern man wird *runden*, um bei gegebener Maßeinheit (Meter) eine solche Größe durch eine Maßzahl im Dezimalsystem beschreiben zu können.

In einem Größenbereich mit Teilbarkeitseigenschaft läßt sich eine beliebige Größen immer wieder teilen, z. B. immer wieder halbieren. Was wir für den Größenbereich $(\mathbb{Q}^+, +, <)$ im letzten Abschnitt bereits festgestellt hatten, können wir nun also allgemein formulieren:

■ In einem Größenbereich mit Teilbarkeitseigenschaft gibt es kein kleinstes Element.

Allerdings braucht es auch in Größenbereichen ohne Teilbarkeitseigenschaft ein kleinstes Element nicht zu geben. Z. B. bilden die positiven endlichen Dezimalbrüche, wie man sie beim praktischen Messen meist verwendet, einen solchen Größenbereich.

Aus der Definition des n-ten Teils einer Größe ergibt sich
$$n \left(\frac{1}{n} g \right) = g.$$

Umgekehrt ist anschaulich evident, daß auch

■
$$\frac{1}{n} (n \, g) = g$$

gelten muß: Der n-te Teil des n-fachen einer Größe g ist wieder g selbst.

Formal ergibt sich dies unter Verwendung der sogenannten Kürzungsregel (vgl. S. 47); denn es ist

$$n \left(\frac{1}{n} (n\ g) \right) = n\ g \text{ nach Definition des n-ten Teils von n g}$$

und folglich

$$\frac{1}{n} (n\ g) = g \text{ nach der Kürzungsregel.}$$

Zwei der drei auf S. 46 genannten Rechenregeln für das Vervielfachen von Größen mit n bzw. m gelten ganz entsprechend auch für die Bildung des n-ten bzw. m-ten Teils:

■ $$\frac{1}{n} (g + h) = \frac{1}{n} g + \frac{1}{n} h \qquad\qquad \frac{1}{m} \left(\frac{1}{n} g \right) = \frac{1}{m \cdot n} g = \frac{1}{n} \left(\frac{n}{m} g \right)$$

Wir beschränken uns auf den Nachweis der zweiten Aussage, wobei es jetzt keines Induktionsbeweises bedarf. Vielmehr kommt man mit den gegebenen Definitionen und den für das Vervielfachen geltenden Regeln aus. Setzt man zur Abkürzung $\frac{1}{m} \left(\frac{1}{n} g \right) = x$, so ist

$$
\begin{aligned}
\frac{1}{n} g &= m\ x & &\text{nach Definition des Teilens einer Größe,} \\
g &= n\ (m\ x) & &\text{ebenso,} \\
g &= (n \cdot m)\ x & &\text{nach der obigen Regel für das Vervielfachen,} \\
&= (m \cdot n)\ x & &\text{nach dem Kommutativgesetz der Multiplikation in } \mathbb{N},
\end{aligned}
$$

und daraus folgt einerseits

$$\frac{1}{m \cdot n} g = x$$

und andererseits

$$
\begin{aligned}
g &= m\ (n\ x) & &\text{nach den Gesetzen des Vervielfachens,} \\
\frac{1}{m} g &= n\ x & &\text{nach Division durch m,} \\
\frac{1}{n} \left(\frac{1}{m} g \right) &= x & &\text{nach Division durch n.}
\end{aligned}
$$

Wichtiger als der formale Beweis aus den Axiomen eines Größenbereichs ist in unserem Zusammenhang jedoch die anschauliche Bedeutung eines solchen Gesetzes. Das erste besagt z. B. für Flächenstücke und für n = 2:

> Setzt man zwei Flächenstücke aneinander und halbiert dann, so erhält man dasselbe, wie wenn man sie erst halbiert und dann die erhaltenen Stücke aneinander setzt.

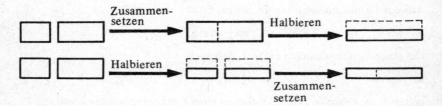

Die zweite, oben bewiesene Regel besagt z. B. für Strecken und für n = 2 und m = 3:

> Zerlegt man eine Strecke in drei gleichlange Teilstrecken und jede dieser Teilstrecken wiederum in zwei gleichlange, so ist die Strecke insgesamt in 6 gleichlange Teilstrecken zerlegt.

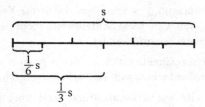

■   Es gilt ferner: $m \left(\frac{1}{n} g\right) = \frac{1}{n} (m\, g)$.

Oder anschaulich: <u>Vervielfachen und Teilen einer Größe können miteinander vertauscht werden</u>, was sich am einfachsten wiederum bei den Flächenstücken veranschaulichen läßt.

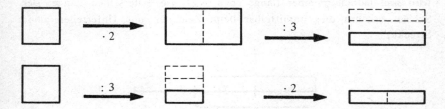

Wir verzichten auf einen formalen Beweis, der unter Verwendung der bisher genannten Regeln ähnlich wie der auf S. 50 angegebene Beweis zu führen wäre.

Wie die besprochenen Rechenregeln für das Teilen von Größen schon zeigen, besteht eine enge Beziehung zwischen den in Größenbereichen mit Teilbarkeitseigenschaft geltenden Gesetzen und der sogenannten *Bruchrechnung*, und dies gilt sowohl in bezug auf den theoretischen Hintergrund als auch für die didaktischen Möglichkeiten bei der Behandlung der Bruchzahlen in der Schule. Die Bruchrechnung ist zwar ein bei weitem zu umfangreiches didaktisches Problem, um es in diesem Rahmen ausführlich behandeln zu können[7]. Da wir jedoch im folgenden vielfach von Bruchzahlen und den noch zu erklärenden *Bruchoperatoren* (vgl. S. 96 f.) Gebrauch machen müssen,

7 Man vergl. in dieser Reihe F. Padberg, Didaktik der Bruchrechnung, Freiburg 1978.

wollen wir den Zusammenhang zwischen Bruchzahlen und Größen wenigstens skizzieren:

In jedem Größenbereich mit Teilbarkeitseigenschaft können wir den n-ten Teil einer Größe g bilden und diesen mit m vervielfachen. Wegen

$$m\,(\frac{1}{n}\,g) = \frac{1}{n}\,(m\,g)$$

können wir dafür abkürzend $\frac{m}{n}$ g schreiben. Ohne die Vertauschbarkeit von Teilen und Vervielfachen wäre diese Schreibweise nicht sinnvoll, da sie nicht erkennen läßt, was zuerst auszuführen ist.

● Die durch $\frac{m}{n}$ g bezeichnete Größe ist der *m-fache n-te Teil* einer Größe g aus einem Größenbereich mit Teilbarkeitseigenschaft.

Die Schreibfigur $\frac{m}{n}$ wird wie üblich als *Bruch* bezeichnet und $\frac{m}{n}$ g zur Unterscheidung davon als *konkreter Bruch*. $\frac{3}{4}$ m, $\frac{1}{2}$ l oder $\frac{1}{4}$ a sind also konkrete Brüche. Abweichend von dieser in Anlehnung an A. Kirsch gewählten Terminologie versteht man in der älteren didaktischen Literatur unter einem „konkreten Bruch" allerdings in der Regel nicht den Namen einer Größe $\frac{m}{n}$ g, sondern einen Repräsentanten dieser Größe, also z. B. ein Bruchstück eines Stabes[8].

Nun sind jedoch $\frac{4}{6}$ einer Länge ebensoviel wie $\frac{2}{3}$ derselben Länge. Der Schüler erkennt dies unmittelbar beim Zeichnen und Unterteilen einer Strecke,

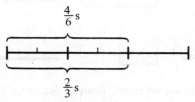

oder man kann es entsprechend für Flächenstücke z. B. beim Brechen einer Schokoladentafel durchspielen. Aus den bisher diskutierten Rechengesetzen ergibt sich ganz allgemein:

■ Für jeden konkreten Bruch $\frac{m}{n}$ g und jede natürliche Zahl k gilt

$$\frac{m}{n}\,g = \frac{k \cdot m}{k \cdot n}\,g.$$

---

8 Vgl. A. Kirsch, a. a. O., S. 121. sowie zur Auffassung von konkreten Brüchen als „Bruchstücken" W. Oehl, Der Rechenunterricht in der Hauptschule, Hannover [2]1967, S. 131. Von „Bruchstücken" spricht auch W. Breidenbach, jedoch ohne den Terminus „konkreter Bruch" zu verwenden. Vgl. W. Breidenbach, Methodik des Mathematikunterrichts in Grund- und Hauptschulen, Hannover [4]1976, S. 216.

Es ist nämlich
$$
\begin{aligned}
\frac{m}{n} g &= m \left(\frac{1}{n} g \right) \\
&= k \left(\frac{1}{k} \left(m \left(\frac{1}{n} g \right) \right) \right) \\
&= k \left(m \left(\frac{1}{k} \left(\frac{1}{n} g \right) \right) \right) \\
&= (k \cdot m) \left(\frac{1}{k \cdot n} g \right) \\
&= \frac{k \cdot m}{k \cdot n} g.
\end{aligned}
$$

Der Leser überlege selbst, wie die einzelnen Umformungen dieser Gleichungskette jeweils zu begründen sind.

Die damit bewiesene Möglichkeit zu *erweitern* und entsprechend auch zu *kürzen* — wir gehen darauf nicht näher ein — macht deutlich, daß es zu einem konkreten Bruch $\frac{m}{n} g$ stets unendlich viele konkrete Brüche gibt, welche alle dieselbe Größe bezeichnen. Man könnte also die Größe selbst auch als die gemeinsame Eigenschaft aller dieser konkreten Brüche ansehen.

Von den *konkreten Brüchen* als Bezeichnungen für Größen zu den *Brüchen* gelagt man nun durch einen weiteren Abstraktionsprozeß, indem man vom jeweils zugrundegelegten Größenbereich absieht und nur das Symbol $\frac{m}{n}$ betrachtet. Die Gleichheit zweier solcher Brüche besagt dann nichts anderes, als daß die zugehörigen konkreten Brüche dieselbe Größe bezeichnen, also:

● $$ \frac{m}{n} = \frac{p}{q} \quad :\Leftrightarrow \quad \frac{m}{n} g = \frac{p}{q} g . $$

Die Verwendung des Gleichheitszeichens zwischen den beiden Brüchen bedeutet hier also nicht, daß m = p und n = q sein müßte.

Die zu $\frac{m}{n}$ gleichen Brüche können wir nun wieder zu einer Klasse zusammenfassen und so den Begriff der *Bruchzahl* erklären:

● Die durch den Bruch $\frac{m}{n}$ bezeichnete *Bruchzahl* ist die Klasse aller Brüche, die zu $\frac{m}{n}$ gleich sind.

Schematisch läßt sich der angedeutete Zusammenhang in der folgenden Weise darstellen:

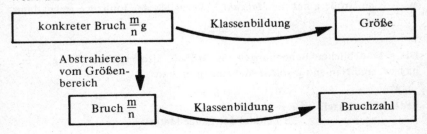

In der Mathematik wird $\frac{m}{n}$ meist als Abkürzung für das geordnete Zahlenpaar (m, n) aufgefaßt, und die Bildung von Äquivalenzklassen erfolgt ohne
Rückgriff auf Größen mit Hilfe der *Definition* einer geeigneten Äquivalenzrelation. Man definiert:

● $\qquad\qquad\qquad (m, n) \sim (p, q) \quad \Leftrightarrow \quad m \cdot q = n \cdot p.$

Die Definition für „$\sim$" ist aber nichts anderes als eine Bedingung für die
Gleichheit der Größen $\frac{m}{n} g = \frac{p}{q} g$. Wir können aus den Gesetzen für das
Rechnen in Größenbereichen mit Teilbarkeitseigenschaft diese Bedingung
leicht herleiten. Aus

$$\frac{m}{n} g = \frac{p}{q} g \quad \text{bzw.} \quad \frac{1}{n}(m\,g) = \frac{1}{q}(p\,g)$$

folgt nämlich

$$n \cdot q \cdot \frac{1}{n}(m\,g) = n \cdot q \cdot \frac{1}{q}(p\,g)$$

und daraus

$$(m \cdot q)\,g = (n \cdot p)\,g, \text{ also auch } m \cdot q = n \cdot p.$$

Alle diese Schlüsse lassen sich umkehren. Man hat also in der Tat:

■ $\qquad\qquad\qquad \frac{m}{n} g = \frac{p}{q} g \quad \Leftrightarrow \quad m \cdot q = n \cdot p$

An dieser Stelle wird deutlich, daß der Einstieg in die Bruchrechnung von
den Größenbereichen her nicht nur in didaktischer Hinsicht wichtig, ja un-
verzichtbar ist, sondern daß er auch voll im Einklang steht mit dem mehr an
der Fachwissenschaft orientierten Zugang von den Zahlenpaaren her.

Aufgrund der bisherigen Überlegungen können wir nun relativ einfach erklären, was wir unter *Messen* verstehen wollen, und zwar durchaus im Einklang mit unserer früheren Definition von Messen oder Aufteilen als der Division einer Größe durch eine Größe desselben Größenbereichs:
Ist e ein Element eines Größenbereichs G, das wir uns beliebig gewählt, aber
fest denken und das wir als *Einheit* bezeichnen wollen, so können wir andere Größen aus G — eventuell nicht alle — als Vielfache oder als konkrete
Brüche mit Hilfe dieser Einheit darstellen. Wir wollen sagen:

● $\quad$ Eine Größe g hat die *Maßzahl* $\frac{m}{n}$ bezüglich der Einheit e genau dann,
$\quad$ wenn
$$\frac{m}{n} e = g.$$

Die gebräuchlichen Benennungen für Größen, also m, km, cm, kg, t, m^2,
ha usw. sind Namen für solche Maßeinheiten, und

$$\text{„0,8 m"}$$

bedeutet demnach

$$\text{„8 Zehntel der Länge Meter".}$$

Ein Repräsentant dieser Länge ist ein bei Paris aufbewahrter Metallstab, das „Urmeter", auf das alle anderen Repräsentanten bis hin zu den einfachen hölzernen Meterstäben eines Textilgeschäfts bezogen sind[9]. Natürlich könnte man auch bei Größenbereichen ohne Teilbarkeitseigenschaft von Einheit und Maßzahl sprechen. Bei beliebig vorgegebener Einheit e ϵ G könnte man dann jedoch unter Umständen nur einen kleinen Teil der Elemente von G mit der Einheit e messen, nämlich nur diejenigen, die sich als Vielfache von e bzw. als Vielfache der im betreffenden Größenbereich existierenden Unterteilungen von e darstellen ließen. Bei den Längen – um dieses wichtige Beispiel noch einmal aufzugreifen – vollzieht sich ja das Messen im allgemeinen so, daß zunächst die gewählte Einheit, also etwa der Meterstab, „so oft wie möglich" abgetragen wird[10] und daß man dann die Maßeinheit unterteilt, um den eventuell verbleibenden „Rest" in derselben Weise auszumessen[11].

$$s = 3\,e + \frac{1}{4}\,e$$

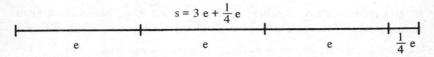

Die Unterteilung der Einheit ist dabei im Prinzip beliebig. Man könnte ein Halbierungsverfahren wählen oder wie in den allgemein gebräuchlichen Maßsystemen die Zehntelung, so daß beim Beispiel der Längen ein verbleibender „Rest" in Zehntel-Metern, also in dm, ausgemessen wird, ein dann noch verbleibender Rest in Zehnteln von Dezimetern, also in cm, usw. Der Vorgang wird wiederholt, bis er abbricht oder – in der Praxis – bis die gewünschte Genauigkeit erreicht ist.

Es ist aber auch nicht grundsätzlich notwendig, sondern nur zweckmäßig, wenn man bei mehrfacher Unterteilung der Einheit immer wieder dasselbe Teilungsprinzip anwendet. In der Tat kennen wir nicht nur bei Maßsystemen im angelsächsischen Raum, sondern auch bei uns ein ganz alltägliches Beispiel für ein gemischtes System der Unterteilung einer Maßeinheit:

Eine Woche hat 7 Tage, ein Tag 24 Stunden.

Eine Stunde wird in 60 Minuten, eine Minute in 60 Sekunden, eine Sekunde dann aber in Zehntel- und Hundertstelsekunden unterteilt.

9 In jüngster Zeit wurde allerdings durch eine gesetzliche Festlegung als Bezugsgröße die Wellenlänge einer Spektrallinie gewählt.
10 Zu dem geometrischen Sachverhalt, daß dieses Abtragen nach endlich vielen Schritten abbricht, vgl. A. Mitschka/R. Strehl, a. a. O., S. 152 f.
11 Auf eine für die Schule geeignete Stufenfolge für die Diskussion des Meßvorgangs wird im folgenden Abschnitt noch einmal eingegangen.

Wie wir wissen, kann man bei hinreichend feiner Unterteilung der Maßeinheit, eine Größe aus einem Größenbereich mit Teilbarkeitseigenschaft stets mit „beliebiger Genauigkeit" messen. Dennoch ergibt sich hier noch ein weiteres Problem, und es zeigt sich, daß die Voraussetzung der Teilbarkeitseigenschaft nicht einmal ausreicht, um bei beliebiger Wahl der Einheit stets jede andere Größe des betreffenden Größenbereichs „genau" messen zu können. Im Sinne unserer Erklärung von „Messen" bedeutet „genau", daß der Meßvorgang nach endlich vielen Schritten abbricht. Will man z. B. die Diagonale eines Quadrats (d) ausmessen und wählt als Einheit die Länge seiner Seite (a), so erweist sich dies als unmöglich. Alle in unserer Darstellung bisher verwendeten Maßzahlen sind *rationale* Zahlen, und wenn wir die Maßzahl der Diagonalen bezüglich der Maßeinheit a mit d bezeichnen, so gilt nach dem Lehrsatz des Pythagoras:

$$d^2 = 1^2 + 1^2 \text{, also } d = \sqrt{2}.$$

Es gibt jedoch keinen Bruch $\frac{m}{n}$ so, daß $\frac{m}{n} = \sqrt{2}$ wäre. Also kann d nicht m-facher n-ter Teil von a sein, ganz gleich wie auch immer m gewählt wird.

Man kann dies rein rechnerisch nachweisen, indem man die Annahme

$$\left(\frac{m}{n}\right)^2 = 2$$

unter Verwendung einfacher Teilbarkeitseigenschaften natürlicher Zahlen zu einem Widerspruch führt[12]. Daneben besteht auch die Möglichkeit, diesen Widerspruch auf geometrischem Wege aufzuzeigen, was unter Umständen schon in Hauptschulklassen gelingt:
Wären nämlich im Quadrat [ABCD] a und d ganzzahlige Vielfache einer Einheit e – zur Vereinfachung nehmen wir an, die ganzzahligen Maßzahlen wären a und d – so müßten in der folgenden Abbildung auch Seite und Diagonale des kleineren Quadrates [EFDG] Vielfache von e sein.

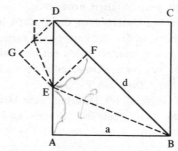

Man erhält dieses kleinere Quadrat, bzw. zunächst die Punkte E und F, indem man A an der Winkelhalbierenden von ⦠ ABD spiegelt, oder anschaulich, indem man ein aus

12 Einen Beweis findet man z. B. bei H. Kütting, Einführung in Grundbegriffe der Analysis, Bd. 1, Reelle Zahlen und Zahlenfolgen, Freiburg 1973, S. 30.

Papier ausgeschnittenes Quadrat so faltet, daß die eine Kante auf die Diagonale fällt. Dieser Vorgang läßt sich aber so oft wiederholen, bis man schließlich zu einem Quadrat gelangt, dessen Seite kleiner als die gedachte Einheit e ist. Dies kann aber nicht sein, da Seite und Diagonale der jeweils neu entstehenden, kleineren Quadrate nach unserer ersten Überlegung stets ganzzahlige Vielfache von e sein müßten[13].

Das Problem von Seite und Diagonale eines Quadrats legt es nahe, diejenigen Größenbereiche besonders zu kennzeichnen, bei denen eine beliebige Größe stets als *rationales* Vielfaches einer gegebenen Einheit darstellbar ist. Man nennt sie *kommensurabel*, weil dann zwei Größen g und h stets im obigen Sinne ein *gemeinsames Maß* besitzen. Ist nämlich

$$g = \frac{m}{n} \, h,$$

so braucht man als Maßeinheit nur e = $\frac{1}{n}$ h zu wählen, und es ergibt sich g = m e sowie h = ne.

● Ein Größenbereich G heißt *kommensurabel* genau dann, wenn es zu zwei beliebigen Größen g und h aus G stets eine Größe e aus G gibt, so daß g und h Vielfache von e sind.

Im Anschluß an unsere früheren Überlegungen über das Teilen von Größen können wir die Eigenschaft der Kommensurabilität auch in der folgenden Weise beschreiben: In einem kommensurablen Größenbereich ist die Division im Sinne des Aufteilens uneingeschränkt möglich. Der Quotient g : h zweier Größen aus einem solchen Größenbereich ist eine rationale Zahl. Beispiele für kommensurable Größenbereiche bilden die rationalen Zahlen, aber auch die natürlichen Zahlen oder die Menge aller Vielfachen einer natürlichen Zahl bezüglich der gewöhnlichen Kleinerrelation und Addition. Somit bilden insbesondere auch die Geldwerte einen kommensurablen Größenbereich.

Beim praktischen Arbeiten mit Maßen und Gewichten sind der Meßgenauigkeit Grenzen gesetzt, und man beschränkt sich auch bei den Längen auf *rationale* Vielfache der üblichen Maßeinheiten, so daß dann auch für die Längen die Kommensurabilität gegeben ist. Andererseits geht mit der Beschränkung auf das Dezimalsystem, also mit dem Verzicht auf die Verwendung beliebiger Brüche als Maßzahlen, auch die Teilbarkeitseigenschaft – genau genommen – wieder verloren, wie wir bereits erwähnt haben.

Dessen ungeachtet werden bei den meisten in der Praxis wichtigen Größen meist beide Eigenschaften stillschweigend vorausgesetzt, weshalb nach

13 Zu diesem und ähnlichen Verfahren vgl. A. Mitschka, Anschauliche Möglichkeiten einer Erläuterung von Irrationalzahlen in der Hauptschule, in: Neue Wege zur Unterrichtsgestaltung, 1969 Heft 7, S. 308 ff.

einem Vorschlag von A. Kirsch diejenigen Größenbereiche, die sowohl kommensurabel sind als auch die Teilbarkeitseigenschaft besitzen, auch als *bürgerliche Größenbereiche* bezeichnet werden[14].

4. Ergänzende Hinweise zur Behandlung von Größen im Unterricht.

Wie die bisherigen Überlegungen gezeigt haben, durchzieht das Thema Größen mehr oder weniger direkt den gesamten Mathematikunterricht. In bezug auf methodische Einzelfragen müssen wir uns deshalb auf knappe, zum Teil thesenartige Hinweise beschränken, ohne auch nur annähernd vollständig sein zu können. Dennoch wollen wir versuchen, in diesen Hinweisen auch eine mögliche Schrittfolge für die Behandlung im Unterricht wenigstens anzudeuten.

Zur *Behandlung des Größenbegriffs* zunächst zwei grundsätzliche Thesen:

1. Wo immer möglich, sollten die Repräsentanten der zur Diskussion stehenden Größen dem Schüler als *Material* in die Hand gegeben werden. Zumindest für die Grundschule ist dies unerläßlich.

Mit Stäben, Legeplättchen, zerschneidbaren Pappstücken, mit Spielgeld, Gewichten und ähnlichen Gegenständen kann der Schüler konkret ausführen, was hier abstrakter besprochen wurde: Klassen bilden, d. h. nach einer vorgegebenen Beziehung sortieren, Vergleichen, eine Anordnung „der Größe nach" herstellen usw. Die Psychologie, insbesondere die Schule von Piaget, lehrt uns, daß besonders für das Grundschulkind konkrete Handlungen als Ausgangspunkt für eine Begriffsbildung wesentlich sind. Man sollte die vielfältigen Möglichkeiten, die sich bei den Größen bieten, nicht ungenutzt lassen.

2. Die Unterscheidung der drei Ebenen, nämlich der Repräsentanten, der Größen und der Beschreibung von Größen durch Einheit und Maßzahl, sollte von vornherein beachtet werden.

Dies bedeutet nicht, daß man bei den Schülern die Verwendung einer einheitlichen oder gar einer wissenschaftlichen Terminologie erzwingen müsse. Im Gegenteil, diese Unterscheidungen müssen beim Umgang mit Größen *von der Sache her* deutlich werden. Will man sie auch sprachlich hervorheben, so bieten sich etwa folgende Sprechweisen an:

Vertreter einer Größe, Größe, Name oder Benennung einer Größe.

14 A. Kirsch, a. a. O., S. 149.

Auch für den Lehrer wäre das strikte Festhalten an solchen Sprechweisen ein unnatürlicher Zwang. Sie sollten aber immer dann verfügbar sein, wenn die hier getroffenen Unterscheidungen von der Sache her wichtig werden. Oft findet man auch geeignete Sprechweisen, die an spezielle Größenbereiche gebunden sind, so z. B., wenn man von einer „Meßstrecke" (Ebene der Repräsentanten) spricht statt allgemein von einer „Maßeinheit" (Ebene der Größen ohne direkten Bezug zum Größenbereich der Längen).

Zur Behandlung der *Ordnungs- und Äquivalenzrelationen* für Repräsentanten von Größen:
Wegen der erwähnten Schwierigkeiten in bezug auf die Reflexivität einer Äquivalenzrelation ist es sinnvoll, die Behandlung der Eigenschaften einer Ordnungsrelation voranzustellen: Repräsentanten von Größen werden verglichen, d. h., Stäbe werden ihrer Länge nach geordnet, Körper ihrem Gewicht nach verglichen usw.. Die gefundenen Beziehungen können in einem Pfeildiagramm festgehalten werden. Will man ein vollständiges Diagramm erhalten, so muß *paarweise* verglichen werden, also jeder Stab mit jedem. Bei Stäben oder Körpergrößen von Schülern werden Ordnungsbeziehungen allerdings sehr oft simultan erfaßt, so daß der paarweise durchzuführende Vergleich mitunter schwer zu motivieren ist. Anders ist das bei Gewichten: Man nehme etwa äußerlich gleiche Quader aus verschiedenen Holzarten oder gleichartige, verschlossene Schachteln, die mit verschieden vielen Glaskugeln gefüllt sind. Hier ist der paarweise Vergleich mit Hilfe einer Tafelwaage notwendig.

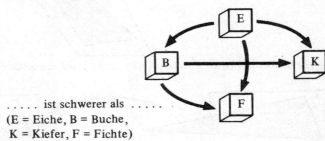

. . . . . ist schwerer als . . . . .
(E = Eiche, B = Buche,
 K = Kiefer, F = Fichte)

Am Pfeildiagramm kann abgelesen werden, welcher Holzblock am schwersten ist, welcher am leichtesten, ob es gleichschwere Hölzer gibt, wie das Pfeilbild für „. . . . . ist leichter als . . . . ." aussehen muß, und so fort.
Wir erinnern noch einmal daran, daß es im Sinne unserer Überlegungen aus Kapitel I wünschenswert ist, auch den Kontext eines solchen Problems zu diskutieren: Was kosten die verschiedenen Hölzer? Wo kommen sie vor? Wie werden sie verwendet? Wie schnell oder langsam wachsen die betreffenden Bäume? Wie wirkt sich Feuchtigkeit auf das Gewicht aus?

Die *Klassenbildung* durch eine Äquivalenzrelation — nicht so sehr die einzelnen Eigenschaften der Relation — kommt schon bei den erwähnten Übungen zum Umwechseln von Geldbeträgen zum Ausdruck. In einer vertiefenden Behandlung der Größenbereiche im 7. Schuljahr wird in manchen Schulbüchern die Klassenbildung auf einer vorgegebenen Menge von Strecken auch direkt als Aufgabe gestellt[15].

Obwohl die Strecken in vieler Hinsicht ein besonders geeignetes Beispiel für das Umgehen mit Größen sind, fällt es gerade hier den Schülern oft schwer, zwischen „gleich" und „gleich lang" zu unterscheiden. Demgegenüber wird bei den Flächengrößen sehr deutlich, daß „gleich groß" oder „flächengleich" nicht gleichbedeutend mit „gleich" im Sinne von „kongruent" oder gar „identisch" sein kann. Daß verschieden geformte Flächenstücke gleich groß sein können, ergibt sich leicht vom Materialverbrauch beim Streichen oder Teppichlegen her. Und wenn an dieser Stelle des Grundschulmathematikunterrichts die Begriffe Form und Größe geklärt werden, so sollte man dies wiederum nicht nur unter der Frage nach dem mathematischen „Nutzen" sehen, sondern auch in bezug auf Probleme wie Spracherziehung oder generell Begriffsbildung.

Auf die Relation „zerlegungsgleich" stößt man beim Flächenvergleich auch bei Flächen, die nicht gleich groß sind[16]. Man könnte in großen Schritten etwa so vorgehen:

a) Vergleich von Teppichfliesen oder auch *nicht rechteckigen* Pappstücken durch Übereinanderlegen.

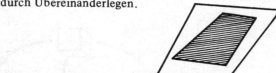

b) Zerschneiden eines Flächenstücks, um es auf ein anderes legen zu können.

Eine der beiden Flächen wird bei diesem Vorgehen also durch eine zerlegungsgleiche ersetzt, um so den Vergleich durch Übereinanderlegen zu ermöglichen.

15 Vgl. z. B. W. Neunzig (Hrsg.), Wir lernen Mathematik, 7. Schuljahr, Herder Verlag, Freiburg 1973.

16 Zwei Flächen heißen „zerlegungsgleich", wenn sie sich so in je gleichviele Flächenstücke zerlegen lassen, daß jedem Teilstück der einen Fläche ein dazu kongruentes (deckungsgleiches) Teilstück der anderen Fläche eineindeutig zugeordnet werden kann.

c) *Pflastern* oder *Auslegen*, um auch Flächen vergleichen zu können, die nicht zerschneidbar oder nicht beweglich sind wie etwa Tischplatten oder Wände. Dabei sollte man zunächst auch mit Dreiecken, Sechsecken, verschiedenartigen Vierecken, mit Fliesen oder den mannigfaltigen Formen der Steine arbeiten, die heutzutage z. B. bei Garageneinfahrten verwendet werden.

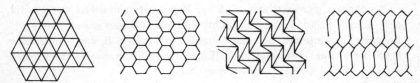

Vor und Nachteile der verschiedenen Pflasterungen können diskutiert werden.

d) Der Vergleich zweier Flächen mit Hilfe solcher Pflasterungen ist bereits ein Messen. In einem letzten Schritt werden dann die Pflasterungen mit Quadraten sowie die standardisierten Flächenmaße m^2, dm^2, cm^2 usw. besprochen.

Zum Messen: Wir geben am Beispiel der Längenmessung noch einmal einen Stufengang an, wie er in der Schule durchlaufen werden könnte:

In der Regel erfolgt eine erste Einführung des Themas schwerpunktmäßig im 3. Schuljahr und eine Vertiefung des Stoffes im 5. Schuljahr. Doch tritt das Thema „Größen" auch schon im 2. Schuljahr auf. Allerdings unterscheiden sich die Lehrpläne der verschiedenen Bundesländer selbst in bezug auf ein so grundlegendes Thema sehr erheblich.

a) Direkter Vergleich: Stäbe werden nebeneinander gelegt.

b) Indirekter Vergleich: Eine Schnur, die an passender Stelle markiert wird, kann als Werkzeug dienen, um nichtbewegliche Gegenstände wie Schrank und Tisch in bezug auf ihre Längen zu vergleichen.

c) Indirekter Vergleich durch mehrfache Anwendung eines Vergleichsgegenstandes: Länge und Breite des Klassenzimmers werden verglichen, indem man Schritte zählt oder – etwas genauer – Fuß vor Fuß setzt oder indem man einen Stab (Zeigestock) mehrfach „abträgt".

d) Verfeinerung des Verfahrens durch Anwendung verschieden langer Vergleichsgegenstände: Eine Tischkante ist so lang wie vier Schreibheftlängen, ein Kugelschreiber und zwei Radiergummibreiten.

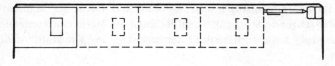

Die verschiedenen „Meßwerkzeuge" sind hier noch nicht systematisch aufeinander bezogen. Sie sind noch nicht gegeneinander verrechenbar, und man kommt deshalb zu eindeutigen Längenbestimmungen bei diesem Verfahren nur, wenn man mit dem größten Gegenstand beginnt und diesen *so oft wie möglich* abträgt, dann den zweitgrößten so oft wie möglich usw. Dem entsprechend wird beim Ausmessen eines Spielfeldes, wie es Kinder tun, zunächst stets Fuß vor Fuß gesetzt, und erst wenn es für den „ganzen Fuß" nicht mehr reicht, wird ein Fuß quer gestellt.

e) Regelmäßige Unterteilung eines Vergleichsobjekts, z. B. durch sukzessive Halbierung eines Papierstreifens. Ein Streifen ist nun also stets durch zwei der nächst kleineren Länge ersetzbar.

f) Herstellung eines „Maßbandes": Auf einem langen Streifen werden Markierungspunkte gesetzt, um bei späteren Meßvorgängen das Schritt-für-Schritt-Abtragen zu erübrigen. Die Herstellung eines solchen „Maßbandes" noch vor dem Übergang zu den üblichen Meßwerkzeugen hat den Vorteil, daß im Halbierungsverfahren – im Gegensatz zur dezimalen Unterteilung – auch für den Schüler die Unterteilung der Strecke stets möglich ist, während er die Unterteilung einer Strecke in 5 oder 10 gleiche Teile nur schätzen kann.

g) Übergang zur dezimalen Unterteilung, Besprechung der gebräuchlichen Maßeinheiten m, dm, cm usw. sowie ihrer Beziehungen untereinander (Umwandlungen). Zugleich damit sollte man unbedingt auch die üblichen Werkzeuge der Längenmessung zeigen und ihre Anwendungen diskutieren: Lineal, Holzstab im Textilgeschäft, Meßlatte und Stahlmaßband; Elle, Fuß und Zoll als Beispiele älterer Maßeinheiten sowie eine Schieblehre, denn – paradox formuliert – auch die Dicke einer Schraube ist eine Länge. Die Wirkungsweise eines „Nonius" kann natürlich erst verstanden werden, wenn zumindest die Anfänge der Bruchrechnung vertraut sind.

Bis auf den zuletzt genannten Punkt ist eine solche Behandlung des Meßvorgangs in der Regel Stoff des 2. und 3. Schuljahrs. Der Umgang mit den gebräuchlichen Maßeinheiten wird im 4. und 5. Schuljahr vertieft. Das Problem der Längen mit nicht rationaler Maßzahl kann demgegenüber – wenn überhaupt – erst gegen Ende der Sekundarstufe I angesprochen werden. Man stößt darauf im Zusammenhang mit dem Algorithmus des Wurzelziehens oder beim üblichen, nur für rationale Streckenverhältnisse geltenden Beweis der Strahlensätze. Als irrationale Maßzahl tritt natürlich auch die Zahl π im Zusammenhang mit Kreisumfang und -fläche auf. Man hat jedoch keine überzeugende Möglichkeit, im Rahmen des Mathematikunterrichts der Sekundarstufe I die Irrationalität der sogenannten „Kreiszahl" deutlich zu machen.

Zur Bestimmung von Rauminhalten: Was über das Messen bei Längen und Flächengrößen gesagt wurde, gilt grundsätzlich auch für Volumina. Die praktische Durchführung der einzelnen Stufen des Meßvorgangs ist hier aber sehr viel schwieriger.

Dem direkten Längenvergleich durch Nebeneinanderlegen von Stäben würde z. B. das Ineinanderstellen verschieden großer Gefäße entsprechen, aber nur bei zueinander passenden Formen ist ein solcher Vergleich möglich. Ein indirekter Vergleich ergibt sich für Hohlkörper durch das Ausfüllen mit Sand oder Wasser:

> Ein großes Gefäß faßt soviel wie 5 kleine Becher, ein kleiner Becher soviel wie 2 Fingerhüte.

Abgesehen von mancherlei praktischen Schwierigkeiten im Umgang mit dem Material ist hier zu beachten, daß beim Auffüllen des größeren Gefäßes mitgezählt werden muß, wie oft das kleinere benutzt wurde, und daß nach dem Füllvorgang die Einzelschritte nicht mehr erkennbar sind – im Gegensatz etwa zum Auslegen einer Fläche. Schwierigkeiten bereitet auch die „Unterteilung" der Maßeinheit. Wie muß ein Gefäß aussehen, das gerade das halbe Fassungsvermögen hat? Für eine halbkugelförmige Schale ist diese Frage nicht oder erst in den Abschlußklassen der Sekundarstufe I zu beantworten. Bei Zylindern oder Prismen hingegen ist bei gleicher Grundfläche schon für den Grundschüler offensichtlich, daß man nur die halbe Höhe zu wählen hat.

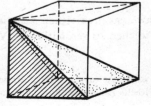

Das Problem ist damit eigentlich auf die Längenmessung zurückgeführt.

Auch diese „einfachen" Körper enthalten jedoch Probleme, die über die elementaren Meßvorgänge weit hinausführen: So wie bei den Flächen die Zerlegungsgleichheit im Zusammenhang mit der Satzgruppe des Pythagoras im 8. Schuljahr noch einmal eine Rolle spielt oder wie die Flächengleichheit für Parallelogramme gleicher Grundseite und Höhe im Zusammenhang mit den Scherungsabbildungen behandelt werden kann, so tritt ganz analog die Zerlegung von Körpern z. B. im Zusammenhang mit dem Problem des Pyramidenvolumens wieder auf. Man kann z. B. einen Würfel in 3 oder in 6 volumengleiche, nämlich kongruente Pyramiden zerlegen:

Zerlegung eines Würfels
in kongruente Pyramiden

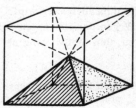

(In der Abbildung ist nur
eine der 3 bzw. 6
Pyramiden
wiedergegeben.)

Der Scherung einer ebenen Figur entspricht im Raum das sogenannte Prinzip von Cavalleri, nach dem Zylinder, Prismen, Kegel und Pyramiden gleicher Grundfläche und gleicher Höhe auch volumengleich sind.

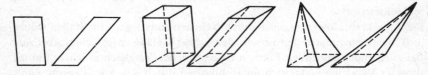

Auch in der Hauptschule kann man den Sachverhalt mit Hilfe von „Treppenkörpern", die sich aus Sperrholzscheiben herstellen lassen, durchaus einsichtig machen:

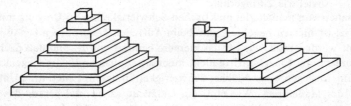

Eine genaue Begründung führt jedoch auf den Grenzwertbegriff und ist erst in der gymnasialen Oberstufe zugänglich[17].

Was schließlich das Auslegen betrifft bzw. das Zusammensetzen eines größeren Körpers aus gleichartigen kleineren, so ist dies zwar für sehr verschiedenartige Formen von Körpern möglich, praktisch kommen aber nur die Prismen in Frage, und zwar alle diejenigen, deren Grundfläche auch zum Auslegen einer Fläche geeignet ist.

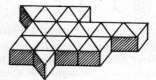 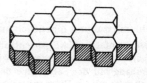

Mehrere derartige Schichten können dann übereinander gelegt werden. In der Praxis wird man allerdings nur selten solche Bausteine in großer Zahl zur Verfügung haben, so daß man meist direkt zum Messen durch ein Auslegen mit Quadern oder Würfeln und damit zu den üblichen Maßeinheiten für Volumina übergehen wird.

Wegen der genannten Schwierigkeiten eignen sich die Volumina weniger dazu, den Meßvorgang als solchen zu verdeutlichen. Vielmehr wird man dies

---

17 Zum Pyramidenvolumen vergleiche man z. B. H. Kütting, Einführung in Grundbegriffe der Analysis, Bd. 1, Reelle Zahlen und Zahlenfolgen, a. a. O., S. 14 ff.

bei Längen und Flächengrößen genauer tun und bei den Volumina im Anschluß daran einen Schwerpunkt mehr beim Umgang mit den üblichen Maßeinheiten und bei den Anwendungen setzen.

Bei festen Körpern von unregelmäßiger Gestalt kann ihre Wasserverdrängung zur Volumenbestimmung herangezogen werden. Dabei muß allerdings vorausgesetzt werden, daß man die verdrängte Wassermenge messen kann, z. B. durch den Vergleich des Wasserstands in einem großen Meßgefäß vor und nach dem Eintauchen des Körpers. Der Meßvorgang als solcher und insbesondere ein Verfahren zum Messen von Flüssigkeitsmengen müssen also bereits bekannt sein, ehe man die Wasserverdrängung als interessante Möglichkeit der Volumenbestimmung zur Diskussion stellen kann.

Größen und Skalen: Die Markierungen auf dem Maßband sind Punkte einer *Skala.* Sie sind selbst keine Längen, sondern sie kennzeichnen nur jeweils einen Punkt, den man durch Abtragen einer bestimmten Länge vom Anfang des Maßbandes – vom Nullpunkt der Skala – aus erhält. Bei den Längen ist diese Unterscheidung im allgemeinen auch für Schüler selbstverständlich und braucht kaum erwähnt zu werden. Niemand wird die Kilometersteine mit den Entfernungen verwechseln. Bei anderen Größen ist der Sachverhalt allerdings weniger deutlich:

Auch Temperaturangaben, wie man sie auf einem Thermometer abliest, sind Skalenpunkte. Die zugehörigen Größen, mit denen man im Sinne dieses Kapitels „rechnen" könnte, müßte man als Erwärmung oder Temperaturanstieg bezeichnen, und die Sache gebietet es, dann auch Abkühlung oder Temperaturabfall mit in Betracht zu ziehen.

Obwohl hier offensichtlich gemessen wird, hat man es bei diesem Beispiel wider Erwarten nicht mit einen Größenbereich zu tun. Eine Gleichung wie

„Erwärmung um 5° und . . . . ergibt Erwärmung um 3°."

besitzt ja im Gegensatz zum Lösbarkeitsgesetz der Größenbereiche stets eine Lösung. Für unser Beispiel: Abkühlung um 2°.

Wir merken noch an, daß bei manchen physikalischen Größen auch die Beziehungen zwischen den Maßzahlen und den Repräsentanten der Größen in der Natur wesentlich komplizierter sind als bei den hier betrachteten Größenbereichen. So wird z. B. die *Lautstärke* eines Geräusches im allgemeinen nicht verdoppelt, wenn man dieselbe Geräuschquelle doppelt einsetzt. Die Untersuchung eines solchen Beispiels führt aber weit über die Grenzen des Sachrechnens hinaus zu physikalischen und in bezug auf die Wahrnehmung auch zu psychologischen Problemstellungen.

Das Kalenderdatum ist ebenfalls ein Skalenpunkt. Die in diesem Fall benutzte Skala beginnt in unserem Kulturkreis mit dem *Zeitpunkt*, für den man die Geburt Christi annahm. Die als Maßeinheit benutzten Größen, also *Zeitspannen*, sind Jahre, Monate und Tage.

Die Uhrzeit ist ein Zeitpunkt auf einer um Mitternacht beginnenden Skala und gibt uns die Anzahl der Stunden und Minuten an, die von Mitternacht bis zum fraglichen Zeitpunkt vergangen sind. Ein Fahrplan nennt Zeitpunkte, nämlich *Abfahrts-* und *Ankunftzeit* eines Zuges. Die daraus zu berechnende *Fahrzeit,* die Dauer der Fahrt, ist eine Zeitspanne. Zur Bestimmung einer Fahrzeit aus Abfahrts- und Ankunftszeit läßt sich ein einfaches Analogon bei der Streckenmessung angeben, das sich auch im Unterricht verwenden läßt: Legt man ein Lineal nicht mit der Markierung „0" an den Anfang einer zu messenden Strecke, so erhält man deren Länge durch Differenzbildung: Eine 5 cm lange Strecke reicht beispielsweise von der Markierung „3" bis zur Markierung „8" (cm). Bei den Fahrzeiten wird diese Differenzbildung allerdings erschwert durch die zyklische Wiederkehr *gleich bezeichneter Zeitpunkte* nach je 24 Stunden und durch die ungewöhnliche Unterteilung der Stunde in 60 Minuten.

III. Der durch Sprache vermittelte Sachverhalt – Textaufgaben im elementaren Sachrechnen

Der Größenbegriff und das Rechnen mit Größen, das wir im letzten Kapitel analysiert haben, bilden zwar den mathematischen Hintergrund für fast alles Sachrechnen, doch liegen die Schwierigkeiten für den Schüler oftmals schon im richtigen Erfassen des *Sachverhalts*. Hat er diesen zudem einer sogenannten *Textaufgabe* zu entnehmen, so kann die sprachliche Gestaltung der Aufgabe von entscheidender Bedeutung sein.

Wir wollen in diesem Kapitel zunächst allgemeine Gesichtspunkte zur Bedeutung und sprachlichen Gestaltung von Textaufgaben sammeln. Da ein wesentlicher Teil aller Sachaufgaben an mathematischen Mitteln nicht mehr als die sogenannten *Grundrechenarten* voraussetzt, wollen wir im folgenden Abschnitt dann näher auf die sprachlichen Wendungen eingehen, die auf solche Rechenoperationen hinweisen und die – obwohl sie nicht immer eindeutig sind – vom Schüler richtig erfaßt werden müssen. Schließlich gehört zum Lösen elementarer Sachaufgaben auch die richtige Verkettung der einzelnen Rechenoperationen. Das *Simplex-Komplex-Verfahren* und die *Rechenbäume*, die wir im dritten Abschnitt besprechen wollen, bieten sich hier als methodisches Hilfsmittel an und ermöglichen zugleich eine Analyse der Struktur der jeweiligen Aufgabe.

1. Allgemeine Gesichtspunkte

Das Anwenden von Mathematik und mathematischem Denken im außerschulischen Bereich vollzieht sich vielfach in Problemstituationen, die kaum auf eine bestimmte Zielfrage hin eingegrenzt sind, und oft tritt eine solche Zielfrage oder überhaupt eine Verbalisierung des Problems gar nicht auf. Man könnte deshalb fragen, ob es noch sinnvoll ist, Textaufgaben zu stellen, wie sie von jeher die Rechen- und Mathematikbücher durchziehen. Die Alternative wäre, sich im Mathematikunterricht ganz auf solche Fragestellungen und Probleme zu beschränken, die

dem Schüler in seiner Umwelt unmittelbar begegnen

oder sich in einer Spielsituation im Unterricht stellen lassen

oder die im Rahmen eines umfassenderen, evtl. mehrere Unterrichts-
fächer übergreifenden Projekts erarbeitet werden.
All dies würde der im Abschnitt I.2 geäußerten Kritik am tradionellen Sachrechnen Rechnung tragen. Doch auch wenn man diese Kritik ernst nimmt,
sprechen wichtige Gründe *für* das Arbeiten mit Textaufgaben:
1. Es gibt Sachbereiche und Sachprobleme, die für den Schüler
wichtig sind, die sich aber nur über eine sprachliche Vermittlung
zum Unterrichtsgegenstand machen lassen. Textaufgaben können einen Anstoß geben, einen solchen Sachbereich zu analysieren, und zwar sowohl in bezug auf die dabei auftretenden mathematischen Probleme und Verfahrensweisen als auch in bezug
auf die inhaltlichen Zusammenhänge.

Es ist denkbar, daß eine Textaufgabe, so verstanden, oftmals nur den Ausgangspunkt bildet für ein kleineres oder größeres *Unterrichtsprojekt*. Auf
Möglichkeiten dafür werden wir in Kap. VII noch einmal zurückkommen.
Wir werden dort auch den Begriff Unterrichtsprojekt genauer fassen, den wir
vorerst sehr allgemein für jedes Weiterverfolgen des inhaltlichen Kontexts
einer Aufgabe verwenden wollen.
2. Mathematische Begriffsbildungen und Techniken müssen durch
Übungen gefestigt werden. Zu üben ist aber in vielen Fällen
nicht ein Rechenverfahren als solches, sondern seine immer wieder neue und andere Anwendung auf verschiedene Sachprobleme. Werkstatt, Tankstelle, Fließband, Sparkassenschalter, Ba-
stelarbeit, eine Vielfalt von Situationen, auf die mathematische
Kenntnisse anzuwenden sind, werden immer wieder durch Sprache vermittelt.

Natürlich kann man für die Stellung eines Problems und zur Motivation mit
Gewinn auch andere Medien heranziehen, z. B. Unterrichtsfilme, Bilder oder
mitgebrachte Modelle. Aber auch dann sind die Situationen vermittelt und
nicht unmittelbar vom Schüler erfahren. Das Medium Sprache ist jedoch so
wichtig, daß man im Mathematikunterricht nicht auf die Möglichkeit verzichten sollte, das Vorstellungsvermögen des Schülers in bezug auf sprachlich beschriebene Sachverhalte zu schulen.

3. Nicht nur global in bezug auf die Vorstellung einer Situation,
sondern auch in bezug auf die Einzelheiten eines Textes gilt: Ein
sinnvoller Weg zur Lösung eines mit dem Text gegebenen Problems wird sicherlich nur dann gefunden, wenn der Schüler die
auftretenden Begriffe und Ausdrücke genau erfaßt und wenn er
ihre Beziehungen sowohl untereinander als auch zu evtl. an-

wendbaren mathematischen Mitteln durchschaut. Das Lösen von Textaufgaben zwingt also zu einem bewußteren Umgang mit der Sprache. Der Schüler soll lernen, einen Text daraufhin zu überprüfen, was er über ein Sachproblem aussagt, und er soll lernen, die gegebenen Informationen genau zu erfassen und zu ordnen.

Den verschiedenen Zielsetzungen bei Textaufgaben entsprechend wird mitunter auch terminologisch zwischen verschiedenen Aufgabentypen unterschieden, so z. B. bei H. Maier zwischen *Sachaufgaben, Textaufgaben* und *Einkleidungen* von Rechenoperationen[1].

Bei *Sachaufgaben* geht es vor allem um Einsicht in einen Sachzusammenhang. Rechenoperationen und sonstige mathematische Methoden sind Hilfsmittel dazu. Die Aufgabenstellung kann in einem Arbeitsauftrag bestehen wie: ,,Vergleiche die Bevölkerungsdichte der verschiedenen EG-Länder." Sie könnte auch durch die Bereitstellung von geeignetem Material wie Zeitungsausschnitten, Tabellen oder anderen Objekten erfolgen oder durch das Zeigen eines Filmes.

Den Gegenpol zu den Sachaufgaben bilden *eingekleidete Aufgaben,* bei denen das Erkennen und Üben einer Rechenoperation bzw. eines Lösungsverfahrens ganz im Vordergrund steht. Der jeweilige Sachzusammenhang ist austauschbar und fast ohne Bedeutung. Gelegentlich kommt dies schon in der Art der Aufgabenstellung zum Ausdruck:

5 kg einer Ware kosten 8,60 DM.
Wieviel kosten 7 kg?

Unter ,,einer Ware" kann man sich mancherlei oder nichts vorstellen. Das Rechnen allein ist hier wesentlich. Solche Aufgaben erfüllen durchaus den Zweck, das Erkennen von Rechenoperationen und Verfahren im Text zu üben, beim obigen Beispiel etwa als Übung zur Schlußrechnung. Wenn aber in dieser Weise für eine anonyme Ware Ein- und Verkaufspreise, Preissteigerungen, Gewinnspannen usw. berechnet werden, so ist die Gefahr der Blindheit gegen Inhalte, auf die im 1. Kapitel hingewiesen wurde, besonders groß.

Von einer *Textaufgabe* wäre nach H. Maier erst dann zu sprechen, wenn der Sachzusammenhang mitdiskutiert wird, so daß ein ausgewogenes Verhältnis zwischen rechnerisch mathematischem Aspekt und Erörterung eines Sachverhalts entsteht[2].

1 H. Maier, Didaktik der Mathematik 1–9, Donauwörth ²1972, S. 161 ff. Vgl. auch H. Maier, Zahl und Sache, in: Pädagogische Welt, 1969, Heft 12, H. Schwartze, Grundriß des mathematischen Unterrichts, Bochum o. J., S. 90 f, sowie J. Strauß, Sachrechnen im 5. bis 10. Schuljahr, Stuttgart 1970, S. 2.
2 Vgl. H. Maier, a. a. O.

Die Grenzen zwischen den Aufgabentypen sind aber so fließend, daß die terminologische Unterscheidung sich kaum lohnt. Entscheidend ist vor allem,
in welcher Weise die Aufgaben jeweils behandelt und mit welcher
Zielsetzung sie eingesetzt werden.

Eine Aufgabe zur Prozentrechnung könnte lauten:

Eine Ware kostet beim Großhändler 6,50 DM und wird beim Einzelhändler um 2,– DM teurer verkauft. Wie hoch ist die Handelsspanne?

Hier ist lediglich die Berechnung eines Prozentsatzes eingekleidet, doch es
entsteht sofort eine interessante Sachaufgabe, wenn man nur einige Zusatzfragen stellt, z. B.:

Ist die Handelsspanne nicht sehr hoch?
Um was für eine Ware könnte es sich handeln?
Wie sind die Handelsspannen in verschiedenen Branchen?
Woher kommen diese Unterschiede und sind sie immer gerechtfer-
tigt?
Wer kontrolliert die Höhe der Handelsspannen?
Welche Funktion hat der Großhandel in unserer Wirtschaft?
Welcher Zusammenhang besteht zwischen Handelsspanne und
Umsatzhöhe?

Eine große Zahl scheinbar belangloser Textaufgaben gewinnt durch solche
Zusatzfragen den Charakter kleiner Unterrichtsprojekte. Umgekehrt wäre
eine derartige Ausweitung der Aufgaben nur eine Belastung, wenn es darum
geht, ein gerade kennengelerntes Rechenverfahren zu üben. Das Erkennen
des Lösungsweges aus dem Text heraus und das Umgehen mit den für verschiedene Sachbereiche charakteristischen Größen müssen bis zu einer gewissen Sicherheit entwickelt werden, und dies ist ohne Übung anhand einfacher
Textaufgaben kaum möglich. Nur selten dürfte es möglich sein, gewissermaßen abstrakt das mathematische Instrumentarium bereit zu stellen, um
damit dann unmittelbar „richtige Sachprobleme" in Angriff zu nehmen.
Dies lehrt nicht nur die Erfahrung, es läßt sich auch theoretisch stützen
durch das, was im Abschnitt I.3 über die vermittelnden Elemente bei der
Lernübertragung gesagt wurde.

Die Möglichkeit, in der obigen Weise Zusatzfragen zu stellen, zeigt zugleich,
daß eine Kritik am traditionellen Sachrechnen, die sich vorwiegend auf das
in Schulbüchern wiedergegebene Aufgabenmaterial stützt, den darauf aufbauenden Unterricht unter Umständen gar nicht treffen muß.

Durch Arbeitsweise und Zielsetzung bei der Behandlung von Textaufgaben, werden auch die in bezug auf ihre sprachliche Gestaltung meist gestellten Forderungen relativiert. Diese Forderungen lassen sich unter den Stichworten *Vollständigkeit, Eindeutigkeit* und *Verständlichkeit* des Textes zusammenfassen[3].

Die Forderung nach *Vollständigkeit* betrifft vornehmlich die für die Bearbeitung eines Sachproblems erforderlichen Angaben und Daten, die ja die Voraussetzung für die weitere Arbeit der Schüler bilden.

Bei Familie Hermann soll das 28 m^2 große Wohnzimmer renoviert werden. Die Wände sollen neu tapeziert werden, die Decke soll gestrichen und der Fußboden soll mit Teppichfliesen ausgelegt werden. Welche Kosten sind ungefähr zu erwarten?

Hier wären noch zahlreiche weitere Angaben notwendig: Wie sind die Abmessungen des Raumes? Welches Format haben die Teppichfliesen? Wieviel Türen und Fenster gibt es? Wie hoch ist der Raum? Wie breit und wie lang sind die Tapetenrollen? Was kosten die Teppichfliesen, was kosten die Tapetenrollen? Falls die Renovierung nicht in Eigenarbeit geschehen soll, welcher Arbeitslohn fällt an? Und so fort. Man kann den obigen Text aber auch als Aufforderung an die Schüler verstehen, all diesen Fragen selbständig nachzugehen, die Raumhöhe in einem Wohnhaus im Vergleich zum Klassenzimmer zu schätzen, Preise für verschiedene Materialien zu erkunden, den Zeitaufwand für verschiedene Arbeitsgänge zu vergleichen, um so in großen Zügen die Kalkulation einer Malerwerkstatt nachvollziehen zu können oder – bei mehr mathematischer Akzentsetzung – um zu erfahren, daß der Flächeninhalt der Seitenflächen durch den des Fußbodens durchaus noch nicht festgelegt ist, daß man aber leicht sagen kann, welchen Umfang das Zimmer *mindestens* haben muß usw.

Nach Breidenbach gehört zur Vollständigkeit eines Aufgabentextes auch, daß er die *Frage* mit enthält[4]. Man kann dem zustimmen, wenn es z. B. bei Hausaufgaben um Übungen zur Berechnung einzelner ganz bestimmter Größen geht, obwohl auch hier der Hinweis von W. Oehl gilt, daß bei vielen Aufgaben die Fragestellung eindeutig aus dem geschilderten Sachverhalt hervorgeht und daß der Schüler „zielempfindlich" werden soll, daß er lernen soll, zu erfassen, worauf es ankommt[5]. Bei einer Sachaufgabe im Sinne der obigen Erklärung hingegen könnte eine Frage nach einer einzelnen Größe eher

3 Vgl. dazu W. Breidenbach, Methodik des Mathematikunterrichts in Grund- und Hauptschulen, Hannover [4]1976, S. 178 f.
4 a. a. O.
5 W. Oehl, Der Rechenunterricht in der Hauptschule, a. a. O., S. 117.

schaden, indem die Betrachtungen von vornherein auf dieses Einzelergeb-
nis fixiert sind, so daß die den Gegenstandsbereich erschließenden Zusatzfragen vielleicht gar nicht mehr gestellt werden, wobei es eigentlich gleich-
gültig ist, ob diese vorweg bei der Bereitstellung weiterer Daten oder erst
im Zusammenhang mit einem bereits errechneten Ergebnis diskutiert werden[6]. Ob es sinnvoll ist, eine Aufgabenstellung mit einer klaren Fragestellung abzuschließen, kann man also keinesfalls einheitlich beantworten, sondern hängt ganz vom jeweiligen Ziel und der jeweiligen Unterrichtssitua-
tion ab.

Die Forderung nach *Eindeutigkeit* des Textes ist weniger problematisch.
Mehrdeutige Formulierungen haben ihren Platz mehr bei den Scherzauf-
gaben. Dennoch: die scheinbar eindeutige Arbeitsanweisung

„vergleiche Einkaufs- und Verkaufspreis!"

kann mindestens auf dreierlei Weise ausgeführt werden. Man kann den
Differenzbetrag in DM bestimmen, man kann das Verhältnis der beiden
Geldbeträge bilden, oder man kann den Preiszuschlag in Prozent des Ein-
kaufspreises berechnen. Um eindeutig zu sein, müßte es also heißen:

Um welchen Betrag ist die Ware teurer geworden?
Oder:
Bestimme das Verhältnis von Einkaufs- und Verkaufspreis.
Oder:
Um wieviel Prozent des Einkaufpreises verteuert sich die Ware beim
Einzelhändler?

Und doch kann das mehrdeutige „vergleiche" seine Berechtigung haben,
dann nämlich, wenn die verschiedenen Möglichkeiten des Vergleichens
selbst zur Diskussion gestellt werden sollen.

Was schließlich die *Verständlichkeit* eines Textes betrifft, so sind vor allem
die folgenden Kriterien zu beachten:

Vertrautheit des Schülers mit den auftretenden Begriffen,

einfache Syntax

und nach Möglichkeit eine Übereinstimmung der für die Aufgaben-
lösung notwendigen Rechenschritte mit der Reihenfolge, in der die
betreffenden Daten im Text erwähnt werden[7].

6 Vgl. P. Geist, Vom Rechnen in Textaufgaben zum echten Sachrechnen, in: Neue
Wege zur Unterrichtsgestaltung, 1966, Heft 6.
7 Vgl. dazu auch F. Schultz v. Thun/W. Götz, Mathematik verständlich erklären,
München 1976.

Im einzelnen: Neue Begriffe müssen erklärt werden, und komplizierte Satz-
gefüge sollten durch eine Kette einfacher Hauptsätze ersetzt werden, in denen die benötigten Rechenoperationen in der „richtigen" Reihenfolge vorkommen. Man wird sich dieser Forderung nach einer einfachen Sprache
kaum verschließen können, und doch bleibt folgendes zu bedenken: Die
Sprache der Aufgaben sollte auch ihrer syntaktischen Kompliziertheit nach
altersgemäß bleiben und darf nicht in extrem einfachen Formen erstarren,
die schon auf ältere Schüler „kindertümelnd" wirken können. Wenn Schüler
z. B. mit Konditionalsätzen nicht richtig umgehen können, so müssen sie
dies gerade im Mathematikunterricht nach und nach lernen, und es wäre
töricht, grundsätzlich alle Konditionalsätze in Sachaufgaben meiden zu wollen. Die folgende Textaufgabe, auf deren Lösung wir im Zusammenhang mit
dem methodischen Hilfsmittel der sogenannten Rechenbäume noch einmal
eingehen werden (vgl. S. 85), verstößt gegen einige der obigen Forderungen
zur Textgestaltung:

> Herr Maurer hat 5 500,– DM Schulden und verkauft ein gebrauch-
> tes Auto. Er überlegt: Ich bekomme ja noch 500,– DM Nachzah-
> lung für Überstunden seit Januar. Wenn ich die zusammen mit dem
> Geld für das Auto zur Tilgung verwende, bleibt nur noch eine Rest-
> schuld von 3 000,– DM. Welchen Preis erwartet er für sein Auto?

Man wird aber zugeben müssen, daß der Konditionalsatz hier nicht willkürlich verwendet wird und daß es auch sinnvoll ist, die Schuld, die den Ansatzpunkt der Überlegung bildet, als erste Größe zu nennen, auch wenn dies
nicht dem Vorgehen bei der Lösung der Aufgabe entspricht. Der Schüler
soll ja unter anderem auch lernen, die rein logisch mitunter schwierigen
Klauseln einer Rechtsverordnung zum Mieterschutz eines Tages zu verstehen. Ein Aufgabentext wie der obige kann dafür eine Vorbereitung bilden und sollte nicht umgangen werden.

2. Umgangssprache und mathematische Operation bei elementaren Sachaufgaben

Die mathematischen Kenntnisse und Methoden, die schon dem Grundschüler bei der Bewältigung einfachster Sachaufgaben zur Verfügung stehen,
sind sehr begrenzt. Funktionale Zusammenhänge wie der zwischen Kantenlänge und Umfang oder Flächeninhalt eines Quadrates treten nur in Einzel-
fällen auf. Kompliziertere Formeln, etwa die für die Volumina verschiedener
Körper kommen in der Grundschule nicht vor. Die Proportionalitäten, als

spezielle lineare Funktionen, werden in der Regel erst im 7. Schuljahr behandelt, nicht lineare Funktionen, wie sie schon für einfache physikalische Zusammenhänge etwa bei den Fallgesetzen wichtig werden, noch später. Logische Knobeleien schließlich werden nur selten systematisch in den Unterricht einbezogen und betreffen auch nur zu einem Teil das Sachrechnen, obwohl die Übergänge hier fließend sind. Im wesentlichen bildet also eine Anwendung der sogenannten vier Grundrechenarten den mathematischen Kern der elementaren Text- bzw. Sachaufgaben, wie sie dem Grundschüler überhaupt nur zugänglich sind, wie sie aber auch weit in die Sekundarstufe I hinein immer wieder auftreten. Das Lösen einer solchen Aufgabe reduziert sich – theoretisch gesehen – auf zwei Probleme: das *Erkennen der benötigten Rechenoperationen* und das *Auffinden der richtigen Verkettung der einzelnen Operationen*, im wesentlichen also das Auffinden einer zweckmäßigen Reihenfolge für ihre Anwendung.

Diese beiden Gesichtspunkte lassen sich bei der Analyse der elementaren, nur die Grundrechenarten benötigenden Aufgaben besonders deutlich erkennen. Grundsätzlich sind diese Probleme aber für das Lösen fast aller Textaufgaben wesentlich, auch wenn in höheren Klassen andere mathematische Hilfsmittel, wie z. B. Gleichungen, zur Verfügung stehen. (Vgl. dazu den Abschnitt V, 1.1).

Daß nach aller Erfahrung die Schwierigkeiten der Schüler bei der Bearbeitung einfacher Textaufgaben ganz erheblich sind, mag in manchen Fällen an fehlender Motivation liegen, etwa aus den im Abschnitt I.2 angedeuteten Gründen, es dürfte aber auch in der Sache selbst begründet sein:

1. Den vier Grundrechenarten und ihrer Verkettung auf der einen Seite steht auf der anderen eine riesige Fülle von Sachbereichen gegenüber, die in den Aufgaben angesprochen werden, und ebenso ist die Vielfalt der umgangssprachlichen Wendungen fast unübersehbar, hinter denen sich ein Hinweis auf die benötigten Rechenoperationen verbergen kann, die aber ebenso auch irreführend sein können. Der Schüler hat also jeweils neu einen Abstraktionsprozeß vom im Text gegebenen Sachverhalt zur nüchternen Rechnung zu leisten.

2. Die Kombination oder Verkettung der verschiedenen Rechenoperationen, die für die Lösung benötigt werden, gehorcht keinen festen Gesetzmäßigkeiten und ist oft nicht einmal eindeutig festgelegt. Die Anwendung einer mathematisch durchaus anspruchsvollen Volumenformel ist so gesehen meist einfacher als der variantenreiche Umgang mit den Grundrechenarten.

Wir wollen in diesem Abschnitt zunächst den Übersetzungs- bzw. Abstraktionsprozeß vom im Aufgabentext umgangssprachlich wiedergegebenen

Sachverhalt zur Rechenoperation näher verfolgen, wobei wir auf die typischen sprachlichen Wendungen und die bei Textaufgaben damit verbundenen Schwierigkeiten eingehen wollen, ohne dabei vollständig sein zu können.

Als sprachliche Hinweise auf eine *Addition* können auftreten:

      und (in einer Aufzählung),

      zusammen, insgesamt (nach einer Aufzählung),

      anwachsen um . . . , vermehren um . . . ,

      hinzunehmen, hinzubekommen, gewinnen,

      Zuwachs, Zuschlag, Gewinn, Anstieg.

Ein sprachlicher Hinweis kann auch ganz fehlen, so daß die Rechenoperationen allein der beschriebenen Sachsituation zu entnehmen sind:

Peter ist unordentlich. Er hat in seiner rechten Hosentasche zwei Markstücke, in der linken fünf Groschen, in der Jacke ein Fünf-DM-Stück. Kann er sich einen Schiffsbausatz zu 6,75 DM leisten?

Bei dieser Aufgabe sind − von der nachfolgenden Differenzbildung abgesehen − die verschiedenen zu addierenden Posten gewissermaßen räumlich nebeneinander gegeben, doch auch das zeitliche Nacheinander kommt vor:

Jemand kauft . . . , dann . . . , dann . . . und schließlich noch . . . Reicht ein Euroscheck, der bis zu einem Betrag von 300,− DM eingelöst wird?

Weit verwirrender und für den Schüler schwerer zu erfassen sind die sprachlichen Wendungen die im Zusammenhang mit der *Subtraktion* verwendet werden können. Dabei ist interessant, daß der mathematische Zusammenhang zwischen Addition und Subtraktion ein deutliches Analogon in der Umgangssprache besitzt:

1. Die Subtraktion ist Umkehroperation der Addition. In einem rein mathematischen Aufbau des Zahlensystems wird in der Regel definiert:

$$b = c - a \;\; : \Leftrightarrow a + b = c .$$

Umgangssprachlich:

Der Wasserspiegel von 3,0 m ist um 1,2 m angestiegen. Welchen Pegelstand hat man jetzt? (Addition)

Der Wasserspiegel ist von 3,0 m auf 4,2 m angestiegen. Wie groß war der Anstieg? (Subtraktion)

Der Wasserstand ist um 1,2 m auf 4,2 m angestiegen.
Welches war der vorhergehende Pegelstand? (Subtraktion)

Das Prädikat „ansteigen", das auf eine *Addition* hinzuweisen scheint, beschreibt hier also im wesentlichen nur die Gleichung .

alter Pegelstand + Anstieg = neuer Pegelstand.

Ob zu addieren oder zu subtrahieren ist, hängt allein davon ab, nach welcher der drei Größen gefragt ist.

2. Wie das obige Beispiel gezeigt hat, ergeben sich aus $a + b = c$ die beiden Differenzbildungen $c - a$ und $c - b$. Es gilt:

$$c - b = a \Leftrightarrow c - a = b.$$

Auch dies kommt in der Umgangssprache zum Ausdruck, und zwar auch dann, wenn das benutzte Verb eindeutig auf die Differenzbildung hinweist:

absinken um . . . ,
absinken von . . . auf . . .

In der Gleichung

alter Wasserstand – Abnahme = neuer Wasserstand

kann einmal nach dem neuen Wasserstand (der Differenz) und einmal nach der Abnahme (dem Subtrahenden) gefragt werden. Eine solche Gleichung beschreibt also den zugrunde liegenden Sachverhalt eigentlich deutlicher als der ursprüngliche Aufgabentext und kann deshalb auch als Zwischenglied auf dem Weg vom Lesen einer Textaufgabe zu ihrer rechnerischen Lösung eine wichtige Hilfe sein. Vielfach wird auch mit dem Modell

Zustand – Handlung oder Vorgang – Zustand
(alter Wasserstand) – (Abnahme) – (neuer Wasserstand)

gearbeitet. Wenn man eine feste Abnahme als *Operator* (Abbildung) auffaßt, durch den jedem Anfangszustand ein bestimmter Endzustand zugeordnet wird, so ergibt sich das Schema

$$c \xrightarrow{\;\;\boxed{-b}\;\;} a$$

Die psychologische Genese der Rechenoperation von Handlungen her ist dabei noch deutlich, doch muß man beachten, daß die Äquivalenz

$$c - b = a \Leftrightarrow c - a = b$$

dann nicht trivial ist, da einmal ein Zustand und einmal ein Operator erfragt wird.

Wir geben in Stichworten noch einige weitere sprachliche Wendungen zur Subtraktion an:

> Ein Schüler erreicht in einem Test fünf Punkte weniger als ...
> Um wieviel ist ... größer als ...?
> übrig bleiben,
> wegnehmen, verlieren, ausgeben,
> Rest, Unterschied.
> Vergleiche ... und ...!

Der Leser überprüfe selbst, welche dieser Stichworte eindeutig auf eine Subtraktion hinweisen, welche sowohl bei Subtraktion und Addition auftreten können und wie sie verwendet werden, wenn nach der Differenz, nach dem Subtrahenden oder nach dem Minuenden gefragt ist. Man überlege sich auch Beispiele, in denen ein direkter Hinweis auf die Subtraktion ganz fehlt.

Für *Multiplikation* und *Division* gelten die bisherigen Überlegungen ganz analog. Insbesondere hat man bei der Multiplikation die Möglichkeit der räumlichen und der zeitlichen Vorstellung[8].

Räumlich:
> Im Regal standen fünf Kisten mit je sechs Flaschen.

Zeitlich:
> Er ging fünfmal in den Keller und holte jedesmal sechs Flaschen.

Operation und Umkehroperation sind auch sprachlich eng aufeinander bezogen.

> Es ist zu befürchten, daß sich der Brotpreis von gegenwärtig 1,80 DM pro Pfund in den kommenden zwanzig Jahren *verdreifachen* wird. Wie hoch wird er sein? (Multiplikation)

> Der Brotpreis hat sich in den letzten zwanzig Jahren *verdreifacht* und ist auf 1,80 DM pro Pfund angestiegen. Wie hoch war er vor zwanzig Jahren? (Division)

Selbst scheinbar eindeutige Signalwörter wie „dreimal", „viermal" usw. können sich sowohl auf eine Multiplikation als auch auf eine Division beziehen:

> Zum Neujahrsfest erhielt jedes Kind sechs Stückchen Konfekt. Am ersten Mai waren dreimal soviel Kinder bei der Feier. Für die Ge-

---

8 Auf diese Unterscheidung hat W. Breidenbach besonders hingewiesen und für die Einführung der Multiplikation Spielhandlungen empfohlen, in denen ein Vorgang mehrfach wiederholt wird. A. a. O., S. 121 ff.

schenke wurde viermal soviel Konfekt verbraucht wie für Geschenke beim Neujahrsfest. Wieviel Stückchen Konfekt waren in jedem Geschenk bei der Maifeier[9].

Schließlich gibt es wieder zwei Möglichkeiten, die Multiplikation umzukehren, wie wir sie in Kapitel II als *Teilen* oder *Verteilen* einerseits und *Einteilen, Aufteilen* oder *Messen* andererseits bereits kennengelernt haben:

Ein Kaufmann hinterläßt ein Vermögen von 150 000,– DM. Er hat vier gleichberechtigte Erben. Wieviel erhält jeder? (Verteilen, nämlich Verteilen der Erbschaft an vier Erben)

Ein Grundstück von 42 m Breite und 20 m Tiefe soll mit Reihenhäusern zu 7 m Breite bebaut werden. Wieviele Reihenhäuser kann man unterbringen, wenn jedes 10 m tief ist? (Aufteilen, nämlich Aufteilen der Länge 42 m in Längen von 7 m bzw. Messen einer Strecke von 42 m mit einer 7 m langen Strecke als Maßeinheit)[10]

Bei beiden Beispielen fehlt übrigens ein sprachlicher Hinweis auf die Rechenoperation ganz.

Insgesamt sind die sprachlichen Hinweise auf Multiplikation und Division aber weniger vielfältig und verwirrend als bei Addition und Subtraktion. Fast immer finden sich Ausdrücke wie

je, jeweils, jeder, . . . -mal, . . . -fach,

und wo solche Hinweise ganz fehlen, ist die Situation immer dadurch eindeutig gekennzeichnet, daß

derselbe Vorgang mehrfach wiederholt wird,

eine Anzahl gleicher Teile vorkommt,

gleich starke Gruppen zu bilden sind usw.

Dies erklärt unter Umständen auch, daß sich bei einer Untersuchung für die Erstellung eines Lernprogramms zum Lösen einfacher Sachaufgaben die Multiplikation als die am einfachsten zu erkennende Rechenoperation erwies[11].

9 Vgl. J. M. Koljagin, Über das Aufstellen von Aufgaben im Mathematikunterricht, in: Mathematik in der Schule, 1971, Heft 8.

10 Wir greifen diese Aufgabe in Kapitel VII unter anderen Gesichtspunkten noch einmal auf.

11 E. A. Kröpelin, Bericht über die Entwicklung eines Lehrprogramms zur Einführung in das Lösen von Textaufgaben im 4. und 5. Schuljahr, in: Beiträge zum Mathematikunterricht 1968, Hannover 1969, S. 180 ff. Vgl. auch A. Mitschka, Schülerleistungen im Rechnen zu Beginn der Hauptschule, Auswahl, Reihe B, Bd. 42, Hannover 1971, S. 36 ff., wo eine Analyse der wichtigsten Fehler bei einem Test zum Sachrechnen gegeben wird, in dem sich jedoch die *Division* als besonders schwer zu erkennende Operation erwies.

3. Zur Struktur einfacher Textaufgaben – Simplexverfahren und Rechenbäume

Bei der Analyse der Analogie zwischen umgangssprachlichen Wendungen und Eigenschaften der Subtraktion haben wir bereits auf die Bedeutung des dabei auftretenden Größentripels

alter Wasserstand – Abnahme – neuer Wasserstand

hingewiesen. Daß solche Tripel von Größen bei allen Sachaufgaben auftreten, die mit Hilfe der elementaren Rechenoperationen gelöst werden können, liegt in der Natur der Sache. Eine Rechenoperation als Verknüpfung läßt sich ja als *dreistellige* Relation auffassen, wie es z. B. in der Formulierung

„z ist Summe von x und y"

zum Ausdruck kommt. Es ist deshalb naheliegend, die in Sachaufgaben auftretenden *Größentripel* besonders hervorzuheben, und zwar unter mehreren Gesichtspunkten, nämlich

1. für den Schüler als Hilfe bei der Analyse des Sachverhalts und für das Erkennen der jeweiligen Rechenoperationen,
2. zur Verdeutlichung der Verkettung und Abfolge mehrerer Rechenoperationen beim Lösen der Aufgabe,
3. für den Lehrer als Hilfe bei der Analyse von Aufgaben im Bezug auf ihre Komplexität und Schwierigkeit.

Nach Breidenbach wird ein derartiges Größentripel als *Simplex* bezeichnet und schematisch wie bei dem folgenden Aufgabenbeispiel dargestellt[12]:

Herr Meister kauft 7 Beutel Streusalz. Jeder enthält 5 kg Salz. Wie schwer ist das Streusalz insgesamt?

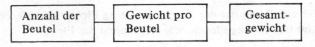

Oder unter Verwendung der speziellen Größen:

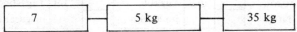

Abstrahiert man wie bei der ersten Darstellung von den speziellen Maßeinheiten der Größen in den einzelnen Aufgaben, so erhält man Modelle wichtiger Sachzusammenhänge, die sich unter Einschluß der jeweils zugehörigen

12 a. a. O., S. 180 ff.

Rechenoperation dem Schüler nach und nach einprägen und die dann gewissermaßen als Bausteine für komplexere Sachprobleme dienen können:

Nettogewicht	+	Verpackungsgewicht	=	Gesamtgewicht,
Geldbetrag	−	Preis der gekauften Ware	=	Restbetrag,
Stückzahl	·	Gewicht des Einzelstücks	=	Gesamtgewicht,
Gesamtkosten	:	Stückzahl	=	Stückpreis,
Anzahl der Liter	·	Literpreis	=	Gesamtpreis,
Gesamtverbrauch	:	Anzahl der Tage	=	Tagesbedarf,
Geschwindigkeit	·	Fahrzeit	=	zurückgelegte Wegstrecke

usw.

Bei den letzten Beispielen fällt auf, daß die zu einem Simplex gehörenden Größen, z. B. Wegstrecken (Längen), Fahrzeiten (Zeitspannen) und Geschwindigkeiten, verschiedenen Größenbereichen angehören. Der begriffliche Hintergrund für Ausdrücke wie ,,Wegstrecke pro Zeiteinheit", ,,DM pro Liter", bei denen man auch von abgeleiteten oder zusammengesetzten Größen, von Größenverhältnissen oder bei geeigneter Interpretation auch von Quotienten verschiedener Größen sprechen kann, ist durchaus nicht leicht zu erfassen und wird im folgenden Kapitel genauer diskutiert. In bezug auf das elementare Sachrechnen ist jedoch festzuhalten: Diese abgeleiteten Größen sind für den Schüler selbständige Größen. In der Tat gelten für sie die Gesetze eines Größenbereichs, und ihr Zusammenhang mit anderen Größen, wie er in einem Simplex zum Ausdruck kommt, wird vom Schüler der Erfahrung entnommen und intuitiv erfaßt. Es wäre töricht, alle derartigen Probleme und Sachbereiche solange ausklammern zu wollen, bis sie etwa in Klasse 7 im Zusammenhang mit den *Proportionalitäten* genauer erörtert werden können.

Was nun die Zusammenfassung oder Verkettung von mehr als einem Simplex zu einer komplexeren Textaufgabe betrifft – man spricht auch kurz von einem *Komplex* – so wollen wir von einem Beispiel ausgehen:

Für vier Bären hat der Tierpfleger 48 kg Fleisch gekauft. Jeder Bär frißt täglich 2 kg Fleisch. Wie lange reicht das Fleisch?[13]

Für einen möglichen Lösungsweg erhält man folgendes Schema:

13 Aus dem von A. Mitschka im Rahmen der genannten Untersuchung entwickelten Test zum Sachrechnen, a. a. O., S. 130.

Hier sind im ersten Simplex zwei von drei Größen bekannt, die dritte ist berechenbar. Der Tagesbedarf insgesamt tritt als Hilfsgröße oder Zwischenlösung auf, und damit sind auch im zweiten Simplex zwei von drei Größen bekannt, die dritte ist berechenbar.

Wie aber erkennt der Schüler die zweckmäßige Reihenfolge der Simplexe, die wir von vornherein gewählt haben? Das Problem wird noch deutlicher, wenn die Aufgabe etwas umfangreicher ist:

> Ein Tierpfleger hat vier Bären und sechs Tiger zu versorgen. Jeder Bär frißt täglich 2 kg, jeder Tiger 2,5 kg Fleisch. Wie lange reicht ein Fleischvorrat von 115 kg?

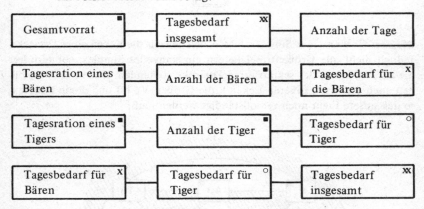

Hier sind die Simplexe zufällig angeordnet. Ein zweckmäßiges Vorgehen ergibt sich jedoch, wenn man die einzelnen Größen markiert. In unserem Beispiel sind in der Aufgabe gegebene Größen einheitlich mit ■ und die verschiedenen als Zwischenergebnisse auftretenden Größen mit ˣ, o oder ˣˣ gekennzeichnet.

Wir gehen noch einmal zum ersten der beiden Beispiele zurück, um mit anderen Lösungswegen zu vergleichen. Statt den Tagesbedarf für vier Bären (TB) und dann die erfragte Anzahl der Tage zu berechnen, könnte man aus Gesamtvorrat (V) und Anzahl der Bären (AB) im ersten Schritt auch den Vorrat pro Bär (VB) bestimmen, also

$$\boxed{V} \; : \; \boxed{AB} \; = \; \boxed{VB}$$

und aus diesem und der Ration eines Bären (R) dann die Anzahl der Tage, also

$$\boxed{VB} \; : \; \boxed{R} \; = \; \boxed{T}$$

Diese Lösungsmöglichkeit ist aber in der obigen Darstellung der Aufgabe nicht zu erkennen, ein Nachteil, der bei einer von H. Bauersfeld vorgeschlagenen Variante des Simplexverfahrens wegfällt[14] :

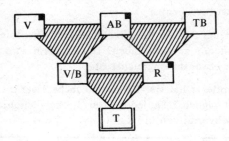

Die drei Größen eines Simplex bilden hier jeweils die Ecken eines Dreiecks. Jedoch nicht alle Größentripel liefern ein sinnvolles Simplex, sondern nur die an den Ecken der schraffierten Dreiecke stehenden. Und schließlich bilden auch die drei „äußeren Ecken", die Größen V, TB und T ein Simplex, so daß unsere Figur noch vervollständigt werden muß:

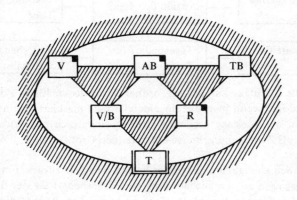

Damit sind die Beziehungen zwischen den in der Aufgabe auftretenden Größen voll erfaßt. Der Lösungsweg ist beliebig, es kommt nur darauf an, bei einem Simplex zu beginnen, von dem zwei der drei Größen bekannt sind. Die symmetrische Struktur dieser einfachen Aufgabe wird besonders deutlich, wenn man sich das entstandene Netz räumlich, etwa über eine Kugel gespannt vorstellt:

14 H. Bauersfeld, Der Simplexbegriff im Sachrechnen der Volksschule, in: Die Schulwarte, 1965, Heft 2–3.

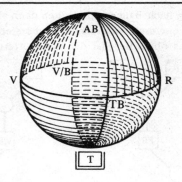

Hierbei fällt auf, daß die verschiedenen Simplexe immer nur an den Ecken zusammenstoßen, und man könnte deshalb vermuten, daß zwei Größen sich – wenn überhaupt – mit Hilfe der elementaren Rechenoperationen nur auf *eine einzige* Weise zu einer dritten verknüpfen lassen. Daß dies nicht so ist, kann man jedoch z. B. bei den Größen Länge, Fläche, Volumen eines Körpers erkennen:

> Ein Quader hat eine Grundfläche (F) von 32 cm^2 und eine Länge (L) von 8 cm. Er ist ebenso breit wie hoch (H). Man bestimme sein Volumen (V).

Man erhält folgende Simplexdarstellung:

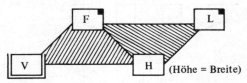

In der Simplexdarstellung, gleich welcher Variante, ist die jeweilige Rechenoperation nicht zu erkennen. Man kann dies positiv sehen: Für ein und dasselbe Größentripel kommt ja mit einer Rechenoperation stets auch ihre Umkehrung in Frage, je nachdem welche der drei Größen zu bestimmen ist. Andererseits wird nicht deutlich, ob es um eine additive oder um eine multiplikative Verknüpfung geht.

Bei den sogenannten *Rechenbäumen*, wie sie vor allem von H. Winter und Th. Ziegler empfohlen wurden, wird auch die jeweilige Rechenoperation im graphischen Schema einer Sachaufgabe wiedergegeben[15]. Im Gegensatz

---

15 Vgl. Th. Ziegler, Die logische Struktur des Sachrechnens, in: Beiträge zum Mathematikunterricht 1968, Hannover 1969, S. 225 ff. sowie das Schulbuch H. Winter/ Th. Ziegler, Neue Mathematik, Schroedel-Verlag, Hannover.

zur Simplexdarstellung nach Bauersfeld gehören dann allerdings zu verschiedenen Lösungswegen ein und derselben Aufgabe stets auch verschiedene Rechenbäume. Für das obige Beispiel der Bärenfütterung sehen diese Rechenbäume so aus:

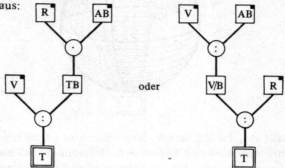

oder

In bezug auf Subtraktion und Division muß man sich dabei an die Vereinbarung halten, daß das Schema zeilenweise von links nach rechts zu lesen ist, also

$$R \cdot AB = TB \quad \text{und} \quad V \; : TB = T$$
$$V : AB = V/B \quad \text{und} \quad V/B : R \; = T.$$

bzw.

Von Vorteil ist es, daß sich die Rechenbäume auch bei Aufgaben anwenden lassen, die nicht mehr streng in das Simplex-Komplex-Schema passen. Dies gilt z. B. für die *Addition mehrerer Posten,*

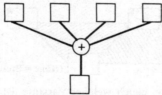

für einfachste *funktionale Zusammenhänge,* wie der Verdoppelung der Seiten eines Rechtecks bei der Berechnung des Umfangs,

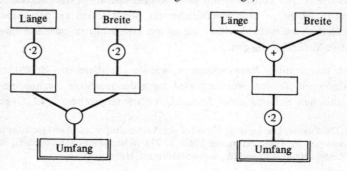

und insbesondere für Aufgaben wie die auf S. 73 angegebene, die auf eine einfache *Bestimmungsgleichung* führt:

> Herr Maurer hat 5 500,– DM Schulden (S) und verkauft ein gebrauchtes Auto. Er überlegt: Ich bekomme ja noch 500,– DM Nachzahlung (N) für Überstunden seit Januar. Wenn ich die zusammen mit dem Geld für das Auto zur Tilgung (T) verwende, bleibt nur noch eine Restschuld (R) von 2 500,– DM. Welchen Preis (P) erwartet er für sein Auto?

Die Gleichung, aus der P zu bestimmen wäre, lautet:

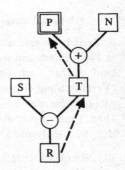

also ist

$$S - (N + P) = R,$$

$$P = S - R - N.$$

Der Rechenbaum unterscheidet sich von den vorhergehenden Beispielen nur dadurch, daß die erfragte Größe am Anfang also am Ende eines „Zweiges" steht, so daß der Lösungsweg bei der „Wurzel" des Baumes beginnend von unten nach oben führt. Dabei ist allerdings folgendes zu beachten: An die Stelle von Addition und Multiplikation tritt die jeweilige Umkehroperation, bei Subtraktion und Division jedoch nur dann, wenn der Minuend bzw. der Dividend zu bestimmen sind. Ein einfaches Beispiel:

> Peter nimmt sein Taschengeld (T) und kauft für 6,– DM ein. Er hat dann noch 8,– DM in der Tasche. Wieviel Taschengeld hatte er gespart?

Lösung: Er hatte 8,– DM + 6,– DM = 14,– DM.

Ist nach dem Subtrahenden bzw. nach dem Divisor gefragt, so bleibt die Rechenoperation dieselbe, während die gegebenen Größen vertauscht werden:

Peter hat 14,– DM Tachengeld und kauft ein. Es bleiben ihm 8,– DM. Wieviel hat er ausgegeben?

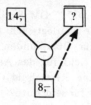

Er hat ausgegeben: 14,– DM – 8,– DM = 6,– DM.

Äußerlich unterscheiden sich die beiden Fälle dadurch, daß der schraffierte Pfeil, durch den wir den Lösungsweg von unten nach oben angedeutet haben, einmal nach links weist (Umkehroperation) und einmal nach rechts (Vertauschung der gegebenen Größen). Es wurde vorgeschlagen, daraus eine „Regel" für das Lösungsverfahren mit Hilfe eines Rechenbaums zu machen. Eine solche, etwas künstlich anmutende Regel zeigt jedoch sehr deutlich, wo die Grenzen für die Anwendbarkeit der Rechenbäume liegen[16].

Bei Simplex-Darstellungen ebenso wie bei den Rechenbäumen stellt sich schließlich noch die Frage, ob man in die Schemata jeweils Begriffe wie „Tagesbedarf", Größenangaben bzw. -einheiten wie kg, km usw. oder nur deren Maßzahlen einsetzen sollte. Ein Rechenbaum mit Zahlen, z. B.

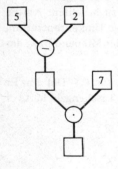

führt zwar ganz unmittelbar auf den für die Lösung benötigten Rechenausdruck, den Term

$$(5 - 2) \cdot 7,$$

doch dürfte im allgemeinen die Fixierung des Sachzusammenhangs wichtiger sein, also z. B.

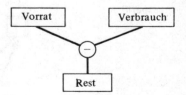

---

16 Th. Ziegler, a. a. O. Man vgl. auch die Bemerkung auf S. 76 über Operatoren. Die dort verwendete Darstellung mit Hilfe von Operatorpfeilen ist im graphischen Erscheinungsbild den Rechenbäumen ähnlich, und die beiden Möglichkeiten, eine Multiplikation umzukehren, sind als Frage nach einem Operator oder Frage nach einem Zustand deutlich voneinander unterschieden. Über die Operatordarstellung als Hilfe beim Lösen einfacher Gleichungen siehe Abschnitt V. 1.

Eine solche Darstellung kann trotz aller Kürze und Schematisierung dem Schüler immer noch eine Vorstellung des konkreten Sachverhalts vermitteln, während schon bei einer Beschränkung auf die Angabe der Maßeinheiten nach Art von „Dimensionsgleichungen" in der Physik, etwa „$m^2 : m = m$", jeweils eine Fülle verschiedener Sachsituationen auf dasselbe Schema passen würde. Nach unseren Überlegungen dürfte eine Angabe von Stichworten vorzuziehen sein, und zwar auch dann, wenn das betreffende Stichwort im Text nicht direkt vorkommt, sondern vom Schüler erst gesucht werden muß; denn wie leicht ein vom Inhalt gelöstes Rechnen bei nur unvollständig erfaßtem Sachverhalt zu ganz unsinnigen Berechnungen führen kann, ist jedem Lehrer bekannt. Allerdings fällt die Formulierung von Begriffen, die nicht ausdrücklich im Text genannt sind, den Schülern oft schwer[17].

Die bereits erwähnte Untersuchung von A. Mitschka über Schülerleistungen zu Beginn der Hauptschule erbrachte nicht zuletzt in bezug auf den Test zum Lösen elementarer Sachaufgaben erschreckend schlechte Ergebnisse. Neben der besonderen Schwierigkeit beim Erkennen der Division zeigte sich dabei vor allem ein sprunghaftes Ansteigen der Fehlerquote beim Übergang von eingliedrigen zu mehrgliedrigen Aufgaben, also vom Simplex zum Komplex[18]. Gerade dieses Ergebnis legt ein Arbeiten mit den hier besprochenen Verfahren zur Darstellung der Struktur einer Sachaufgabe sehr nahe. Größere empirische Untersuchungen über einen systematischen Einsatz von Simplex-Darstellungen oder Rechenbäumen und eine damit eventuell erreichbare Verbesserung der Schülerleistungen im elementaren Sachrechnen sind uns jedoch nicht bekannt.

Sowohl bei den Rechenbäumen als auch in bezug auf das Simplex-Komplex-Verfahren läßt sich einwenden, daß man die Struktur einer Aufgabe in dieser Weise nur sichtbar machen kann, wenn die Zusammenhänge bereits durchschaut sind, daß also die eigentliche Lösung vorausgehen muß und daß somit die geschilderten Verfahren für den Schüler nur eine sehr geringe Hilfe beim Lösen von Sachaufgaben sein können. Der Einwand ist durchaus berechtigt. Darüber hinaus überzeugt man sich leicht davon, daß es z. B. bei der von Bauersfeld vorgeschlagenen Simplexdarstellung für etwas umfangreichere Aufgaben gelegentlich schwer sein kann, die Eckpunkte der Simplexe so anzuordnen, daß das entstehende Netz überhaupt noch zu überschauen ist. Dennoch wollen wir die eingangs bereits kurz genannten

17 Vgl. auch E. B. Wagemann, Probleme des Sachrechnens, in: Beiträge zum Mathematikunterricht in der Hauptschule, Hannover 1968, S. 45 ff.
18 Vgl. A. Mitschka, a. a. O., S. 44 ff. sowie G. Schlaak, Fehler im Rechenunterricht, Auswahl, Reihe B, Bd. 8/9, Hannover 1968.

Gesichtspunkte, die *für* eine Beschäftigung mit den genannten Schemata sprechen, noch einmal hervorheben:

1. Bei umfangreicheren Aufgaben kann insbesondere die einfache Darstellungsform nach Breidenbach für den Schüler eine Hilfe sein, Übersicht über den Sachverhalt zu gewinnen und zu behalten. Die Probleme der Verkettung mehrerer Rechenoperationen spielen bei der Aufstellung eines solchen Schemas, das schon als Gedächtnisstütze von großem Wert ist, ja keine Rolle.

2. Die Simplexdarstellungen in der von Bauersfeld vorgeschlagenen Form oder die Rechenbäume können auch für den Schüler *gemeinsame Strukturen bei verschiedenen Aufgaben* sichtbar machen, wobei hier natürlich „Struktur" wiederum nicht im engeren mathematischen Sinne gemeint ist. Man vergleiche als einfaches Beispiel solcher Strukturgleichheit die Rechenbäume der Aufgabe auf Seite 84 mit der auf Seite 85 diskutierten Gleichung. Bei derartigen Betrachtungen wird auch bei ganz elementaren Sachaufgaben das allgemeine Lernziel Strukturerfassen mit angesprochen. Werden gleiche oder analoge Lösungswege bei Aufgaben aus verschiedenen Sachbereichen dem Schüler bewußt gemacht, z. B. dadurch, daß man die Problemstellung umkehrt und den Schüler zu gegebenen Simplexkostellationen oder Rechenbäumen selbst „Geschichten" erfinden läßt, so trägt dies unter Umständen zur Lösung der einzelnen Aufgabe nur wenig bei. Unabhängig davon, ob ein Transfer zu später zu lösenden ähnlichen Aufgaben hin stattfindet oder nicht, glauben wir jedoch, daß hier schon bei ganz bescheidenen Problemen deutlich wird, wie anwendungsorientiertes Sachrechnen und abstraktere mathematische Betrachtungsweisen integriert werden können.

3. Für den Lehrer ist – neben anderen Kriterien – die Zahl der Rechenoperationen, die für die Lösung einer Aufgabe benötigt werden, also die Zahl der Simplexe und die Art ihrer Verkettung ein wichtiges Maß für den Schwierigkeitsgrad der Aufgabenstellung. Daß die Analyse einer Aufgabe für den erfahrenen Lehrer auch im Kopf erfolgen kann, mindert nicht grundsätzlich die Bedeutung einer Erfassung der Aufgabenstruktur mit Hilfe der angegebenen Schemata.

IV. Abbildungen zwischen Größenbereichen – der traditionelle Stoff des Sachrechnens und sein begrifflicher Hintergrund

Die im letzten Kapitel behandelten elementaren Sach- und Textaufgaben sind nicht auf die Grundschulklassen beschränkt sondern sollten nicht zuletzt unter dem Gesichtspunkt der richtigen Erfassung von Text und Sachverhalt auch in höheren Klassen immer wieder aufgegriffen werden. Dem erweiterten Auffassungsvermögen der Schüler entsprechend kommen jedoch in mathematischer Hinsicht neue Problemstellungen hinzu bzw. werden neue Sachverhalte einer mathematischen Behandlung zugänglich. Einen Schwerpunkt, der in der traditionellen Mathematikdidaktik mitunter weitgehend mit dem Begriff Sachrechnen identifiziert wurde, bilden dabei Aufgaben zur sogenannten *Schlußrechnung*, also zur Anwendung des *Dreisatzes* und ähnlicher Verfahren, sowie zur *Prozent-, Zins-* und *Verhältnisrechnung*. Alle derartigen Aufgabenstellungen haben jedoch ihrer Struktur nach gewisse Gemeinsamkeiten: Es geht um bestimmte Zuordnungen zwischen Größen, wie z. B. zwischen

> Gewicht eines Briefes und Porto,
> Einkaufs- und Verkaufspreis,
> Geschwindigkeit und Fahrzeit,
> Warenmenge und Preis,
> Sparbetrag bzw. -zeit und Höhe der Zinsen
> usw.

Mathematisch gesehen geht es also um *Abbildungen zwischen Größenbereichen*. Der Abbildungsbegriff ist nicht nur einer der tragenden Grundbegriffe der Mathematik, er spielt auch im Sachrechnen weit über die hier angesprochenen Stoffgebiete hinaus eine wesentliche Rolle. Wir wollen deshalb in diesem Kapitel zunächst *Zugänge zum Abbildungsbegriff* diskutieren, dann *spezielle Abbildungen zwischen Größenbereichen* genauer untersuchen und schließlich auf dieser Grundlage die *traditionellen Stoffgebiete* wie Schlußrechnung, Prozent- und Zinsrechnung und den Verhältnisbegriff behandeln.

1. Zum Abbildungsbegriff in der Grundschule und in der Sekundarstufe I

Eine Abbildung kann — mathematisch gesehen — als spezielle Relation zwischen zwei Mengen, also als *Teilmenge ihres kartesischen Produkts* und somit als eine *Menge von Paaren* erklärt werden. Es ist durchaus möglich, diesen Zugang zum Abbildungsbegriff schon in den Mathematikunterricht der Grundschule zu übertragen. Man betrachtet z. B. die Relationen „ . . . hat eine Wohnung in . . ." und „ . . . ist geboren in . . ." zwischen einer Menge von Personen (A) und einer Menge von Städten (B):

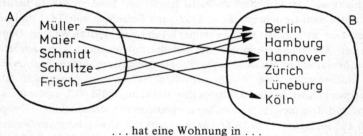

. . . hat eine Wohnung in . . .

Die betrachtete Relation ist dann nichts anderes als die Menge der Paare (Müller, Hannover), (Frisch, Berlin), (Frisch, Zürich) usw.

Jemand kann mehrere Wohnsitze haben, jeder hat jedoch nur einen Geburtsort, z. B.:

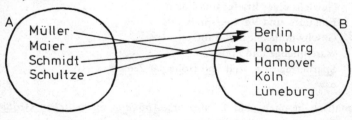

. . . ist geboren in . . .

In diesem zweiten Fall spricht man von einer Abbildung, deren Charakteristikum gegenüber einer beliebigen zweistelligen Relation allein in der *Eindeutigkeit* besteht, also darin, daß jede Person aus der Menge A nur *Vorderglied genau eines Paares* wie (Müller, Hannover) sein kann.

Einfacher als das Arbeiten mit Paaren — und in mathematischer Hinsicht in den meisten Zusammenhängen durchaus genau genug — ist es jedoch, wenn man eine Abbildung von vornherein als eine eindeutige *Zuordnung* erklärt, wie es auch in den Pfeilen der obigen Diagramme zum Ausdruck kommt.

● Durch eine *Abbildung* der Menge A *in* die Menge B wird jedem Element von A genau ein Element von B zugeordnet.

Sind A und B Mengen von Zahlen, verwendet man meist den Ausdruck *Funktion* anstelle von Abbildung, und in wieder anderem Zusammenhang spricht man von *Operatoren* (siehe S.96 f.). Alle diese Ausdrücke sind aber im Grunde synonym zu verwenden.

Der Abbildungsbegriff durchzieht nicht nur die gesamte Mathematik, er spiegelt sich auch in mancherlei Umweltsituationen und umgangssprachlichen Wendungen wider:

.... hat zum Nachfolger .... (in einer Schlange von Wartenden)
.... hat zum Vater ....
Täglich wird eine bestimmte Temperatur gemessen.

Sogar im Sprichwort findet sich die eindeutige Zuordnung:

„Jedes Ding hat seinen Preis."

Die Menge A in der obigen Definition heißt *Definitionsmenge* (oder Definitionsbereich) der Abbildung. Diejenigen Elemente von B, denen ein Element von A zugeordnet ist, bilden ihre *Wertemenge* (bei Zahlen), die *Menge der Bilder* oder das *Bild von A*.

Die Menge B selbst wird auch als *Zielmenge* der Abbildung bezeichnet, und ist das Bild von A gleich der Zielmenge B, so spricht man von einer Abbildung der Menge A *auf* die Menge B.

In didaktischer Hinsicht ist es wichtig, schon früh möglichst vielfältige derartige Beispiele heranzuziehen. Es geht nicht nur darum, den Schüler überhaupt mit Zuordnungen vertraut zu machen, er soll auch möglichst verschiedenartige Beispiele und nicht zuletzt möglichst verschiedenartige Veranschaulichungen für Abbildungen kennenlernen:
Neben den bereits verwendeten Pfeildiagrammen, den heutzutage fast in allen Schulbüchern auftretenden Doppelleitern und ähnlichen Darstellungsformen (vgl. S. 205 ff.) ist das *kartesische Koordinatensystem* zweifellos am wichtigsten. Man kann es schon sehr früh einführen; denn überall da, wo rechteckige Schemata auftreten, hat man es mit demselben Prinzip zu tun: Ein Feld oder Punkt des Schemas ist durch ein Paar von Angaben gekennzeichnet. Geläufige Beispiele − auch für Kinder − sind:

Planquadrate in einem Stadtplan,
der Sitzplan eines Theaterraumes,
ein Sortierkasten für Schrauben (wenn z. B. nach Dicke und Länge sortiert wird),

eine Entfernungstabelle,
eine Preistabelle (mit Angaben für verschiedene Artikel und jeweils
verschiedene Mengen),
eine Klingelanlage mit Namensschildern in einem großen Mietshaus
und vieles mehr.

Die graphische Darstellung einer *Abbildung* entsteht z. B., wenn bei einer
Wetterstation Temperatur, Luftfeuchtigkeit oder Luftdruck kontinuierlich
gemessen und automatisch aufgezeichnet werden, wie es das folgende Beispiel aus einem Schulbuch zeigt[1]:

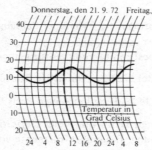

Das übliche Rechteckschema des kartesischen Koordinatensystems ist hierbei allerdings aus technischen Gründen verzerrt, weil sich bei den meisten
derartigen Meßgeräten der an einem längeren Hebelarm sitzende Schreiber
nicht geradlinig auf und ab bewegt.

Bei einer *Fieberkurve* hingegen hat man das einfache Rechteckschema, doch
ist auch hier eine Besonderheit zu beachten:

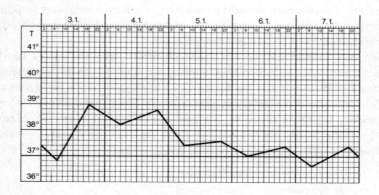

1 Aus H. Athen/H. Griesel (Hrsg.), Mathematik heute, Bd. 7, Schroedel Verlag,
  Hannover 1973, S. 63

Wie beim ersten Beispiel besteht der Definitionsbereich aus den Punkten einer Zeitskala, jedoch sind es hier nur diejenigen Zeitpunkte, an denen gemessen wird. Es gehört zwar zu jedem Zeitpunkt eine Körpertemperatur, diese wurde aber nicht gemessen. Die Definitionsmenge ist eine endliche Menge, und der sogenannte *Graph* der Abbildung besteht aus isolierten Punkten. Die Verbindungslinien von Eckpunkt zu Eckpunkt der Fieberkurve gehören also nicht zum Graphen und dienen nur der optischen Verdeutlichung.

Der Gedanke, daß das Bild einer Abbildung oder Funktion im Koordinatensystem stets eine Gerade oder eine Parabel sein müsse, dürfte bei solchen Beispielen eigentlich gar nicht erst aufkommen.

Mit technisch interessierten Schülern lohnt es sich, auch das folgende Beispiel zu betrachten: Bei der Überprüfung eines Motors wird für jeden Zylinder der Kompressionsdruck gemessen.

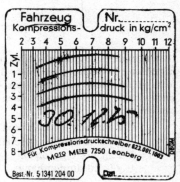

Kann man von einer Abbildung sprechen, und wie ist die Graphik in diesem Fall zu lesen?

Will man nun besondere Eigenschaften von Abbildungen, also spezielle Abbildungen, untersuchen, so lassen sich auch dafür Beispiele in der Umwelt des Schülers finden. Wir geben einige Beispiele für die besonders häufig anzutreffende Eigenschaft der *Monotonie:*

1. Das Längenwachstum einer Tanne wird halbjährlich kontrolliert.

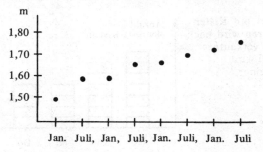

2. Apfelsinen werden einzeln zu je 0,45 DM oder im Beutel mit 5 Stück zu 2,– DM verkauft.

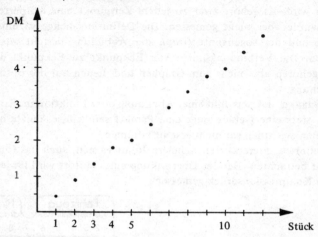

Hierbei muß vorausgesetzt werden, daß man möglichst günstig einkauft, sonst wären nämlich für 5 oder mehr Apfelsinen die Preise nicht mehr eindeutig bestimmt, und man hätte es überhaupt nicht mit einer Abbildung zu tun. Man könnten ja z. B. 7 Apfelsinen einzeln (3,15 DM) oder einen Beutel und zwei einzelne Apfelsinen (2,90 DM) kaufen.

3. Zwischen Fallzeit und Fallstrecke beim freien Fall besteht folgender Zusammenhang:

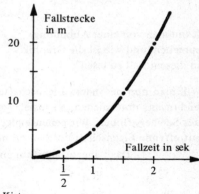

4. Ein Stapel mit Kisten von Zigarren wird nach und nach verkauft. Der Stapel wird immer kleiner.

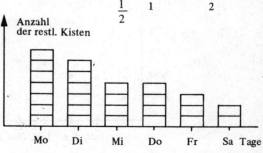

Man entnimmt den Beispielen als anschauliches Charakteristikum der hier betrachteten Abbildungen:

Die Werte wachsen oder bleiben mindestens gleich (*monoton wachsende* oder *gleichsinnig monotone* Funktion).

Oder umgekehrt bei den jeweils verbleibenden Zigarrenkisten:

Die Funktionswerte fallen oder bleiben höchstens gleich. (*monoton fallende* Funktion)

Diese Formulierungen zeigen bereits, daß man von Monotonie einer Zuordnung nur dann sprechen kann, wenn sowohl für die Definitionsmenge als auch für die Bildmenge der betrachteten Abbildung eine Ordnungsrelation gegeben ist. Für die hier betrachteten Größenbereiche ist das aber stets der Fall. Wir fassen zusammen:

● Eine Abbildung f zwischen Größenbereichen heißt *monoton wachsend*, wenn stets gilt

$$a < b \Rightarrow f(a) \leqslant f(b)$$

und *monoton fallend*, wenn

$$a < b \Rightarrow f(a) \geqslant f(b).$$

Treten die Zeichen $<$ bzw. $>$ an die Stelle von $\leqslant$ bzw. $\geqslant$, so spricht man auch von einer *streng monotonen* Abbildung. Diese Eigenschaft der *strengen* Monotonie spiegelt sich in geläufigen umgangssprachlichen Wendungen wider. So sagt man bei streng monoton wachsenden Abbildungen:

Je größer (mehr, länger, weiter usw.) . . . ,

desto größer (mehr, länger, weiter usw.) . . . .

Und bei streng monoton fallenden Abbildungen:

Je größer (mehr, länger, weiter usw.) . . . ,

desto kleiner (weniger, kürzer, näher usw.) . . . .

Streng monotone Funktionen lassen sich umkehren: So wie zu jeder Fallzeit eine ganz bestimmte Fallstrecke gehört, so auch zu jeder Fallstrecke eine ganz bestimmte Fallzeit. Die Umkehrbarkeit ist im Koordinatensystem deutlich erkennbar.

Zuordnung Zeit → Strecke:

Zuordnung Strecke → Zeit:

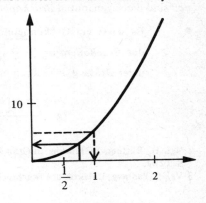

Demgegenüber gehört bei der zwar monotonen, jedoch nicht *streng* monotonen Abbildung aus Beispiel 4 zwar zu jedem Wochentag eine ganz bestimmte Höhe des Kistenstapels, aber nicht umgekehrt zu jeder Höhe des Kistenstapels auch ein bestimmter Wochentag.

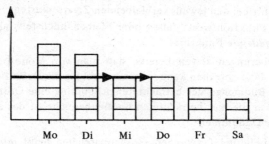

Wir betonen abschließend noch einmal, daß die Formulierung „je . . . . , desto . . . ." nur auf Monotonie hinweist und nicht auf die in Abschnitt 3 zu besprechenden linearen Funktionen und Proportionalitäten.

Monotonie ist zwar eine notwendige, nicht aber eine hinreichende Voraussetzung für Linearität. So sind die vier auf S. 93 f. angegebenen Beispiele zwar alle monoton, jedoch *nicht* linear[2].

2. Bruchoperatoren als spezielle Abbildungen eines Größenbereichs auf sich

Bei der Mehrzahl der betrachteten Beispiele für Abbildungen handelte es sich um Abbildungen zwischen Größenbereichen. Wir haben jedoch bisher außer Betracht gelassen, ob Definitions- und Wertebereich der betrachteten Abbildung zu *einem* oder zu *verschiedenen* Größenbereichen gehören. Ein besonders wichtiger Spezialfall von Abbildungen *eines* Größenberichs *auf sich* sind die sogenannten *Bruchoperatoren:*

● Es sei G ein Größenbereich mit Teilbarkeitseigenschaft. Dann ist der *Bruchoperator* $\boxed{\cdot \dfrac{m}{n}}$ diejenige Abbildung von G auf sich, die jeder Größe g ϵ G ihren m-fachen n-ten Teil zurodnet[3]:

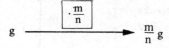

2 Vgl. H. Kütting, Einführung in Grundbegriffe der Analysis, Bd. 1, Freiburg 1973, S. 127 f.

3 Vgl. F. Padberg, Didaktik der Bruchrechnung, Freiburg 1978, S. 117 f.

Solche Operatoren (Abbildungen) sind für große Teilbereiche des traditionellen Sachrechnens grundlegend; sie liefern aber auch einen in didaktischer Hinsicht wesentlichen Zugang zur Bruchrechnung. Man geht dabei meist von Operatoren der Gestalt $\boxed{:n}$ bzw. $\boxed{\cdot m}$ aus. Wählt man als Größenbereich mit Teilbarkeitseigenschaft — wie meist üblich — den der Längen, so läßt sich $\boxed{:n}$ als *Staucher* auffassen, also durch eine Maschine darstellen, die einen Repräsentanten einer Länge g jeweils auf seinen n-ten Teil „staucht":

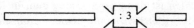

Oder in anderer Darstellung:

$$g \xrightarrow{\boxed{:3}} \frac{1}{3}g$$

Der *konkrete Bruch* $\frac{1}{3}$ g ist das Ergebnis der Einwirkung des Operators $\boxed{:3}$ auf die Größe g, und der *Bruch* $\frac{1}{3}$ kann zur Bezeichnung der betreffenden Maschine verwendet werden.

Entsprechend wird die Vervielfachung mit m durch einen „Strecker" bewirkt:

Beide Maschinen bzw. Operatoren lassen sich verketten:

Anhand von Beispielen oder bei Überlegungen wie im Abschnitt II. 3 (vgl. S. 51) erkennt der Schüler, daß man Stauchung und Streckung miteinander vertauschen kann, ohne das Endergebnis zu ändern. Daher ist es sinnvoll, kombinierte Maschinen (Operatoren) einzuführen und sie in der folgenden Weise durch einen *Bruch* zu bezeichnen:

Auf ähnliche Weise läßt sich verdeutlichen, daß und wann gewisse derartige Maschinen *dasselbe leisten*, also wechselweise einander ersetzen können (Erweitern und Kürzen von Bruchoperatoren). Die Rechenoperationen der Multiplikation und Addition ergeben sich schließlich als ein Verketten oder Hintereinanderschalten zweier Maschinen (Multiplikation) oder — etwas schwieriger zu motivieren — als Parallelschaltung (Addition). Wir können hier nicht näher auf die Einzelheiten einer solchen Konzeption der Bruchrechnung eingehen[4], und wollen im Vergleich zu den in Kapitel II gemachten Bemerkungen zur Bruchrechnung nur einen methodischen Aspekt kurz hervorheben: Die Tatsache, daß die Verkettung, als naheliegende und einfachste Verknüpfung zweier Maschinen bzw. Operatoren, auf die Multiplikation von Brüchen führt, zeigt, daß es bei einem solchen Zugang zur Bruchrechnung in der Tat sinnvoll ist, erst die Multiplikation und dann die Addition zu behandeln. Die *Bruchrechnung* ist so also zunächst ein Rechnen mit Operatoren. Der Weg zu den *Bruchzahlen* ist dann ganz analog dem in Kapitel II angedeuteten. Gleichwertige oder „gleichwirkende" Operatoren sind verschiedene Darstellungen (Repräsentanten) für ein und dieselbe Abbildung. Der Übergang zu den *Bruchzahlen* erfolgt durch einen Abstraktionsprozeß. So wie dort von den Größen abstrahiert wurde, so hier vom Abbildungscharakter der Bruchoperatoren. (Vgl. S. 53)

Wie bereits erwähnt, beruhen große Teilbereiche des Sachrechnens, nämlich u. a. die gesamte Prozentrechnung und die Zinsrechnung, auf der Anwendung von Bruchoperatoren. Die *Prozentrechnung* ist ein Arbeiten mit

Operatoren der Gestalt $\boxed{\cdot \dfrac{p}{100}}$, und die *Zinsrechnung* wiederum − wenn

man vom Faktor Zeit und dem Problem der Zinseszinsen zunächst absieht − ist nichts anderes als eine Anwendung solcher Operatoren auf den speziellen Größenbereich der Geldwerte.

Will man in der Schule konsequent den Weg vom Speziellen zum Allgemeinen gehen, so wäre es sinnvoll, von den Bruchoperatoren als Abbildungen *eines* Größenbereichs *auf sich* her zunächst die Prozent- und Zinsrechnung zu behandeln, wie es in vielen Unterrichtswerken heutzutage auch geschieht. Danach erst werden dann in der sogenannten *Schlußrechnung* auch Abbildungen zwischen *verschiedenen* Größenbereichen betrachtet. Wir wollen hier jedoch auf Prozent- und Zinsrechnung erst an späterer Stelle in gesonderten Abschnitten näher eingehen und zunächst die Proportionalitäten und Antiproportionalitäten sowie den Verhältnisbegriff erörtern; denn eine Reihe von Querverbindungen zwischen den verschiedenen Stoffgebieten wird für den Leser dann deutlicher. Es gibt in der Tat auch Schulbücher, in denen die etwas allgemeineren Proportionalitäten der Prozentrechnung vorangestellt werden[5]. In unserer Darstellung geht es aber vor allem darum, die Zusammenhänge für den Leser deutlich zu machen, um verschiedene Zugän-

---

4 Siehe dazu F. Padberg, a. a. O.
5 Siehe z. B. H.-G. Bigalke (Hrsg.), Einführung in die Mathematik für allgemeinbildende Schulen, 7. Schuljahr, Verlag Diesterweg, Frankfurt-Berlin-München 1974; H. Schütz/B. Wurl (Hrsg.), Mathematik für die Sekundarstufe I, 7. Schuljahr, Schroedel Verlag, Hannover 1975.

ge zu den genannten Stoffgebieten miteinander vergleichen zu können. Dabei wird sich zeigen, daß verschiedenen mathematischen Deutungen in vielen Fällen auch verschiedene umgangssprachliche Formulierungen der betreffenden Sachverhalte entsprechen. In der Schule wird man sich in der Regel auf einen der möglichen Zugänge konzentrieren müssen, und hier scheint der Weg über eine konsequente Anwendung von Bruchoperatoren viele Vorzüge zu haben. Nicht zuletzt liefern die Bruchoperatoren auch eine einfache Definition für den Begriff der Proportionalität, dem wir uns jetzt zuwenden wollen.

3. Proportionalitäten und Antiproportionalitäten — die sogeannte Schlußrechnung

3.1 Der Begriff der Proportionalität

Der Zusammenhang zwischen Warenmenge und Preis ist zwar stets eine monoton wachsende Abbildung, darüber hinaus aber läßt sich allgemeingültig nur wenig über diesen Zusammenhang sagen. Die graphische Darstellung im Koordinatensystem zeigt in der Regel ein mehr oder weniger unregelmäßiges Bild wie z. B. bei den auf S. 94 dargestellten Apfelsinenpreisen. In einigen Fällen jedoch liegen bei einer solchen Darstellung alle Punkte auf einer Geraden:

> Bei der monatlichen Telefonabrechnung kostet jede Gebühreneinheit 0,23 DM, unabhängig davon, wieviele Einheiten es sind. Hinzu kommt eine feste Grundgebühr von zur Zeit 32,– DM.   *25,-*

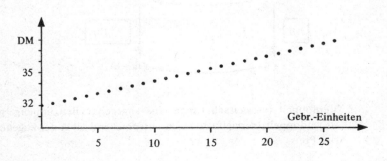

Die Zapfsäule an einer Tankstelle zeigt folgenden Zusammenhang zwischen Benzinmenge und Preis:

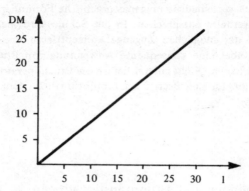

Man spricht in solchen Fällen von einer *linearen Abbildung,* und wir wollen diesen Begriff, der noch zu präzisieren ist, zunächst anschaulich in Anlehnung an die Geradlinigkeit im Schaubild verwenden.
Beim zweiten Beispiel liegt wiederum ein Spezialfall vor: Die fragliche Gerade verläuft durch den Schnittpunkt der beiden Koordinatenachsen, und nur in diesem, offensichtlich sehr speziellen Fall einer Abbildung zwischen Größenbereichen spricht man von einer *Proportionalität.* Man kann den jedem Kind von der Tankstelle her vertrauten Zusammenhang zwischen Benzinmenge und Preis auf zwei Weisen charakterisieren:

1. Kommt zu einer bereits angezeigten Benzinmenge a eine Benzinmenge b hinzu, so kommt auch deren Preis f (b) zum bereits angezeigten Preis.f (a) hinzu.
Kurz: Addiert man zwei Benzinmengen, so addieren sich auch die zugehörigen Preise.

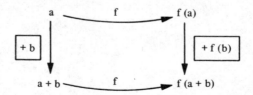

2. Verdoppelt (vervielfacht) man eine angezeigte Benzinmenge g, so verdoppelt (vervielfacht) sich entsprechend auch der zugehörige Preis.

In schematischer Darstellung:

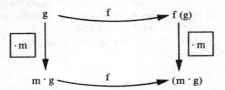

Allgemein können wir erklären:

● Eine Abbildung f eines Größenbereichs G_1 in einen Größenbereich G_2 heißt $\boxed{\textit{Proportionalität}}$ genau dann, wenn für alle Größen a, b ∈ G_1 gilt

$$f(a + b) = f(a) + f(b)$$
(Additionsbedingung für Proportionalitäten)

sowie für jede Größe g ∈ G_1 und jede natürliche Zahl m

$$f(m\,g) = m\,f(g)$$
(Multiplikationsbedingung für Proportionalitäten).

Es läßt sich aber zeigen, daß sowohl die Additionsbedingung als auch die Multiplikationsbedingung für sich allein schon zur Definition einer Proportionalität ausreichen. In der Tat kann man die eine aus der anderen herleiten, wobei allerdings die Kommensurabilität der Größenbereiche vorausgesetzt werden muß.

■ Additions- und Multiplikationsbedingung für Proportionsnalitäten zwischen kommensurablen Größenbereichen sind gleichwertig.

Beweis: Setzt man die Additionsbedingung voraus, so können wir die Multiplikationsbedingung mit Hilfe von vollständiger Induktion über m beweisen:
Die Gleichung f (m g) = m f(g) ist richtig für m = 1 wegen f (1 g) = f (g) = 1 f (g). Angenommen sie sei richtig für m = k, also f(k g) = k f(g). Dann folgt für m = k + 1
f ((k + 1) g) = f (k g + g)   nach dem Distributivgesetz für Größen (vgl. S. 46),
= f (k g) + f (g)   nach der vorausgesetzten Additionsbedingung,
= k f(g) + f (g)   nach Induktionsvoraussetzung,
= (k + 1) f (g)   nach Distributivgesetz.
Also gilt f (m g) = m f(g) nach dem Induktionsprinzip für alle m ∈ ℕ.
Setzt man umgekehrt die Multiplikationsbedingung voraus, so kann man zum Nachweis für f (a + b) = f (a) + f (b) die Größen a und b als Vielfache einer einzigen Größe e ausdrücken. Wegen der Kommensurabilität der Größenbereiche muß es ja eine solche gemeinsame Maßeinheit e stets geben. Ist nun etwa a = m e und b = n e, so gilt

$$
\begin{aligned}
f\,(a+b) &= f\,(m\,e+n\,e)\\
&= f\,((m+n)\,e) && \text{nach dem Distributivgesetz für Größen,}\\
&= (m+n)\,f\,(e) && \text{nach der vorausgesetzten Multiplikationsbedingung,}\\
&= m\,f(e)+n\,f(e) && \text{nach Distributivgesetz,}\\
&= f\,(m\,e)+f(n\,e) && \text{nach Multiplikationsbedingung,}\\
&= f\,(a)+f\,(b),
\end{aligned}
$$

was zu zeigen war.

Schließlich können wir in Größenbereichen mit Teilbarkeitseigenschaft die Aussage der Multiplikationsbedingung noch verallgemeinern auf einen Faktor $q \in \mathbb{Q}^+$ anstelle von $m \in \mathbb{N}$, also auf Bruchzahlen anstelle natürlicher Zahlen.

■   Sind G_1 und G_2 Größenbereiche mit Teilbarkeitseigenschaft und ist f eine Proportionalität von G_1 nach G_2, so gilt für jedes $g \in G_1$ und jede Bruchzahl $q = \frac{m}{n}$ mit $m, n \in \mathbb{N}$:

$$ f\,(q\,g)\cdot = q\,f(g) $$

Zum *Beweis* zeigt man, daß für beliebiges $n \in \mathbb{N}$ gilt

$$ f\left(\frac{1}{n}\,g\right) = \frac{1}{n}\,f(g). $$

Zusammen mit der ursprünglichen Multiplikationsbedingung folgt daraus nämlich unmittelbar die Behauptung für $q = m \cdot \frac{1}{n}$.
Nun ist aber

$$ f\,(g) = f\left(n\,\frac{1}{n}\,g\right) = n\,f\!\left(\frac{1}{n}\,g\right) $$

und

$$ \frac{1}{n}\,f\,(g) = \frac{1}{n}\left(n\;f\left(\frac{1}{n}\,g\right)\right) = f\left(\frac{1}{n}\,g\right). $$

Der Leser überlege sich genau, wo in den Gleichungen dieses kurz gefaßten Beweises die Multiplikationsbedingung verwendet wurde und wo die Definition des n-ten Teils einer Größe.

Im folgenden wollen wir stillschweigend stets voraussetzen, daß sowohl die Teilbarkeitseigenschaft als auch die Kommensurabilität gegeben sind, daß es sich also um *bürgerliche* Größenbereiche handelt, zu denen wir – den praktischen Anwendungen entsprechend – hier auch den Größenbereich der Geldwerte rechnen wollen. (Vgl. S. 57)

3.2 Proportionalitäten in der Schlußrechnung

Bei der Lösung von Aufgaben der sogenannten *Schlußrechnung* kommen Additions- und Multiplikationsbedingung, vor allem aber die letztere zur Anwendung.

4 kg Zucker kosten 6,76 DM.
Wieviel kosten 7 kg Zucker?

Man benutzt das obige Schema

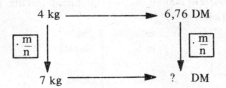

und bestimmt den Bruchoperator $\boxed{\cdot \frac{m}{n}}$, der der Größe 4 kg die Größe 7 kg zuordnet. Man erhält diesen Operator, indem man den Quotienten der beiden gegebenen Größen bildet, also hier $\frac{m}{n} = \frac{7}{4}$ wegen $\frac{7 \text{ kg}}{4 \text{ kg}} = \frac{7}{4}$. Dabei wurde eine Größe durch eine Größe desselben Größenbereichs dividiert (Teilen im Sinne von Einteilen oder Messen), und man erkennt, daß die Kommensurabilität der zugrundegelegten Größenbereiche eine wesentliche Voraussetzung dieses Lösungsweges ist.

Wir raten davon ab, dem Schüler für das Auffinden eines solchen Bruchoperators Merkregeln wie

„Die Maßzahl der *Zielgröße* steht im Zähler."

an die Hand zu geben. Er soll vielmehr immer wieder kontrollieren:

$$4 \text{ kg} \boxed{\cdot \frac{7}{4}} = 7 \text{ kg}.$$

Nach der *Multiplikationsbedingung* erhält man die fehlende vierte Größe im obigen Schema dann als 6,76 DM $\boxed{\cdot \frac{7}{4}}$ = 11,83 DM.

Im Sinne unserer Überlegungen aus Kapitel I merken wir noch an, daß selbst in einer so einfachen Aufgabe, wie sie in jedem Schulbuch vorkommt, die reale Situation bereits vereinfacht und damit zugleich ein wenig verfälscht wird; denn fast überall gibt es preisgünstigere 5 kg-Packungen, zu denen man in einem solchen Fall greifen würde.

Ein Beispiel für die Anwendung der Additionsbedingung:

100 g einer bestimmten Tee-Sorte kosten 2,40 DM. Es soll 20 g-weise eine Preistabelle aufgestellt werden, und zwar für Mengen von 100 g an.

Man bestimmt hier zunächst den Preis für 20 g Tee wie bei der vorhergehenden Aufgabe:

20 g Tee kosten 2,40 DM $\cdot \frac{20}{100}$, oder einfacher (!)
2,40 DM $\cdot \frac{1}{5}$, also 0,48 DM.

Die *Additionsbedingung* besagt nun: Wenn wir in der Preistabelle links jeweils 20 g addieren, haben wir entsprechend rechts jeweils den Betrag 0,48 DM zu addieren:

Gewicht in g	Preis in DM
100	2,40
120	2,88
140	3,36
...	...

Beim Umrechnen von einer Währung in eine andere kann in ähnlicher Weise von der Additionsbedingung Gebrauch gemacht werden:

10,– DM ————	22,– FF
5,– DM ————	11,– FF
0,50 DM ————	1,10 FF
15,50 DM ————	34,10 FF

Aufgaben wie das erste unserer Anwendungsbeispiele werden herkömmlicherweise als *Dreisatz-Aufgaben* bezeichnet. Man „schließt" nämlich:

$$4 \text{ kg kosten } 6,76 \text{ DM}$$
$$1 \text{ kg kostet } 6,76 \text{ DM} : 4 = 1,69 \text{ DM}$$
$$7 \text{ kg kosten } 7 \cdot 1,69 \text{ DM} = 11,83 \text{ DM}$$

Man spricht auch von einem „Schluß von der Mehrheit (4 kg) auf die Mehrheit (7 kg)" und dieser setzt sich im *Dreisatz* zusammen aus einem „Schluß von der Mehrheit (4 kg) auf die Einheit (1 kg)" und einem „Schluß von der Einheit (1 kg) auf die Mehrheit (7 kg)".

Zu solchen Sprechweisen, die auch in neueren Schulbüchern immer noch verwendet werden, merken wir zunächst an, daß es sich durchaus *nicht* um ein Schließen im Sinne der Logik handelt. Die genannten Sprechweisen sind aber so verbreitet, daß es müßig wäre, sie um jeden Preis vermeiden zu wollen.

Was den mathematischen Hintergrund der Dreisatz-Rechnung betrifft, so steckt in dem Rechenschema

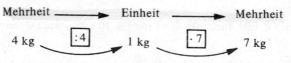

nichts anderes als eine Zerlegung des Bruchoperators $\boxed{\cdot \frac{7}{4}}$ in das Produkt zweier Operatoren, nämlich $\boxed{: 4}$ $\boxed{\cdot 7}$ bzw. $\boxed{\cdot \frac{1}{4}}$ $\boxed{\cdot 7}$. Wenn es gilt, den Operator $\boxed{\cdot \frac{7}{4}}$ zu finden, macht man von einer solchen Zerlegung durchaus Gebrauch. Die Überlegung des Dreisatz-Schemas ist also nichts Abwegiges. Man sollte sich jedoch davor hüten, aus dieser Überlegung ein festes Rechenschema zu machen, das möglicherweise dann noch isoliert neben dem *Zweisatz* steht, also neben dem Schluß von der Mehrheit auf die Einheit bzw. umgekehrt von der Einheit auf die Mehrheit. Bei einer solchen Fixierung einzelner Rechenschemata besteht die Gefahr, daß die Proportionalität als Abbildung zwischen Größenbereichen und ihre Charakterisierung durch Additions- und Multiplikationsbedingung vom Schüler nur unzureichend erfaßt werden und ferner, daß Rechenvorteile wegen des schematischen „Schlusses" auf die Einheit nicht erkannt und genutzt werden. So wäre es z. B. bei der Aufgabe auf S.103 ganz sinnlos, den Preis für 1 g Tee zu berechnen.

3.3 Quotientengleiche Zahlenpaare — der Proportionalitätsfaktor

Aus der Multiplikationsbedingung für Proportionalitäten ergibt sich eine weitere wichtige Eigenschaft dieser Abbildungen:

■   Eine Proportionalität ist eindeutig bestimmt durch *ein Paar* einander zugeordneter Größen.

Jedes andere Größenpaar kann ja aus diesem einen mit Hilfe eines geeigneten Bruchoperators erhalten werden.

Für die Maßzahlen einander zugeordneter Größen folgt daraus, daß ihr Quotient für jede Proportionalität einen festen Wert haben muß, denn bildet man einen solchen Quotienten, so ist der Übergang zu einem anderen — gemäß der Multiplikationsbedingung — nichts anderes als das Erweitern oder Kürzen eines Bruches:

Multiplikationsbedingung einer Proportionalität

Erweiterung des Maßzahlquotienten

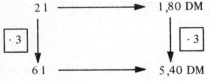

$$\frac{1,8 \cdot 3}{2 \cdot 3} = \frac{5,4}{6},$$

also $\dfrac{1,8}{2} = \dfrac{5,4}{6}$

Wir halten fest:

■   Bei einer Proportionalität bilden die Maßzahlen einander zugeordneter Größen *quotientengleiche Zahlenpaare*.

Bei der graphischen Darstellung einer Proportionalität im Koordianten-system ist dieser Maßzahlquotient nichts anderes als der *Steigungsfaktor* der die Proportionalität darstellenden Geraden; und die Quotientengleich-heit der verschiedenen Maßzahlpaare beruht — geometrisch gesehen — auf der Ähnlichkeit der beiden in der Skizze schraffierten Dreiecke[6]:

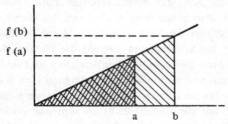

Ist der Maßzahlquotient für eine Proportionalität bekannt, so kann er in Aufgaben der Schlußrechnung zur Berechnung der fehlenden Größen die-nen. Im obigen Beispiel haben wir den Maßzahlquotienten $\frac{1,80}{2} = 0,9$, und man erhält z. B. die Maßzahl des Preises für 5 l als 5 · 0,9. Hier ist jedoch eine wichtige Einschränkung zu machen:

■   Der Maßzahlquotient bei einer proportionalen Zuordnung ist ab-hängig von der Wahl der Maßeinheiten für die einander zugeordne-ten Größen.

Geht man im obigen Beispiel von der Maßeinheit l zur Maßeinheit cm^3 über, so hat man für *dieselbe* Proportionalität nicht mehr den Maßzahl-quotienten $\frac{1,8}{2}$, sondern $\frac{1,8}{2000}$. Wenn wir dies jedoch berücksichtigen, können wir zusammenfassen:

■   Bei vorgegebenen Maßeinheiten für die betrachteten Größenberei-che ist eine Proportionalität eindeutig bestimmt durch den Quo-tienten der Maßzahlen zweier einander zugeordneter Größen.

Man verwendet deshalb zur Charakterisierung einer Proportionalität statt des Maßzahlquotienten meist den sogenannten *Proportionalitätsfaktor*, den „Quotienten" der einander zugeordneten Größen selbst, und für

$$\frac{1,80 \text{ DM}}{2 \text{ l}}$$

schreibt man abkürzend $\frac{1,8}{2} \frac{\text{DM}}{\text{l}}$ oder 0,9 DM/l.

6 Zwei Dreiecke heißen ähnlich, wenn entsprechende Winkel kongruent sind.

Man liest   „0,9 DM pro Liter"
und rechnet mit diesem Ausdruck z. B. $5 \, l \cdot 0,9 \, \frac{DM}{l} = 4,5 \, DM,$

gerade so, *als ob* die Benennungen − hier Liter gegen Liter − wie Zahlen zu kürzen wären.

Die Bedeutung des „als ob" in dieser Rechnung wird aus der folgenden Überlegung noch deutlicher: Ein Proportionalitätsfaktor ist *kein Quotient* im üblichen Sinne; denn der Ausdruck 1,80 DM : 2 l kann weder im Sinne des Verteilens noch im Sinne des Aufteilens oder Messens als Division erklärt werden. Wir können also einen Proportionalitätsfaktor nur als ein Symbol für eine Abbildung auffassen, nämlich als knappe Kennzeichnung einer Proportionalität.

● Ein *Proportionalitätsfaktor* beschreibt eine Proportionalität zwischen zwei Größenbereichen durch Angabe des Maßzahlquotienten und der zugehörigen Maßeinheiten zweier einander zugeordneter Größen.

Wenn wir den Proportionalitätsfaktor kurz mit k bezeichnen, können wir in Analogie zur bisherigen Verwendung von Multiplikationsoperatoren eine Proportionalität f also in der folgenden Weise darstellen:

$$g \xrightarrow{\boxed{\cdot \, k}} f\,(g)$$

Formal lassen sich Proportionalitätsfaktoren für beliebige Größen bilden. Es ist aber erstaunlich, daß sie trotz den Einschränkungen, die wir bei der Begriffsbildung machen mußten, in den meisten Fällen eine durchaus anschauliche Bedeutung haben:

0,9 DM/l	ist ein	*Literpreis,*
4,2 DM/kg	ist ein	*Preis pro Kilogramm,*
25 km/h	ist eine	*Geschwindigkeit,*
3 m³/sec	ist die	*Fließgeschwindigkeit* einer Flüssigkeit oder eines Gases,
12 l/100 km	bezeichnet z. B. den	*Kraftstoffverbrauch* eines Autos.

Ferner: Literpreise oder Geschwindigkeiten lassen sich untereinander vergleichen, verschiedene Geschwindigkeiten lassen sich addieren und vervielfachen wie Größen, und dasselbe gilt für die weiteren angeführten Beispiele. In der Tat kann man mit Proportionalitätsfaktoren ganz so rechnen wie mit Größen, so daß wir sie als neue, nämlich *abgeleitete* oder *zusammengesetzte Größen* auffassen können. Besonders im Bereich der Physik wird mit zahlreichen derartigen Größen gearbeitet.

Wir wollen hier darauf verzichten, die Gültigkeit der Gesetze eines Größenbereichs für die abgeleiteten Größen im einzelnen nachzuweisen, und beschränken uns auf die folgende Überlegung am Beispiel der Geschwindigkeiten: Der Quotient zweier Maßzahlen, hier also der einer Strecke und der einer Zeitspanne, ist stets eine Bruchzahl, ganz gleich wie die Maßeinheiten für die beiden Größenbereiche gewählt werden. Hält man für unser Beispiel $\frac{km}{h}$ als Benennung fest, so ist das Rechnen mit Geschwindigkeiten also ein Rechnen mit positiven rationalen Zahlen, und für diese gelten – wie wir wissen – die Gesetze eines Größenbereichs. Es ist also gerechtfertigt, wenn man schreibt:

$$5,2 \text{ km/h} < 7,5 \text{ km/h},$$
$$5,2 \text{ km/h} + 2,3 \text{ km/h} = 7,5 \text{ km/h}.$$

Die Quotientenbildung im Sinne des Proportionalitätenfaktors ist grundsätzlich bei beliebigen Proportionalitäten möglich, auch wenn die dabei entstehenden abgeleiteten Größen mitunter eine nur geringe praktische Bedeutung haben. Letzteres zeigt sich in einigen Fällen schon, wenn man bei den obigen Beispielen die Quotientenbildung formal umkehrt. Es bezeichnet z. B.

km/l   die Fahrleistung eines Autos (pro Liter) im Gegensatz zum Bezinverbrauch (pro km),

sec/m³   (bei einer Flüssigkeit) die Zeit, in der 1m³ Flüssigkeit durch ein Rohr fließt,

l/DM   die Bezinmenge (Flüssigkeitsmenge) pro DM.

Das letzte Beispiel hat etwa im Zusammenhang mit einem Münz-Tank-Automaten durchaus praktische Bedeutung. Demgegenüber läßt sich beim Kauf von Weingläsern die „Stückzahl pro DM" kaum sinnvoll anwenden.

Die Quotientengleichheit der Paare von Maßzahlen und ebenso der Proportionalitätsfaktor führen schließlich noch auf ein wichtiges Hilfsmittel bei der Lösung von Aufgaben der Schlußrechnung: Die Skalen eines gewöhnlichen *Rechenstabs* sind so beschaffen, daß bei einer festen Einstellung die übereinanderstehenden Werte stets denselben Quotienten liefern. Werden also für eine Proportionalität die Maßzahlen eines Größenpaares eingestellt, so lassen sich für alle anderen Größenpaare – abgesehen von der Kommastellung – die Maßzahlen sofort ablesen.

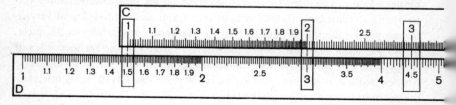

Eine feste Einstellung des Rechenstabs läßt sich aber auch deuten als Einstellung für die Multiplikation beliebiger Zahlen mit einem festen Faktor, nämlich mit dem Maßzahlenquotienten der betrachteten Proportionalität.

3.4 Proportionalitäten als lineare Abbildungen

Bei der Darstellung einer Proportionalität im Koordinatensystem liegen die Punkte für die Paare einander zugeordneter Größen stets auf einer Geraden durch den Nullpunkt des Koordinatensystems,

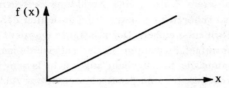

auch wenn dieser selbst nicht zum Graphen der Abbildung gehört, da ja die Null als Maßzahl in einem Größenbereich nicht vorkommt. (Vgl. S. 45). Bei dem zu Beginn dieses Abschnitts erwähnten Beispiel der Telefonabrechnung (vgl. S. 99) liegen demgegenüber zwar auch alle Punkte des Graphen auf einer Geraden, doch verläuft diese nicht durch den Punkt (0, 0), sondern durch (0,   32), und dieser Punkt markiert die zu allen Verbrauchsgebühren stets hinzukommende Grundgebühr von 32,– DM.
Die fragliche Gerade hat die Gleichung

$$y = 0{,}23\,x + 32$$

und stellt eine *lineare Funktion*

$$f(x) = a\,x + b$$

dar. Wie erwähnt, wollen wir die Bezeichnung „linear" dabei durchaus anschaulich als Hinweis auf den geradlinigen Verlauf des Graphen auffassen. Wenn man den vertrauten geometrischen Sachverhalt gleicher Seitenverhältnisse bei ähnlichen Dreiecken voraussetzt, kann man jedoch aus der folgenden Skizze unmittelbar eine allgemeine Bedingung für die Linearität einer Funktion ablesen:

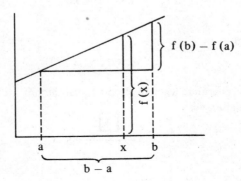

■   Bei einer linearen Abbildung f ist für beliebige Elemente a, b ihres Definitionsbereichs (a ≠ b) der Quotient

$$k = \frac{f(b) - f(a)}{b - a}$$

konstant.

Ist nun f wie in unserem Beispiel eine Abbildung zwischen verschiedenen Größenbereichen, so gehören auch in diesem Quotienten Zähler und Nenner zu *verschiedenen* Größenbereichen. Der konstante Quotient k kann als Proportionalitätsfaktor aufgefaßt werden. In der Tat, würde man beim Beispiel der Telefonabrechnung die Grundgebühr außer acht lassen, so wären ja die Anzahl der Gebühreneinheiten und der Rechnungsbetrag zueinander proportional, und die Maßzahl von k ist der Steigungsfaktor der Geraden $y = k \cdot x$, auf der die Punkte für die Wertepaare dieser Proportionalität liegen würden. Die Grundgebühr aber kommt als konstantes Glied hinzu und bewirkt lediglich eine Parallelverschiebung dieser Geraden.

Mit dieser Überlegung erweisen sich also die Proportionalitäten als Spezialfälle linearer Abbildungen zwischen Größenbereichen.

3.5 Produktgleiche Zahlenpaare — Antiproportionalitäten

Im Abschnitt III.3 haben wir Simplexe mit multiplikativer Verknüpfung wie

betrachtet und dabei die Art des Zusammenhangs der drei Größen der Erfahrung entnommen, so wie dies auch für den Schüler selbstverständlich ist, obwohl doch in einem solchen Simplex *drei verschiedene* Größenbereiche auftreten, nämlich *Geschwindigkeiten, Zeitspannen* und *Längen.* Der Begriff des Proportionalitätsfaktors als einer abgeleiteten Größe läßt den Zusammenhang deutlicher werden. Die Geschwindigkeit ist ja eine solche abgeleitete Größe, und es gilt z. B.

$$56 \, \frac{km}{h} = \frac{168 \, km}{3 \, h}$$

oder allgemein

$$v = \frac{s}{t}.$$

Wenn wir die zugrundeliegende Proportionalität mit Hilfe eines Operators darstellen, erhalten wir

$$t \xrightarrow{\boxed{\cdot v}} s$$

Bei *gleichbleibender Geschwindigkeit* (Proportionalitätsfaktor) sind Fahrzeit und Wegstrecke proportional[7]. In der doppelten Zeit schafft man die doppelte Wegstrecke (Multiplikationsbedingung).

Nun gilt aber auch: Bei *gleichbleibender Fahrzeit* sind Geschwindigkeit und Wegstrecke proportional; denn bei n-facher Geschwindigkeit schafft man die n-fache Strecke (Multiplikationsbedingung).

$$v \xrightarrow{\boxed{\cdot\, t}} s$$

In dieser Darstellung tritt die Zeit t als Proportionalitätsfaktor auf, also

$$t = \frac{s}{v}.$$

Geschwindigkeiten und Längen sind die einander zugeordneten Größenbereiche.

Die beiden Proportionalitäten, die wir dem obigen Simplex entnehmen konnten, entsprechen also den beiden möglichen Divisionen s : t bzw. s : v.

Es bleibt die Frage nach der Art des Zusammenhangs zwischen Geschwindigkeit (v) und Fahrzeit (t), wenn wir als dritte Möglichkeit nunmehr von einer *gleichbleibenden Wegstrecke* ausgehen. Die Problemstellung für den Schüler könnte lauten:

> Welche Fahrzeiten für eine feste Strecke von 300 km ergeben sich bei verschiedenen Geschwindigkeiten?

Eine leicht zu errechnende Tabelle, bei der wir auch die Geschwindigkeiten von Radfahrern und Fußgängern mit einbeziehen, zeigt sofort, daß hier keine Proportionalität vorliegt.

Zeitbedarf für 300 km:

v (km/h)	t (h)
100	3
60	5
50	6
30	10
20	15
15	20
10	30
6	50
5	60
3	100

7 Von der Sache her kann eingewendet werden, daß Geschwindigkeiten in der Praxis allenfalls kurzfristig konstant gehalten werden können. Die Frage nach dem Zusammenhang der drei Größen t, v und s hat dennoch praktische Bedeutung, wenn man z. B. an Durchschnittsgeschwindigkeiten verschiedener Fahrzeuge und an größere Entfernungen denkt.

Alle Proportionalitäten sind streng monoton wachsende Abbildungen. Die Tabelle läßt vermuten, daß es sich demgegenüber hier um eine *streng monoton fallende Abbildung* handelt. Je schneller man fährt, desto kürzer ist die Fahrzeit. Auch ein Schüler kann das „beweisen": Je größer der Divisor, desto kleiner (bei gleichem Dividenden) der Quotient. Der Zusammenhang von Geschwindigkeit und Fahrzeit ist ferner *nicht linear*, wie man beim Einzeichnen einiger Wertepaare in ein kartesiches Koordinatensystem erkennt.

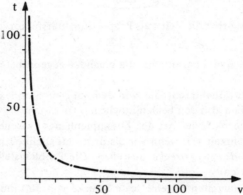

Dennoch läßt sich auch für den Schüler gerade im Vergleich mit den Proportionalitäten die charakterisierende Bedingung für eine solche Abbildung aus den einfachen Zahlenwerten unseres Beispiels leicht ablesen:

Verdoppelt man die Geschwindigkeit v, so halbiert sich die benötigte Fahrzeit f(v).

Der n-fachen Geschwindigkeit n v entspricht der n-te Teil der ursprünglichen Geschwindigkeit, also $\frac{1}{n}$ f(v).

Allgemein erhält man für eine derartige Zuordnung ein Schema, das an die Multiplikationsbedingung bei Proportionalitäten erinnert:

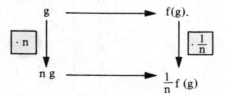

Doch hat man hier nicht beide Male denselben Operator ⌐· n⌐ , sondern zueinander *entgegengesetzte* Operatoren ⌐· n⌐ und ⌐$\cdot \frac{1}{n}$⌐ . Dieser Sachverhalt erklärt die Bezeichnung einer solchen Abbildung zwischen Größenbereichen als *Antiproportionalität* oder *umgekehrt proportionale Zuordnung.* Wir halten fest:

● Eine Abbildung eines Größenbereichs G_1 in einen Größenbereich G_2 heißt *Antiproportionalität* genau dann, wenn für jede Größe $g \in G_1$ und jede natürliche Zahl n gilt

$$f(n\,g) = \frac{1}{n}\,f(g).$$

Wie bei den Proportionalitäten können wir diese Bedingung auf eine Bruchzahl $\frac{m}{n}$ an Stelle einer natürlichen Zahl n verallgemeinern.

■ Für jede Antiproportionalität gilt

$$f\left(\frac{m}{n}\,g\right) = \frac{n}{m}\,f(g).$$

Wir deuten den Beweis nur knapp an und überlassen es auch dem Leser, zu überlegen, welche Voraussetzungen über die beiden Größenbereiche für die obige Definition der Antiproportionalität und für den Beweis erforderlich sind.

Es ist zunächst

$$f(g) = f\left(n\,\frac{1}{n}\,g\right) = \frac{1}{n}\,f\left(\frac{1}{n}\,g\right),$$

also

$$f\left(\frac{1}{n}\,g\right) = n\,f(g)$$

und deshalb

$$f\left(\frac{m}{n}\,g\right) = f\left(m\,\frac{1}{n}\,g\right) = \frac{1}{m}\,f\left(\frac{1}{n}\,g\right) = \frac{1}{m}\,n\,f(g) = \frac{n}{m}\,f(g)$$

Wie bei den Proportionalitäten gilt ferner auch hier:

■ Eine Antiproportionalität ist durch *ein* Paar einander zugeordneter Größen eindeutig bestimmt.

Aus *einem* Größenpaar $(a, f(a))$ können wir ja die einer anderen Größe b zugeordnete Größe f(b) dadurch erhalten, daß wir dem Schema

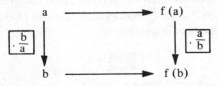

den Operator $\cdot\,\boxed{\dfrac{b}{a}}$ entnehmen und dann f(a) mit dem Gegenoperator $\cdot\,\boxed{\dfrac{a}{b}}$ multiplizieren[8].

---

8 Dabei ist $\frac{a}{b}$ eine Bruchzahl, da a und b demselben Größenbereich angehören.

Dies ist zugleich ein Lösungsweg für einfache Sachaufgaben, in denen Antiproportionalitäten auftreten.

Bei einer Durchschnittsgeschwindigkeit von 60 km/h braucht man von Bonn nach Hannover etwa 5 Stunden. Wie lange fährt man bei 100 km/h?

Der Quotient der Geschwindigkeiten ist $\dfrac{100 \text{ km/h}}{60 \text{ km/h}} = \dfrac{5}{3}$, d. h., man fährt $\dfrac{3}{5} \cdot 5$ Std., also 3 Std.

Bei dieser Lösung der Aufgabe tritt die Entfernung von Bonn nach Hannover explizit gar nicht auf. Gemäß dem Simplex

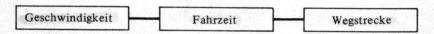

von dem wir ausgegangen sind, können wir aber die Entfernung berechnen als

$$60 \ \frac{\text{km}}{\text{h}} \cdot 5 \text{ h} = 300 \text{ km}$$

und haben damit einen zweiten, ebenso einfachen wie wichtigen Lösungsweg für unsere Aufgabe; denn *dieselbe Entfernung* muß sich auch als Produkt der Geschwindigkeit 100 km/h mit der gesuchten Fahrzeit ergeben, also 100 km/h · x h = 300 km.

Das „festgehaltene", also konstante Produkt aus Geschwindigkeit und Fahrzeit war ja der Ausgangspunkt unserer Überlegungen und hatte uns auf den Begriff der Antiproportionalität geführt. Umgekehrt könnten wir auch aus der Definition einer umgekehrt proportionalen Zuordnung ganz allgemein folgern:

■   Bei einer Antiproportionalität bilden die Maßzahlen einander zugeordnete Größen produktgleiche Zahlenpaare.

Beim Übergang vom Größenpaar (a, f(a)) zu einem anderen wird ja die Maßzahl von a mit einem Faktor $\dfrac{m}{n}$ multipliziert, die von f (a) mit $\dfrac{n}{m}$, so daß das Produkt beider Maßzahlen insgesamt mit

$$\frac{m}{n} \cdot \frac{n}{m} = 1$$

multipliziert wird und somit konstant bleibt.

Das Produkt zweier Größen muß nicht immer eine so konkrete und auch dem Schüler vertraute Bedeutung haben wie im Falle von Geschwindigkeit und Fahrzeit. Wo immer aber die Produktbildung überhaupt sinnvoll ist, hat man ein Simplex, also ein Größentripel, aus dem sich wie bei unserem Einführungsbeispiel zwei Proportionalitäten und eine Antiproportionalität ablesen lassen.

$$\text{Stückpreis} \cdot \text{Stückzahl} = \text{Gesamtpreis}$$

Stückpreis und Gesamtpreis sind proportional, ebenso Stückzahl und Gesamtpreis. Stückpreis und Stückzahl bei gleichem Gesamtpreis sind antiproportional.

Ebenso verhält es sich bei den folgenden Beispielen:

Verbrauch pro Person · Anzahl der Personen = Gesamtverbrauch,

Maschinenleistung · Anzahl der Maschinen = Gesamtleistung,

usw.

Man nennt die sich als Produkt ergebende dritte Größe auch *Gesamtgröße* oder *Konstante einer Antiproportionalität.* Bei allen Aufgaben zum *Verteilen*, wie sie von der Grundschule her vertraut sind, wird jeweils von einer solchen Gesamtgröße ausgegangen. Wenn z. B. aus Anlaß einer Fahrt die Klassenkasse verteilt wird, so gilt:

Betrag pro Schüler · Anzahl der Schüler = Gesamtbetrag aus der
Klassenkasse.

Daneben sind schließlich noch Beispiele mit geometrischem Inhalt zu nennen:

Länge · Breite = Flächeninhalt eines Rechtecks,

Grundfläche · Höhe = Volumen eines Prismas.

Vom Flächeninhalt eines Rechtecks her ergibt sich auch der einfachste Zugang zum Graphen einer Antiproportionalität. Wenn man nämlich verschiedene flächengleiche Rechtecke wie in der folgenden Abbildung in ein Koordinatensystem einzeichnet,

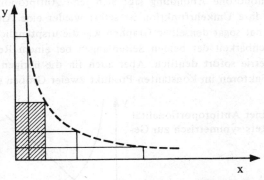

so liegt jeweils eine Ecke auf einer sogenannten Hyperbel mit der Gleichung

$$y = \frac{c}{x}.$$

Die Konstante c ist in unserem Fall die Maßzahl des Flächeninhalts der Rechtecke. Bei jüngeren Schülern kann man die verschiedenen Rechtecke auch aus quadratischen Plättchen legen lassen. Man muß dann aber als Maßzahl des Flächeninhalts, d. h. als Anzahl der verfügbaren Plättchen, eine Zahl mit vielen Teilern wählen, z. B.:

$$F = 60 \text{ Quadrate.}$$

Wegen $60 = 1 \cdot 60 = 2 \cdot 30 = 3 \cdot 20 = 4 \cdot 15 = 5 \cdot 20 = 6 \cdot 10 = 10 \cdot 6$ usw. lassen sich hier immerhin 12 Rechtecke legen und somit 12 Kurvenpunkte gewinnen, die schon einen guten Eindruck vom Verlauf des Graphen vermitteln.

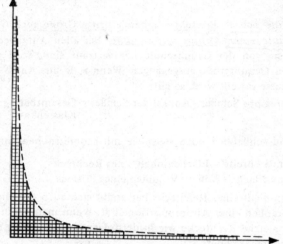

Als streng monotone Abbildung läßt sich jede Antiproportionalität umkehren, und ihre Umkehrfunktion ist selbst wieder eine Antiproportionalität, ja, sie hat sogar denselben Graphen wie die ursprüngliche Abbildung. Die Vertauschbarkeit der beiden Seitenlängen bei einem Rechteck macht diese Symmetrie sofort deutlich. Aber auch für die übrigen Beispiele gilt: Die beiden Faktoren im konstanten Produkt zweier Größen sind vertauschbar.

Der Graph einer Antiproportionalität ist deshalb stets symmetrisch zur Geraden $y = x$.

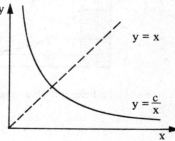

Wir vergleichen in bezug auf diese Eigenschaft noch einmal mit den Proportionalitäten: Auch diese sind umkehrbar, weil sie streng monoton sind. Und auch für Proportionalitäten gilt: Die Umkehrfunktion f^{-1} zu einer Proportionalität f ist selbst wieder eine Proportionalität. Jedoch sind f und f^{-1} in der Regel verschieden. Ist nämlich k der Proportionalitätsfaktor von f, so hat f^{-1} den Proportionalitätsfaktor $\frac{1}{k}$.

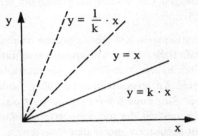

Man kann jedoch bei den *linearen* Funktionen leicht eine spezielle finden, die bezüglich der bestehenden Symmetrieverhältnisse zu einer Antiproportionalität analog ist. Dazu braucht man nur die *Summengleichheit* an die Stelle der Produktgleichheit zu setzen. Z. B. gilt für den halben Umfang eines Rechtecks stets:

Länge (x) + Breite (y) = halber Umfang (c).

Bei konstantem Umfang ist dieser Zusammenhang zwischen Länge und Breite eines Rechtecks eine lineare Abbildung, deren Graph wiederum zu y = x symmetrisch ist.

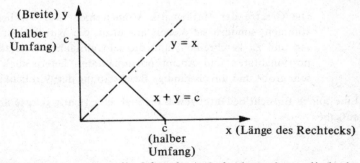

Analog dazu kann man etwa die folgende Aufgabe betrachten, die in der einen oder anderen Form im Zusammenhang mit den additiven Zerlegungen einer Zahl schon im 1. Schuljahr auftritt:

Aus einem Topf mit roten und weißen Kugeln nimmt Peter 10. Welche Möglichkeiten hat er?

Das Einstreuen solcher Aufgaben bei der Behandlung der Antiproportionalitäten scheint uns nicht nur wegen der Analogie zwischen konstantem Produkt und konstanter Summe und den daraus jeweils folgenden Eigenschaften der Graphen wichtig zu sein, man hat hier zugleich auch einfache Beispiele für lineare Abbildungen, die einmal keine Proportionalitäten sind, und die außerdem in dieser Gestalt beim *linearen Optimieren* als einem weiteren wichtigen Gebiet des Sachrechnens sehr häufig auftreten. (Vgl. V. 1, S. 171 ff.)

Nach diesen mehr mathematischen Überlegungen ist abschließend noch eine Bemerkung zum Realitätsbezug bei Antiproportionalitäten erforderlich. Obwohl – wie wir gesehen haben – im Prinzip jede multiplikative Verknüpfung zweier Größen auf eine Antiproportionalität führt, findet man in der Praxis nur wenige im engeren Sinne des Wortes antiproportionale Zusammenhänge. In den meisten Fällen besteht der antiproportionale Zusammenhang nur in einem Teilbereich mit sozusagen „normalen" Werten.

> Läßt man statt eines Baggers zwei arbeiten, so braucht man vielleicht wirklich nur die halbe Arbeitszeit.
> Aber man kann nicht 200 Bagger an derselben Baustelle einsetzen!

Es gibt zahlreiche bekannte Beispiele, in denen in dieser Weise oder noch deutlicher ein „antiproportionaler" Zusammenhang ad absurdum geführt wird[9]. Doch sollte man solche Beispiele nicht als Kuriosum abtun. Vielmehr können sie zum Anlaß werden, um mit den Schülern zu diskutieren, welches hier die Rolle, die Aufgabe und die Möglichkeiten der Mathematik sind:

> Die Gesetze der Mathematik können nicht die Wirklichkeit bestimmen, sondern sie dienen nur dazu, die Wirklichkeit zu erfassen und zu beschreiben; und die sehr einfachen Gesetze der Proportionalitäten und Antiproportionalitäten liefern auch nur eine sehr grobe und unvollständige Beschreibung der Wirklichkeit.

Eine solche Einsicht bedeutet gewiß mehr als eine richtig gelöste Schulbuchaufgabe.

---

9 Siehe dazu z. B. W. Lietzmann, Lustiges und Merkwürdiges von Zahlen und Formen, Göttingen 1950, S. 102 f.

4. Prozent- und Promillerechnung

4.1 Begriffliche Grundlagen der Prozentrechnung

Die Grundlagen der Prozentrechnung lassen sich mathematisch in verschiedener Weise deuten. Die dabei auftretenden Begriffe sind zwar eng miteinander verwandt, doch stellen wir die wichtigsten fachlichen Zugänge nebeneinander, weil diesen weitgehend auch verschiedene didaktisch-methodische Möglichkeiten bei der Behandlung der Prozentrechnung in der Schule entsprechen:

a) Prozentrechnung als Spezialfall der Bruchrechnung

Der Ausdruck $p\%$ ist gleichbedeutend mit $\frac{p}{100}$. $p\%$ ist also eine Bruchzahl mit dem Nenner 100. Und so wie der *Bruchoperator* $\boxed{\cdot \frac{m}{n}}$ einer Größe ihren m-fachen n-ten Teil zuordnet, ordnet der sogenannte *Prozentoperator* $\boxed{\cdot p\%}$ einer Größe ihren p-fachen 100-ten Teil zu. Die Größe, von der man dabei ausgeht, wird meist als *Grundwert* bezeichnet und die ihr zugeordnete Größe als Prozentwert. Der Zähler des Bruches $\frac{p}{100}$, nicht dieser Bruch selbst, ist der *Prozentsatz*. Wir stellen diese Begriffe und die in den Schulbüchern meist verwendeten Bezeichnungsweisen noch einmal kurz zusammen[10]:

G	*Grundwert*	(Größe)
p	*Prozentwert*	(Zahl)
P	*Proentwert*	(Größe)
$\dfrac{p}{100}$	*Prozentpperator*	(Abbildung)

Zuordnung: Größe $\quad$ G $\xrightarrow{\quad\boxed{\cdot\frac{p}{100}}\quad}$ Größe $\quad$ P

Durch einen Prozentoperator wird also <u>ein</u> Größenbereich *auf sich* abgebildet. Hierin liegt – trotz den noch zu besprechenden Beziehungen – ein wesentlicher Unterschied zwischen der Prozentrechnung und den typischen Aufgabenstellungen der sogenannten Schlußrechnung. Statt $\frac{p}{100}$ schreibt man auch $p\%$. Es ist also

$$1\% = \frac{p}{100}.$$

10 Wir haben bisher die verschiedenen Größenbereiche mit Großbuchstaben bezeichnet, wie es für Mengen üblich ist. In den Schulbüchern werden jedoch meist auch die einzelnen Größen Grundwert und Prozentwert mit Großbuchstaben bezeichnet. Wir folgen hier dieser Schreibweise und werden zur Unterscheidung von einem Grundwert G gelegentlich von einem Größenberich G_0 sprechen.

Das Zeichen % hat sich wahrscheinlich aus einer Abkürzung für das italienische „cento" (hundert) entwickelt[11], nämlich von

$$c_{to} \text{ über } ^c/_o \text{ zu } \%.$$

Mitunter wird der Ausdruck „Prozentsatz" auch auf den Bruch $\frac{p}{100}$ bezogen. Man könnte zur besseren Unterscheidung dann von der *Prozentzahl* p und dem *Prozentsatz* $\frac{p}{100}$ sprechen. Der Ausdruck „Prozentzahl" ist allerdings im Bankwesen nicht üblich. Man kann in der Schule auch durchaus ohne ihn auskommen, wenn man wie hier die Begriffe *Prozentsatz* und *Prozentoperator* verwendet. Man sollte jedoch darauf achten, daß das Wort „Prozentsatz" nicht in zweierlei Bedeutungen gebraucht wird, wie es in manchen Schulbüchern zur Verwirrung der Schüler leider auch heute noch geschieht.

Für die praktischen Anwendungen merken wir noch an, daß der Prozentsatz p selbst eine Bruchzahl sein kann. In der Zinsrechnung z. B. ist dies sogar sehr oft der Fall.

b) Prozentrechnung als Spezialfall der Schlußrechnung

Wir betrachten eine spezielle *Proportionalität* f, die einen Größenbereich G_o in die Menge $\mathbb{Q}^+$ der positiven rationalen Zahlen abbildet, und zwar so, daß einem gegebenen Grundwert die Zahl 1, nämlich $\frac{100}{100} = 100\,\%$, zugeordnet wird. Die Zahl p%, die dann dem Prozentwert P zugeordnet werden muß, ergibt sich aus der Multiplikationsbedingung: Es ist

$$P = G \cdot \frac{P}{G} \text{ und demnach } p\% = 100\,\% \cdot \frac{P}{G}, \text{ also } p\% = \frac{P}{G}.$$

Im Schema:

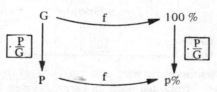

Eine solche proportionale Abbildung findet ihren umgangssprachlichen Ausdruck, wenn man zum Beispiel sagt:

„15 kg entsprechen 30 %".

Fragt man nun

„Wieviel Prozent entsprechen dann 25 kg?",

so ist eine Aufgabe der Prozentrechnung unmittelbar auf die Dreisatz- bzw.

---

11 Vgl. dazu auch K. Menninger Zahlwort und Ziffer, eine Kulturgeschichte der Zahl, Göttingen [2]1958, S. 246.

Schlußrechnung zurückgeführt. Man beachte, daß ($\mathbb{Q}^+$, +, <) selbst ein Größenbereich ist, so daß f also wie stets in der Schlußrechnung eine Abbildung zwischen Größenbereichen ist. Als Variante weisen wir noch darauf hin, daß man die Proportionalität f natürlich auch so erklären könnte, daß dem Grundwert G nicht 100 % sondern die Zahl 100 zugeordnet wird. Dem Prozentwert P ist dann entsprechend nicht p%, sondern die Zahl p, also der Prozentsatz, zugeordnet.

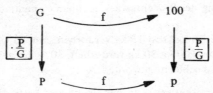

Die Rückführung der Prozentrechnung auf die Schlußrechnung erlaubt es, alle im Zusammenhang mit der Schlußrechnung diskutierten Lösungsverfahren auf die Prozentrechnung anzuwenden, insbesondere kann man auch mit Quotienten- bzw. Verhältnisgleichungen arbeiten[12]. Es gilt:

$$\frac{P}{G} = \frac{p}{100} \quad \text{bzw.} \quad P : p = G : 100.$$

Während jedoch in der Schlußrechnung eine solche Quotientenbildung in der Regel auf zusammengesetzte Größen führt (wie z. B. DM pro kg), handelt es sich hier stets um einfache Divisionen:

P und G sind Größen gleicher Benennung. P : G ist also eine Division im Sinne des Einteilens oder Messens und führt auf eine Zahl.

Demgegenüber sind P : p und G : 100 Divisionen im Sinne des Verteilens (Größe : Zahl = Größe).

Das Arbeiten mit Verhältnisgleichungen ist aber in methodischer Hinsicht nur dann sinnvoll, wenn die Schüler bereits einige Sicherheit im Umformen von Gleichungen haben. Andernfalls würde ja mit den Umformungen jeweils ein ganz neues Problem entstehen, oder die Schüler wären gezwungen, sich drei verschiedene Gleichungen einzuprägen, je nachdem ob nach dem Prozentwert, dem Grundwert oder dem Prozentsatz gefragt ist.

c) Vom-Hunder-Rechnung
Die Formulierung „vom Hundert" an Stelle von „Prozent", der man im kaufmännischen Bereich und im Bankwesen gelegentlich begegnet, deutet

---

12 Die Begriffe Quotient und Verhältnis werden weitgehend synonym verwendet, so auch hier. Eine genaue Deutung des Verhältnisbegriffs wird im Abschnitt 6 gegeben. (Vgl. S. 155 ff.)

auf eine Auffassung der Prozentrechnung hin, die in den Schulbüchern heute nur noch selten zu finden ist. Es ist aber lohnend, sie im Vergleich zu b) und zur Vertiefung dessen, was hier über Abbildungen zwischen Größenbereichen gesagt wurde, kurz zu betrachten. Der Grundgedanke ist folgender:

> Hat der Grundwert die Maßzahl 100, so ist die Maßzahl des Prozentwertes gleich dem Prozentsatz.

Für die Bestimmung des Prozentsatzes in einem elementaren Beispiel bedeutet das:

> *Wenn* von 50 kg Obst 15 kg verdorben sind, so *wären* (bei gleichem Anteil) *von 100 kg* 30 kg verdorben. 30 % der gegebenen Obstmenge sind also schlecht geworden.

Man stellt sich (hypothetisch) vor, der Grundwert hätte die Maßzahl 100, es wären hier also 100 kg, und fragt nach dem dieser Annahme entsprechenden Prozentwert. Die dabei benutzten Schlüsse sind ganz die der Dreisatz- bzw. Schlußrechnung, und in der Tat handelt es sich auch bei der Vom-Hundert-Rechnung um nichts anderes als um eine Proportionalität. Im Unterschied zu b) wird lediglich der gegebene Größenbereich nicht in die Menge $\mathbb{Q}^+$ der positiven rationalen Zahlen abgebildet, sondern auf sich selbst, und zwar so, daß gegebener Grundwert und Prozentwert einander zugeordnet werden. Man fragt dann nach der Maßzahl desjenigen Prozentwertes, der zu einem Grundwert mit der Maßzahl 100 gehören würde.

$$50 \text{ kg} \longrightarrow 15 \text{ kg}$$
$$100 \text{ kg} \longrightarrow ?$$

Die verschiedenen umgangssprachlichen Wendungen zeigen, daß die unterschiedlichen Deutungen der Prozentrechnung nicht allen Sachproblemen in gleicher Weise gerecht werden.

> 5 von 30 Schülern haben eine schwierige Aufgabe gelöst. Wieviel Prozent der Schüler sind das?

Hier hat z. B. der betrachtete Größenbereich *nicht* die Teilbarkeitseigenschaft, was bei der Vom-Hundert-Rechnung dazu führen würde, daß man sich $\frac{1}{6}$ von 100 Schülern, also $16\frac{2}{3}$ Schüler vorzustellen hätte.

Vergleicht man die verschiedenen Deutungen der Prozentrechnung, so erscheint die Auffassung als Spezialfall der Bruchrechnung als begrifflich klarster und auch einfachster Zugang, insbesondere auch weil die zur Bestimmung des Prozentoperators notwendige Quotientenbildung beim Rechnen innerhalb *eines* Größenbereichs keinerlei Schwierigkeiten bereitet und weil die Verwendung von Operatorpfeilen eine einheitliche Darstellung der sogenannten drei Grundaufgaben ermöglicht (s. u.). Die Beschränkung auf *einen* Größenbereich und die direkte Bezugnahme auf die Bruchrechnung sprechen auch dafür, die Prozentrechnung direkt im Anschluß daran, also gegebenenfalls schon gegen Ende des 6. Schuljahrs, jedenfalls aber *vor* der Schlußrechnung zu behandeln[13] -.

Auch bei einem Verzicht auf das Rechnen mit gewöhnlichen Brüchen, den man aus Gründen der Stoffreduzierung z. B. für Hauptschulklassen erwägen könnte, bietet sich eine Behandlung der Prozentrechnung *ohne* Bezug zur Schlußrechnung an. Man könnte direkt an das Rechnen mit Dezimalbrüchen anknüpfen, und die Bestimmung eines (ganzzahligen) Prozentsatzes würde z. B. der Berechnung eines Quotienten auf genau zwei Dezimalstellen entsprechen[14].

Wir stützen uns im folgenden vor allem auf die Auffassung der Prozentrechnung als Spezialfall der Bruchrechnung, womit aber die von der Schlußrechnung her bekannten Lösungsverfahren für die praktischen Anwendungen nicht ausgeschlossen werden sollen.

4.2 Die Grundaufgaben und ihre Lösung

Entsprechend den bisherigen Überlegungen und den bisher diskutierten Begriffen ergeben sich drei Problemstellungen, auf die eine Sachaufgabe im Zusammenhang mit der Prozentrechnung führen kann. Man fragt nach dem *Prozentwert*, nach dem *Grundwert* oder nach dem *Prozentsatz*.

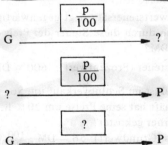

Dies sind die drei sogenannten *Grundaufgaben* der Prozentrechnung, deren Lösungen wir noch einmal zusammenstellen:

$$\text{Prozentwert} = \text{Grundwert} \cdot \frac{\text{Prozentsatz}}{100}$$

13 In bezug auf die Stoffanordnung besteht jedoch weder in den Schulbüchern, noch in den verschiedenen Richtlinien Einheitlichkeit. Vgl. auch Anmerkung 5 auf S. 98.
14 Zur Notwendigkeit der Bruchrechnung siehe jedoch F. Padberg, a. a. O., S. 15 ff.

$$\text{Grundwert} \ = \ \text{Prozentwert} \ \cdot \ \frac{100}{\text{Prozentsatz}}$$

$$\text{Prozentsatz} \ = \ \frac{\text{Prozentwert}}{\text{Grundwert}} \ \cdot \ 100$$

Hierbei ergibt sich der für die Bestimmung des Grundwertes benötigte Faktor $\frac{100}{p}$, wenn man nach dem zu $\boxed{\cdot \frac{p}{100}}$ gehörigen *Umkehroperator* fragt, durch den also P auf G abgebildet wird.

Die Lösung der dritten Grundaufgabe ergibt sich, wenn man zunächst den fehlenden Prozentoperator als Quotienten $\frac{P}{G}$ bestimmt (vgl. auch S.103) und diesen noch mit 100 multipliziert. Ist die Quotientengleichheit bei Proportionalitäten den Schülern bereits vertraut, so kann man auch direkt von der Quotientengleichung

$$\frac{P}{G} = \frac{p}{100}$$

ausgehen. Hierin sind zwar P und G Größen, p und 100 Zahlen. Jedoch gehören P und G demselben Größenbereich an. Also bezeichnet $\frac{P}{G}$ eine Zahl; denn es handelt sich um eine Division im Sinne des Einteilens oder Messens. Die Multiplikation beider Seiten mit 100 liefert also in der Tat den angegebenen Ausdruck für die Zahl p.

Wir geben je ein Beispiel für die drei Grundaufgaben an:

1. Der Mehrwertsteuersatz liegt gegenwärtig bei 12 %. Um wieviel erhöht sich durch diese Steuer der Preis eines Teppichs von netto 600,– DM?

   Mehrwertsteuer (Prozentwert): $600,- \text{ DM} \cdot \frac{12}{100} = 72,- \text{ DM}$

2. Ein Mantel ist im Schlußverkauf um 56,– DM billiger geworden. Das Geschäft hat seine Preise um 20 % herabgesetzt. Was hat der Mantel vorher gekostet?

   Alter Preis (Grundwert): $56,- \text{ DM} \cdot \frac{100}{20} = 280,- \text{ DM}$

3. Ein verheirateter Lehrer mit zwei Kindern verdient monatlich netto 2.280,– DM. Er bezahlt 450,– DM Miete für seine Wohnung. Wieviel Prozent seines Gehalts sind das?

   Quotient Miete/Gehalt
   (Prozentoperator): $\frac{450,- \text{ DM}}{2.280,- \text{ DM}} = 0{,}197 = \frac{19{,}7}{100}$
   Prozentsatz[15] : 19,7

15 Vgl. die Bemerkung S.120 zu den Begriffen Prozentsatz und Prozentzahl.

Bei der Formulierung der Grundaufgaben, nicht zuletzt wenn zu Übungs-
zwecken mehrere gleichartige Aufgaben gestellt werden, muß auf die getroffenen begrifflichen Unterscheidungen geachtet werden. Wir geben ein Beispiel, wie man es leider auch in neueren Schulbüchern immer wieder findet:
Berechne den Grundwert:

$$15\,\% \quad \text{sind} \quad 45\,\text{kg},$$
$$20\,\% \quad \text{sind} \quad 68,-\text{DM}$$
$$\ldots\ldots\ldots\ldots$$

Das Wort „sind" deutet üblicherweise eine Gleichsetzung an, hier werden also Zahlen (15%, 20%) mit Gewichten bzw. Geldwerten gleichgesetzt.
Es ist aber ohnehin problematisch, in dieser Weise Serien gleichartiger Aufgaben zu stellen. Sie blockieren die Möglichkeit, den mit einer Aufgabe angesprochenen Sachverhalt inhaltlich näher zu betrachten, so daß von Sachrechnen eigentlich nicht mehr gesprochen werden kann. Sie tragen aber auch
nichts zur Klärung des mathematischen Zusammenhangs bei, sondern bleiben bloße Rechenübungen, während die Schwierigkeiten der Prozentrechnung an ganz anderen Stellen liegen als bei der technischen Durchführung
immer gleicher Multiplikationen oder Divisionen.

4.3 Einführungsmöglichkeiten und Anwendungen

Das Wort „Prozent" und das Zeichnen „%" treten vielfach in der Umwelt
des Schülers auf. Man kann hier direkt anknüpfen und fragen: Was bedeutet
das?
Will man die Notwendigkeit oder zumindest die Zweckmäßigkeit der Prozentrechnung begründen, so stößt man auf das *Problem des Vergleichens*,
von dem aus sich ein direkter Zugang zur Thematik der Prozentrechnung ergibt, wie er auch in den meisten Schulbüchern gewählt wird.

Zwei Größen eines Größenbereichs lassen sich auf verschiedene Weisen miteinander vergleichen. Die bestehende Ordnungsrelation erlaubt zunächst
Aussagen wie:

$$1,40\,\text{m} < 1,48\,\text{m}.$$
Peter ist größer als Martin.

Dieser Vergleich läßt sich genauer fassen:

Peter ist *um 8 cm* größer als Martin.

Man bildet die Differenz $1,48\,\text{m} - 1,40\,\text{m} = 0,08\,\text{m}$, und wegen

$$1,40\,\text{m} + 0,08\,\text{m} = 1,48\,\text{m}$$

spricht man von einem *additiven* oder *absoluten Vergleich*.

Statt der Differenz zweier Größen kann man auch ihren Quotienten berechnen:

Ein guter Mercedes ist *doppelt* so schnell wie ein alter VW-Käfer.

Der Quotient könnte hierbei heißen $\frac{220 \text{ km/h}}{110 \text{ km/h}} = 2$, und wegen

$$2 \cdot 110 \text{ km/h} = 220 \text{ km/h}$$

spricht man von einem *multiplikativen* oder *relativen Vergleich*.

Bei den Problemstellungen, die auf die Prozentrechnung führen, sind beide Arten des Vergleichens miteinander verbunden:

Herr Müller hat in seinem Keller zwei Sorten Äpfel eingelagert: 25 kg einer Sorte A, 36 kg einer Sorte B. Nach einiger Zeit entfernt Herr Müller die verdorbenen Äpfel. Bei der Sorte A beträgt der Ausfall 5 kg, bei der Sorte B sind es 6 kg[16].

Hier hätte es keinen Sinn, additiv zu vergleichen, wenn man die *Haltbarkeit* der beiden Apfelsorten und nicht nur das Gewicht der jeweils verdorbenen Äpfel beurteilen will. Es kommt darauf an, wieviel jeweils eingelagert war und welcher Anteil dieser Menge verdorben ist. Man bildet also jeweils den Quotienten (das Verhältnis) von Ausfall und ursprünglichem Gewicht (multiplikativer Vergleich) und vergleicht dann die beiden Quotienten (additiver Vergleich). Die Quotienten sind Bruchzahlen. Unser Problem hat also auf den *Bruchvergleich* geführt. Für das obige Beispiel gilt:

Bei Sorte A ist $\frac{1}{5}$, bei Sorte B nur $\frac{1}{6}$ der eingelagerten Äpfel verdorben.

$$\frac{1}{5} > \frac{1}{6}$$

Sorte A ist weniger haltbar als Sorte B.

Ein solcher Bruchvergleich ist rechnerisch aufwendig, wenn die zu vergleichenden Brüche *sehr große Nenner* haben oder wenn *mehrere Brüche* miteinander zu vergleichen sind, so daß sich ein sehr großer Hauptnenner ergibt. Der Übergang zur Prozentrechnung besteht dann in der rein aus Gründen der Zweckmäßigkeit getroffenen Festlegung auf den einheitlichen Hauptnenner 100. Dabei sind zwei Gesichtspunkte zu beachten:

a) die Wahl eines *einheitlichen* Hauptnenners,
b) die Wahl der Zahl 100.

Der Nachteil, den man bei der Vereinheitlichung in Kauf nimmt, besteht darin, daß die zu bestimmenden Zähler unter Umständen nicht ganzzahlig

16 Vgl. H. Griesel/W. Sprockhoff (Hrsg.), Welt der Mathematik, 7. Schuljahr, Schroedel Verlag, Hannover 1975.

sind. Durch die Wahl der Zahl 100 wird dieser Nachteil ausgeglichen. Führt man nämlich die Quotientenbildung als schriftliche Division im vertrauten Zehner-System durch, so braucht man nur noch das Komma um zwei Stellen nach rechts zu versetzen, um den Prozentsatz zu finden. Dezimalzahlen lassen sich ja auf diese Weise unmittelbar in Hundertstel-Brüche umwandeln.

Bei der Einführung der Prozentrechnung kommt es also darauf an, solche Vergleichsprobleme mit den Schülern zu diskutieren, bei denen

1. von der Sache her allein der Bruchvergleich und nicht ein additiver Vergleich sinnvoll ist und bei denen
2. durch große Zahlen und insbesondere sehr viele zu vergleichende Brüche die Festlegung auf den gemeinsamen Nenner 100 gut motiviert ist.

Nicht immer ist jedoch die Entscheidung für die eine oder die andere Art des Vergleichen von der Sache her vorgegeben. Wie zu vergleichen ist, kann auch auf Vereinbarungen beruhen. Man denke nur an *Tordifferenz* und *Torverhältnis* als Vergleichskriterien bei verschiedenen Sportarten.

Wir nennen einige Einführungsbeispiele für die Prozentrechnung, wie sie in bekannten Schulbüchern verwendet werden:

Beim Schlußverkauf werden die Rabatte für verschiedene Artikel verglichen. Bei welchem Artikel ist der Nachlaß am größten?

Verschiedene Parkhäuser mit unterschiedlicher Anzahl von Stellplätzen sind unterschiedlich stark belegt. Bei welchem ist die Belegung am günstigsten?

Für mehrere Personen werden Spenden- bzw. Sparbeträge und Gehälter miteinander verglichen. Wer spendet am großzügigsten bzw. spart relativ am meisten?

Mehrere Schulklassen haben an einem Sportfest teilgenommen. Die Zahl der errungenen Urkunden wird mit der jeweiligen Klassenstärke verglichen. Welche Klasse hat am besten abgeschnitten?

Die Anteile von Weideflächen, Ackerland, Wald usw. an der Gesamtfläche werden für verschiedene Gemeinden verglichen.

Alle diese Beispiele weisen überzeugend auf sinnvolle Verwendungsmöglichkeiten für den relativen Vergleich hin. Man sollte aber beim Berechnen der Prozentsätze nicht vergessen, daß Fragen wie ,,Bei welchem Parkhaus ist die Belegung am günstigsten?" oder ,,Wer spendet am großzügigsten?" nicht eindeutig sind und daß das jeweilige Sachproblem oftmals sehr viel komplizierter sein kann. Die prozentuale Durchschnittsbelegung kann doch als Vergleichsmaßstab für die Wirtschaftlichkeit allenfalls dann dienen, wenn die

Herstellungs- und Unterhaltungskosten proportional zur Anzahl der Stellplätze sind. Wo ist das der Fall? Und ist Wirtschaftlichkeit angesichts der vom Verkehr geplagten Städte das allein entscheidende Kriterium? Oder: Wer wenig verdient, braucht einen relativ großen Anteil davon für den täglichen Bedarf an Kleidung, Ernährung oder Miete. Wer viel verdient, dem bleibt also auch relativ ein größerer Teil seines Gehalts zum Sparen oder für Spenden. Die so „objektiven" Prozentsätze liefern also nicht immer einen „gerechten" Vergleich.

Die Einführung der Prozentrechnung vom Problem des Vergleichens her hat zunächst auf die dritte der genannten Grundaufgaben, auf die Bestimmung des Prozentoperators bzw. des Prozentsatzes geführt. Erst danach treten die beiden anderen Aufgabenstellungen auf.

Dies ist aber methodisch kein Nachteil, da ja in der Regel die Bruchrechnung und im Zusammenhang damit die Bestimmung eines Bruchoperators vorausgehen. Wo diese Voraussetzung nicht gegeben ist, dürfte es einfacher sein, mit der Bestimmung des Prozentwerts zu beginnen.

Dabei ist wichtig, daß in den Sachaufgaben häufig nicht der Prozentwert P, sondern der um den Prozentwert P erhöhte oder verminderte Grundwert erfragt bzw. gegeben ist. Man hat also $G + P$ oder $G - P$ zu bestimmen bzw. aus einer solchen Größe und dem Prozentsatz den Grundwert G zu berechnen. Für den Schüler ist aber aus dem Text einer Aufgabe oft nicht leicht zu erkennen, welche Größe der Grundwert ist.

> Ein Radio für 220,– DM wird in einem Räumungsverkauf um 30 % im Preis gesenkt. Zu welchem Preis wird es verkauft?

Hier gibt es zwei Lösungsmöglichkeiten:

1. Die drei Größen

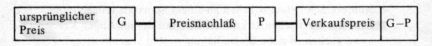

bilden einen Simplex. Man berechnet den Preisnachlaß

$$P = G \cdot \frac{p}{100} = 220{,}- \text{DM} \cdot \frac{30}{100} = 66{,}- \text{DM}$$

und bestimmt dann

$$G - P = 220{,}- \text{DM} - 66{,}- \text{DM} = 154{,}- \text{DM}$$

2. Ein Prozentoperator ist ein Bruchoperator auf einem Größenbereich, es gelten also die in Kapitel II allgemein hergeleiteten Gesetze und insbesondere die Distributivgesetze.

Demnach ist

$$G - P = G \cdot \frac{100}{100} - G \cdot \frac{p}{100} = G \cdot \frac{100 - p}{100}$$

$$= 220,- \text{DM} \cdot \frac{70}{100} = 154.- \text{DM}$$

Wir vergleichen diese Aufgabe und ihre Lösungswege mit einer auf den ersten Blick ganz gleichartigen Aufgabenstellung:

> Was würde das Radio zu 220,– DM ohne die 12 % Mehrwertsteuer kosten?

Wir haben ein Simplex gleicher Art:

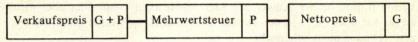

| Verkaufspreis | G + P | Mehrwertsteuer | P | Nettopreis | G |

Die dritte dieser Größen ist die Differenz der beiden ersten. Jedoch ist diese Differenz diesmal der Grundwert, auf den die 12prozentige Steuer erhoben wird. Man hat also analog zu den beiden oben angegebenen Lösungwegen

$$P = (G + P) \cdot \frac{p}{100 + p} = 220,- \text{DM} \cdot \frac{12}{112} = 23,57 \text{ DM},$$

$$G = (G + P) - P = 220,- \text{DM} - 23,57 \text{ DM} = 196,43 \text{ DM},$$

bzw. direkt

$$G = (G + P) \frac{100}{100 + p} = 220, \text{DM} \frac{100}{112} = 196,43 \text{ DM},$$

was rechnerisch oft sehr viel einfacher ist.

Die Wahl der falschen Größe als Grundwert ist eine besonders häufige Fehlerquelle bei den Anwendungen der Prozentrechnung, so daß man diesem Problem besondere Aufmerksamkeit schenken sollte. Dabei muß man sich bewußt machen, daß hier kein mathematisches oder gar rechnerisches Problem vorliegt, sondern daß der Schüler die genannten Schwierigkeiten nur in dem Maße überwindet, wie ihm der zugrundeliegende Sachverhalt vertraut ist. Die Einsicht in den *mathematischen* Zusammenhang und den davon abhängigen *Lösungsweg* läßt sich vielfach durch graphische Darstellungen unterstützen, z. B.:

Verkaufspreis

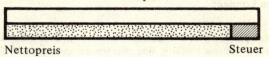

Nettopreis   Steuer

Daß aber der Nettopreis diejenige Größe ist, von der aus die 12prozentige

Steuer berechnet wird, beruht auf einer Kenntnis der Sache selbst, ohne die eine solche Zeichnung gar nicht erst möglich wäre[17].
Bei größeren Rechnungsbeträgen wird bei Barzahlung bzw. bei kurzfristiger Überweisung ein als *Skonto* bezeichneter Rabatt von 2 % oder 3 % des Rechnungsbetrages gewährt. Der ursprüngliche Rechnungsbetrag ist also der Grundwert.

Die sogenannte *Tara*, das Verpackungsgewicht, ist ein Prozentwert, der auf das *Bruttogewicht* als Grundwert bezogen ist und nicht auf das *Nettogewicht*, was ebenso denkbar wäre.

Solche Sachinformationen betreffen eine ganz andere Ebene als die Begriffe der Prozentrechnung selbst, und bei auftretenden Fehlern sollte man sich als Lehrer fragen, ob der Schüler den Sachverhalt nicht kennt oder noch nicht erfaßt hat oder ob er in der Tat die mathematischen Mechanismen der Prozentrechnung nicht beherrscht.

Wir wollen uns einigen weiteren Anwendungen der Prozentrechnung zuwenden. Neben dem bereits verwendeten Distributivgesetz

$$n\,g + m\,g = (n + m)\,g$$

gilt in Größenbereichen allgemein

$$m\,(\,n\,g) = (m \cdot n)\,g,$$
$$m\,(g_1 + g_2) = m\,g_1 + m\,g_2.$$

(Vgl. Kapitel II, S. 46)

Diese Gesetze gelten also auch, wenn Prozentoperatoren an die Stelle von m und n treten. Wir wollen die Anwendungsmöglichkeiten solcher Gesetze bei typischen Aufgabenstellungen der Prozentrechnung verdeutlichen:

1. Umsatz – Gewinn – Investition
   In einem Betrieb weiß man (aus Erfahrung bzw. aus der Analyse des Geschäftsablaufs während der vergangenen Jahre), daß nach Abzug aller Kosten etwa p_1 % des Jahresumsatzes als Gewinn G bleiben. Davon sollen (nach dem Willen des Eigentümers, der Geschäftsleitung, der Kapitalhalter) ca. p_2 % wieder in den Betrieb investiert werden. Wie hoch müßte der Jahresumsatz U sein, um für eine neue Maschine einen Betrag I investieren zu können?

---

17 Auf weitere graphische Darstellungsmöglichkeiten, wie sie in bezug auf Schluß- und Prozentrechnung äußerst vielfältig sind, werden wir in Kapitel VI in einem gesonderten Abschnitt zur Funktion graphischer Veranschaulichungen im Sachrechnen genauer eingehen. (Vgl. S. 205 ff.).

Es gilt:
$$G = U \cdot p_1 \%,$$
$$I = G \cdot p_2 \%,$$
$$\text{also } I = U \cdot p_1 \% \cdot p_2 \%$$
$$= U \cdot \frac{p_1 \cdot p_2}{100 \cdot 100}.$$

Um hier nun der Fragestellung gemäß nach U „aufzulösen" — der notwendige Umsatz ist erfragt, der Investitionsbetrag vorgegeben — sind nicht etwa schon Kenntnisse über Gleichungen erforderlich. Der Schüler weiß: Die Verkettung zweier multiplikativer Operatoren ($p_1 \%$ · $p_2 \%$) ist wieder ein solcher Operator, und dieser läßt sich umkehren. Somit erhält man:

$$U = I \cdot \frac{100 \cdot 100}{p_1 \cdot p_2}$$

2. Erzeugerpreis — Großhändlerpreis — Verkaufspreis

Großhändler und Einzelhändler haben je eine gewisse Gewinnspanne und gewisse Unkosten, wodurch eine Verteuerung der Ware verursacht wird. Ist E der Erzeugerpreis und sind p_1 und p_2 die Prozentsätze der Verteuerung bei Groß- bzw. Einzelhändler, so kann nach dem Verkaufspreis des betreffenden Artikels gefragt werden.

Es gilt:
$$V = E \cdot (1 + \frac{p_1}{100}) \cdot (1 + \frac{p_2}{100})$$

Wenn man statt $1 + \frac{p}{100}$ hier $\frac{100 + p}{100}$ schreibt, wird deutlich, daß dieselbe Gesetzmäßigkeit benutzt wird wie beim ersten Beispiel.

Bei Aufgaben dieses Typs ist es wichtig, mit den Schülern immer wieder zu diskutieren, welche Faktoren in Wirklichkeit zur Preisbildung beitragen und in den Aufgaben meist vernachlässigt werden. Wir nennen nur einige wenige: Transport, Versandkosten, Lagerung, Verlust bei verderblichen Waren, Steuern, Personalkosten usw.

3. Anwachsen der Lohnsumme eines Betriebes bei verschiedenen Formen der Anhebung von Löhnen und Gehältern.

Ein Betrieb hat 60 Beschäftigte (Lohn- und Gehaltsempfänger). Wie wirkt sich eine 5prozentige Lohn- und Gehaltssteigerung aus? Welche Mehrbelastung entsteht für den Betrieb?

Hier gibt es zunächst eine primitive Berechnungsmöglichkeit:

$$\text{Gehalt A} \cdot 5 \% + \text{Gehalt B} \cdot 5 \% + \ldots .$$

Der Zuwachs wäre für 60 Gehälter zu berechnen und zu addieren. Dabei müssen zunächst Lohnzahlungen (wöchentlich) und Gehaltszahlungen (monatlich), zuzüglich Weihnachtsgeld und dergl. auf Jahresgehälter umgerechnet werden.

Eine erste Vereinfachung ergibt sich, wenn man immer diejenigen Personen zu Gruppen zusammenfaßt, die dasselbe verdienen. Vielleicht gibt es in einem solchen Betrieb 10 bis 15 Personen, die alle gerade 1100,– DM monatlich verdienen, weitere 20 Personen mit 1400,– DM monatlich usw.. Da aber die Gehälter nicht nur von Gehaltsgruppen und Tätigkeitsmerkmalen abhängen, sondern auch von Alter, Kinderzahl und vielem mehr, ist das sehr unwahrscheinlich. Wegen der Gültigkeit des Distributivgesetzes (s. o.) gilt aber:

$$\text{Geh. A} \cdot 5\,\% + \text{Geh. B} \cdot 5\,\% + \dots$$
$$= (\text{Geh. A} + \text{Geh. B} + \dots) \cdot 5\,\%.$$

Man errechnet also die derzeit vom Betrieb aufzubringende *Lohnsumme* (der letzten Bilanz zu entnehmen) und wendet auf diese den Prozentoperator $\boxed{\cdot\ 5\,\%}$ an.

Gemäß unseren in Kap. I erhobenen Forderungen kann ein solches Problem in der Schule nicht abstrakt wie hier diskutiert werden, sondern nur vom konkreten Beispiel ausgehend. Wenn wir hier von einem Betrieb schlechthin und der anfallenden Lohnsumme sprechen oder in den vorangehenden Beispielen von Groß- und Einzelhandelspreis einer Ware, ohne dabei die Branche oder die spezielle Ware zu nennnen, so dient diese Abstraktion dazu, die Struktur der behandelten Aufgabentypen und die dabei angewendeten mathematischen Begriffe und Gesetze besonders hervorzuheben. Die im Abschnitt I.2 gesammelten Einwände gegen das traditionelle Sachrechnen verbieten es geradezu, die obigen Beispiele in der vorliegenden Form in den Unterricht zu übernehmen. Leider findet man jedoch auch in ganz neuen Schulbüchern immer noch Aufgabenmaterial, in dem in dieser abstrakten Weise von „einer Ware", „einem Kapital" usw. die Rede ist, so daß der Schüler in der Tat oft lange Berechnungen anzustellen hat, ohne zu wissen, worum es sich handelt oder was er sich bei seinen „Sachaufgaben" vorzustellen hat. Es ist aber für den Lehrer in der Regel nicht schwer, sich in solchen Fällen vom Buch zu lösen. Wir nennen nur kurz einige Materialien, die relativ leicht zu beschaffen sind, und aus denen sich fast von selbst eine ganze Fülle von hoch interessanten Sachaufgaben ergibt:

Warenhauskataloge mit ihren Preisen im Vergleich zu von Schülern beobachteten Einzelhandelspreisen,
Tabellen über Kraftfahrzeugversicherungstarife und Schadenfreiheitsrabatt,
Angaben über Fahrpreisermäßigungen bei der Bundesbahn,
der Flächennutzungsplan und zugehörige statistische Daten für eine Stadt,
die BAT-Tabelle nach letztem Stand,

A-Besoldung (Beamte, Lehrer) nach letztem Stand,
aber auch B-Besoldung (höhere Verwaltungsbeamte), R-Besoldung
(Richter), H- bzw. C-Besoldung (Hochschullehrer) zum Vergleich,
eine Liste von Berufen mit zugehörigen Gehaltsgruppen
(vom Postboten bis zum Ministerialdirigenten),
eine Liste von Industrie- und Handwerksberufen mit zugehörigem
Jahresdurchschnittsverdienst,
Angaben über übliche Zulagen, Ortszuschläge usw.,
Angaben über erforderliche Abgaben, wie z. B. Höhe des Sozialver-
sicherungsbeitrags (der zugehörige Arbeitgeberanteil fällt mit unter
die Lohnkosten, die zur Preisbildung beitragen),
Angaben über Bevölkerungszahl, Rohstoffvorkommen und Brutto-
sozialprodukt verschiedener Länder (der Tagespresse, Erdkundebü-
chern oder Atlanten zu entnehmen).

Ohne die Lösungen in jedem Fall auszuführen, erwähnen wir noch einige Va-
rianten der letzten Aufgabe, bei denen deutlich wird, daß Aufgaben der Prozentrechnung nicht so trivial und eintönig sein müssen, wie ihnen oft nach-
gesagt wird.

Welcher Mehraufwand des Arbeitgebers für die Sozialversicherung
entsteht, wenn eine 5-prozentige Lohn- und Gehaltssteigerung ein-
tritt?

Auch hier kann man mit einer Verkettung von Prozentoperatoren arbeiten.

Welche Mehrbelastung entsteht für den Betrieb, wenn eine Tarifver-
einbarung besagt: es werden 5 % mehr Lohn gezahlt, mindestens
aber ein monatlicher Zuschlag von 80,– DM?

Hier kann man nicht mehr von der Lohnsumme insgesamt ausgehen. Verschieden hohe Gehälter wachsen ja prozentual unterschiedlich stark an. Jedoch: 80,– DM sind 5 % von 1600,– DM. Also steigen alle Gehälter bis zu
1600,– DM monatlich um 80,– DM, die übrigen um 5 % des jeweiligen Gehalts. Man kann also alle Gehälter, die über 1600,– DM monatlich liegen,
wieder zu einer Lohnsumme zusammenfassen. Für die Berechnung der Mehr-
kosten insgesamt ist es erforderlich zu wissen,

1. wieviele Personen bis zu höchstens 1600,– DM monatlich verdienen und
2. wie hoch die Lohnsumme für die darüberliegenden Gehälter ist.

Wenn wir davon ausgehen, daß in dem gedachten 60-Personenbetrieb 32 Personen monatlich 1600,– DM oder weniger verdienen und daß die höheren
Gehälter monatlich zusammen 56.400,– DM betragen, so erhöht sich die

jährliche Lohnsumme insgesamt um

$$13 \cdot (80, - DM \cdot 32 + 56.400, - DM \cdot 5\%) = 69.940, - DM$$

Dabei ist mit 13 Monatsgehältern pro Jahr gerechnet, und alle Besonderheiten wie vor allem Steuern sind vorerst außer acht gelassen, so daß der errechnete Wert nur als grobe Schätzung angesehen werden kann. Bei einer Jahreslohnsumme von 1.259.700,– DM (vgl. die Tabelle auf S. 136) ergibt sich eine Steigerung um 5,6 %.

Die Auswirkung verschiedener Formen der Lohnsteigerung wird gut sichtbar, wenn man verschiedene Fälle und verschiedene Darstellungen im Koordinatensystem miteinander vergleicht:

Anstieg um 5 % des jeweiligen Gehalts:

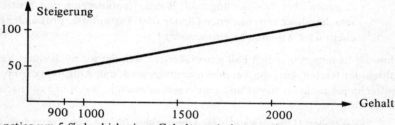

Anstieg um 5 % des bisherigen Gehalts, mindestens aber um 80,– DM:

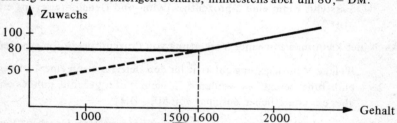

Man kann aber auch den Vergleich von altem und neuem Gehalt sichtbar machen:

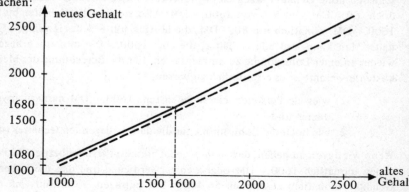

Die Skizze zeigt, wie sich die bestehenden Gehaltsunterschiede bei einer solchen Erhöhung ändern: Je 200,– DM, die jemand mehr als 1600,– DM verdient, wächst der Unterschied zu den unter dieser Grenze liegenden Gehältern um 10,– DM.

Wie verhält es sich, wenn für alle ein fester Zuschlag von 40,– DM gezahlt wird und *zusätzlich* eine prozentuale Erhöhung (bezogen auf das alte Gehalt)?

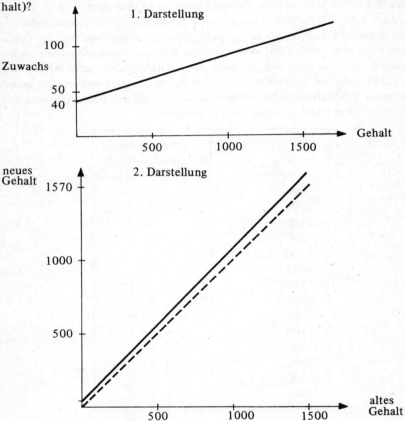

Die Kombination von prozentualer Steigerung oder Mindestbetrag, für die wir oben ein Zahlenbeispiel gegeben haben, tritt in der Praxis sehr häufig auf. Wir wollen diese Möglichkeit abschließend noch in bezug auf eine etwas andere Fragestellung betrachten:

In einer Verhandlung verlangt die Gewerkschaft einen Mindestzuwachs von 80,– DM monatlich. Der Arbeitgeber möchte die Stei-

gerung der Lohnkosten auf 6 % der bisherigen Jahreslohnsumme
begrenzen. Welchen prozentualen Zuwachs (für die höheren Gehälter) kann er zugestehen?

Das Problem beschreibt im kleinen, nämlich für einen einzelnen Betrieb, ein
typisches Beispiel für Sachfragen in einer Tarifverhandlung, und die Fragestellung scheint auf den ersten Blick in der Tat nur eine Umkehrung des obigen Zahlenbeispiels zu sein. Versucht man, sie zu beantworten, so zeigt sich
jedoch bald, daß dafür sehr viel genauere Informationen erforderlich sind als
bei der ersten Aufgabe. Es genügt nicht, pauschal anzugeben, wieviele Personen höchstens 1600,– DM verdienen und wie hoch die Lohnsumme für die
übrigen ist. Man muß hier vielmehr die *Verteilung* der Gehälter, d. h. die
Häufigkeiten, mit denen die verschieden hohen Gehälter vorkommen, genau
kennen. Tabellarisch zusammengefaßt und jeweils auf 100,– DM gerundet
könnte eine solche Verteilung etwa so aussehen:

Gehalt	Anzahl der Beschäftigten
900	3
1000	5
1100	4
1200	6
1300	1
1400	4
1500	1
1600	8
1700	1
1800	2
1900	9
2000	8
2200	6
2400	2

Mit einer solchen Tabelle sind im Zusammenhang mit der Prozentrechnung
unversehens Methoden der beschreibenden Statistik angesprochen, zu denen
es auch sonst zahlreiche Querverbindungen gibt. (Vgl. Abschnitt V. 1.3,
S. 188 ff.) Der Leser versuche aber zunächst einmal selbst, die aufgeworfene
Frage zu beantworten und überzeuge sich davon, daß unser Problem durch die
Umkehrung der Fragestellung unerwartet schwieriger geworden ist und daß
die in der Tabelle gemachten Angaben wirklich erforderlich sind.

Eine elementare Lösungsmöglichkeit besteht in einem Probierverfahren, bei dem man von einem zu hohen und einem zu niedrigen Prozentsatz für die lineare Erhöhung ausgeht und den geeigneten Wert schrittweise annähert. Es wäre z. B. 6% zu hoch, weil dann durch den Mindestbetrag die Beschränkung des Gesamtzuwachses auf 6% der Jahreslohnsumme überschritten würde, und es wäre z. B. 3% zu niedrig, da wegen 2400,– DM · 3% = 72,– DM dann auch für die höchsten Gehälter die prozentuale Erhöhung noch unter dem Mindestbetrag bleiben würde. Bei der Annäherung an einen geeigneten Wert sind jedoch für jeden zu prüfenden Prozentsatz

die Gehaltshöhe, von der ab die prozentuale Erhöhung und nicht mehr der Mindesbetrag in Frage kommt,

die Zahl der Arbeitnehmer, deren Gehalt unter dieser Grenze liegt,

sowie die Jahreslohnsumme für die übrigen Arbeitnehmer

jeweils neu zu bestimmen.

4.4 Promillerechnung

In einzelnen Sachbereichen treten sehr kleine Prozentsätze auf, und es ist üblich, die Hundertstel-Brüche der Prozentrechnung durch Brüche mit dem Nenner 1000 zu ersetzen. Statt mit

$$0,1\ \% \ = \ \frac{0,1}{100} \ = \ 0,1\ Prozent$$

arbeitet man mit

$$1\ ^0/_{00} \ = \ \frac{1}{1000} \ = \ 1\ Promille.$$

Das Zeichen $^0/_{00}$ für Promille ist analog zum Zeichen % für Prozent gebildet, und auch die auftretenden Begriffsbildungen, Aufgabenstellungen und Lösungsmöglichkeiten sind zu denen der Prozentrechnung völlig analog. Die Argumente, die in der Prozentrechnung für das Arbeiten mit Bruchoperatoren als einfachstem mathematischen Zugang sprechen, gelten für die Promillerechnung entsprechend, obwohl es auch hier ältere Sprechweisen gibt, die auf andere Deutungen des begrifflichen Hintergrunds der Promillerechnung hinweisen.

So wird z. B. bei Versicherungen, statt kurz von ,,1,5 $^0/_{00}$ der Versicherungssumme'' zu sprechen, oft noch ausführlich formuliert. Für eine Hausrat-Versicherung könnte es heißen:

Die Jahresprämie beträgt 1,50 DM je (pro) 1000 DM der Versicherungssumme.

Bei derartigen Formulierungen, die sich auch in heute weniger gebräuchlichen Abkürzungen wie p. m. (pro mille) oder v. T. (vom Tausend) widerspiegeln, wird die Promillerechnung als Arbeiten mit speziellen Propor-

tionalitäten aufgefaßt, und zwar ganz analog zur Auffassung der Prozentrechnung als Vom-Hundert-Rechnung (Vgl. S. 121 ff.):

Dem Grundwert 1000,– DM ist der Promillewert 1,50 DM zugeordnet.

Für einen Hausrat mit dem geschätzten Neuwert von 60.000,– DM wären
also als jährliche Prämie 60 · 1,50 DM = 90,– DM zu zahlen. Die Lösung
ergibt sich in einem so einfachen Fall durch Vervielfachung der einander
zugeordneten Geldbeträge. Bei Anwendung der Bruchrechnung hätte man
demgegenüber zu rechnen:

$$60.000,- \text{ DM} \cdot \frac{1,5}{1000} = 90,- \text{ DM}.$$

Die *Einführung* des Begriffs Promille im Unterricht wird in der Regel nicht
wie bei der vorausgehenden Prozentrechnung vom Problem des Vergleichens her erfolgen. Vielmehr wird man beim Auftreten des Zeichens $^0/_{00}$
oder des Wortes Promille in außerschulischen Bereichen anknüpfen. Wichtige und bekannte Beispiele dafür sind Angaben über die zulässige Höhe des
Blutalkohol-Gehalts bei Kraftfahrern oder – wie bereits erwähnt – über die
Höhe der Jahresprämie für eine Versicherung. Beide Beispiele sind zugleich
Stichworte für sehr komplexe Sachzusammenhänge, an denen der Unterricht
nicht vorbeigehen sollte, auch wenn sie eigentlich nur fächerübergreifend in
befriedigender Weise geklärt werden können: Beim Blutalkohol-Gehalt sind
gleich drei Problemkreise angesprochen: die Fragen der Verkehrssicherheit,
die Problematik des Alkoholmißbrauchs und nicht zuletzt die einschlägigen
biologisch medizinischen Vorgänge. Beim Versicherungswesen geht es um
die grundsätzliche Frage, wie in unserer Gesellschaft versucht wird, die ver-
schiedenartigsten Risiken auszugleichen, indem man sie auf viele verteilt. Es
ist lohnend, dieses Prinzip mit einer Schulklasse zu diskutieren, und zwar
auch dann, wenn die hier indirekt mit angesprochenen Probleme der Statistik und Wahrscheinlichkeitsrechnung noch nicht voll geklärt werden können.

5. Zinsrechnung

5.1 Die Begriffe der Prozentrechnung in der Zinsrechnung – der Zeitfaktor

Die sogeannte Zinsrechnung ist im wesentlichen ein Spezialfall der Prozentrechnung. Die Spezialisierung liegt in der Festlegung auf den einen Größen-

bereich der Geldwerte und ist verbunden mit der Verwendung einer besonderen Terminologie:

Grundwert	Kapital K
Prozentwert	Zinsen (für ein Jahr) Z
Prozentsatz p	Zinssatz p

Der Zinssatz wird auch als „Zinsfuß" bezeichnet, gelegentlich versteht man
darunter allerdings auch $\frac{p}{100}$ = p %. Wie bei der Prozentrechnung so ist auch
hier die Terminologie nicht einheitlich.

Neu im Vergleich zur Prozentrechnung ist jedoch, daß auch der Zeitraum
der Verzinsung eines Kapitals berücksichtigt werden muß. Die Zinsen für ein
Jahr sind also stets noch mit einem Faktor n – oft auch mit i oder t bezeichnet – nämlich der in Jahren gemessenen Zeit zu multiplizieren. Zur Verdeutlichung des Bezugszeitraums von einem Jahr verwendet man im Bankwesen
auch die Abkürzung „p. a.":

p % p. a. ——————— p % per annum

Somit erbringt ein zu p % p. a. angelegtes Kapital K nach einem Jahr die Zinsen

$$Z = K \cdot \frac{p}{100} .$$

In n Jahren erhält man

$$Z = K \cdot \frac{p}{100} \cdot n.$$

Meist werden aber die Zinsen für kürzere Zeiträume berechnet, nämlich für
Monate (M) oder Tage (T). Es ist banküblich, dabei einheitlich mit 360 Tagen pro Jahr und 30 Tagen pro Monat zu rechnen. Für die Zahl n der Jahre
gilt also, falls n < 1:

$$n = \frac{M}{12} \quad \text{bzw.} \quad n = \frac{T}{360} .$$

5.2 Elementare Beispiele – Führung eines Girokontos

Die Zinsen für ein Kapital von 6000,– DM betragen bei einem Zinssatz p = 5
nach 6 Monaten und 10 Tagen

$$Z = 6000,- \text{DM} \cdot \frac{5}{100} \cdot \left(\frac{6}{12} + \frac{10}{360}\right).$$

Vom 14. 2 bis zum 20. 8. eines Jahres sind es 6 Monate und 6 Tage, bank-
technisch also 186 Tage. Man berechnet die Zahl der Tage in dieser Weise,
auch wenn wie im genannten Beispiel der Monat Februar mit nur 28 Tagen
in die fragliche Periode fällt. Ganz generell werden alle Monate als Zeitabschnitte von 30 Tagen behandelt:

Buchungstag	Anzahl der Tage bis zur nächsten Buchung
18. 1. 3. 2. 15. 3.	15 42

Bei den angegebenen Beispielen rechnet man:

$$12 \text{ Januar-Tage} \; + \; 3 \text{ Februar-Tage} \; = \; 15 \text{ Tage}$$
$$27 \text{ Februar-Tage} \; + \; 15 \text{ März-Tage} \; = \; 42 \text{ Tage}$$

Wenn wir vom Zeitfaktor absehen, so entspricht die Berechnung der Zinsen der Berechnung des Prozentwertes. Aber auch die übrigen sogenannten *Grundaufgaben* der Prozentrechnung können in der Zinsrechnung auftreten, z. B.:

> Wie hoch muß ein Kapital sein, wenn man bei 6-prozentiger Verzinsung jährlich 24.000,– DM (bzw. 2.000– DM monatlich) abheben möchte, ohne das Kapital selbst anzugreifen?

Die Berechnung des Kapitals entspricht der Berechnung des Grundwerts in der Prozentrechnung.

Und analog:

> Wie hoch ist der Zinssatz, wenn jemand bei einem Guthaben von 50.000,– DM auf einem Sparkonto jährlich 3.500,– DM an Zinsen erhält und abhebt?

Die Berechnung des Zinssatzes – auf ein Jahr bezogen – entspricht der Berechnung des Prozentsatzes.

Bei der Aufgabenstellung für den Schüler ist, um Verfälschungen zu vermeiden, bei den elementaren Anwendungen der Zinsrechnung darauf zu achten, daß das regelmäßige Abheben der Zinsen sinnvoll motiviert ist. Man kann dies schwerlich ohne Begründung festlegen noch die sonst auftretenden Zinseszinsen ignorieren, die sich automatisch ergeben, wenn anfallende Zinsen dem Konto gutgeschrieben werden.

Dies geschieht je nach Art des Kontos bei Quartals- oder Jahresende. Genau genommen hätte man also in der obigen Aufgabe statt vom *jährlichen* Abheben der Zinsen vom Abheben *nach Ablauf eines Kalenderjahres* sprechen müssen.

Bei einem *Girokonto* wechselt nun das Guthaben (Kapital) durch laufende Last- und Gutschriften ständig. Die Bank muß üblicherweise bei Quartals-

schluß die Zinsen berechnen, und zwar tageweise wegen der ständig wech-
selnden Kontostände. Die Rechnung könnte dadurch sehr umfachreich
werden, jedoch ergibt sich aus einer einfachen Umformung, die im wesentlichen auf der Anwendung des Distributivgesetzes beruht, eine deutliche
Vereinfachung:
Der Zinssatz p sei fest. Die einzelnen Kontostände bezeichnen wir mit K_1,
$K_2 \ldots$ und die Anzahl der Tage, für die jeweils ein Kontostand gilt, entsprechend mit $T_1, T_2 \ldots$. Zu berechnen ist

$$Z = K_1 \cdot \frac{p}{100} \cdot \frac{T_1}{360} + K_2 \cdot \frac{p}{100} \cdot \frac{T_2}{360} + \ldots,$$

und es gilt

$$Z = \frac{\dfrac{K_1 \cdot T_1}{100} + \dfrac{K_2 \cdot T_2}{100} + \ldots}{\dfrac{360}{p}}$$

In diesem Ausdruck ist $\frac{360}{p}$ ein für jeden Zinssatz fester Divisor. der sogenannte *Zinsdivisor.* Die im Zähler auftretenden Summanden $\frac{K_i \cdot T_i}{100}$ sind die
Zinszahlen, die aus den laufenden Buchungen bzw. Tagesauszügen besonders
leicht zu errechnen sind:
Bei der Berechnung der Zinszahlen wird in zweifacher Weise vereinfacht:
Zunächst werden die Pfennigbeträge der jeweiligen Kontostände *gestrichen,*
und dann werden die sich ergebenden Werte noch wie üblich auf ganze Zahlen gerundet:

Kontostand	Tage	Zinszahl
1.876,80	17	$\frac{1876 \cdot 17}{100} \approx 319$

Zu beachten ist der Wechsel von einem Guthaben zu einem Schuldsaldo;
denn die Zinssätze für Soll und Haben unterscheiden sich in der Regel erheblich.

Der Zinssatz für Guthaben beträgt meist nur p = 0,5 während Schulden gegenwärtig mit 8 % verzinst werden. Die Zinszahlen werden daher gemäß der
obigen Formel für Haben- und Sollzinsen jeweils gesondert berechnet und
aufsummiert:

Will man aber die Quartalsabrechnung seiner Bank kontrollieren, so braucht
man allerdings einen Taschenrechner; denn wie die nachfolgende Abbildung
zeigt, werden nur die Summen der Zinszahlen — getrennt nach Soll und Haben — ausgewiesen, so daß immer noch einige Rechenarbeit verbleibt.

```
ZINSABRECHNUNG PER 10.12.77   BLATT   1                    30-087864
----------------------------   LETZTE AERECHNUNG 30.09.77   ---------

0,5000% HABEN-ZINS. A/ZINSZ.      3791                      5,26
8,0000% SOLL-ZINS.  A/ZINSZ.       81              1,80-


AUSLAGENERSATZ                                     40,82-

                       ABSCHLUSSPOSTEN            37,36-*
```

Bei der Bank übernimmt ein Computer die Rechenarbeit. Eine Vereinfachung der Berechnung durch die angegebene Umformung und die Verwendung der Zinszahlen ist aber auch heute noch von Bedeutung. Bedenkt man nämlich, daß für viele Tausende von Konten jeweils zum gleichen Zeitpunkt die Zinsen zu berechnen sind, so bedeutet jede Vereinfachung der Rechnung eine Einsparung kostspieliger Rechenzeit bei der elektronischen Datenverarbeitung.

5.3 Zinseszinsen

Bei Sparkonten wird in der Regel jeweils am Jahresende abgerechnet. Werden die Zinsen nicht abgehoben, sondern bei Jahresende dem Konto gutgeschrieben, so wächst ein Kapital K_0 um $K_0 \cdot \frac{p}{100}$ auf insgesamt

$$K_1 = K_0 \cdot (1 + \frac{p}{100}).$$

Wird kein Geld abgehoben, so hat man entsprechend nach zwei Jahren

$$K_2 = K_1 + K_1 \cdot \frac{p}{100} = K_1 \cdot (1 + \frac{p}{100}) = K_0 \cdot (1 + \frac{p}{100})^2.$$

Die Zinsen des Vorjahres werden also mit verzinst. Deshalb spricht man von *Zinseszinsen*. Nach n Jahren erhält man

$$K_n = K_0 \cdot (1 + \frac{p}{100})^n.$$

Der Faktor $r = 1 + \frac{p}{100}$, um den das Kapital jährlich wächst, wird als *Zinsfaktor* bezeichnet.

Das jährliche Anwachsen des Kapitals um diesen Faktor wird bei Winter/Ziegler in der folgenden Weise veranschaulicht[18]:

18 Vgl. H. Winter/Th. Ziegler (Hrsg.), Neue Mathematik, Bd. 7, Schroedel Verlag, Hannover 1971.

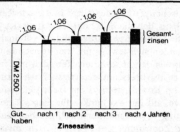

Betrachtet man größere Zeiträume, so wird die Auswirkung der Zinseszinsen deutlicher. Die folgende Tabelle sowie die Darstellung im Koordinatensystem zeigen für größere Zeitabschnitte das starke Anwachsen des Kapitals durch Zinseszinsen im Vergleich zur einfachen Verzinsung, wie sie sich beim regelmäßigen Abheben der Zinsen ergeben würde. (Vgl. auch Abschnitt V, 1.2, S. 182 ff.)

Anwachsen eines Kapitals von 1000,– DM
bei einer Verzinsung zu 6 %

Zahl der Jahre	Guthaben bei	
	einfacher Verzinsung	Verzinsung mit Zinseszinsen
1	1060,–	1060,–
2	1120,–	1123,60
3	1180,–	1191,02
4	1240,–	1262,48
5	1300,–	1338,23
10	1600,–	1790,85
15	1900,–	2396,56
20	2200,–	3207,14
25	2500,–	4291,87
30	2800,–	5743,49

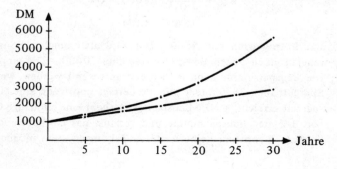

Ohne auf die mathematischen Zusammenhänge in diesem Rahmen näher eingehen zu können, merken wir noch an, daß die Folge der Guthaben (K_n) bei Verzinsung mit Zinseszinsen eine sogenannte *geometrische Folge* bildet. Aufeinanderfolgende Glieder dieser Zahlenfolge unterscheiden sich jeweils um den konstanten Faktor r. Die Probleme der Zinsrechnung sind in der Regel so beschaffen, daß mit festen Zeitabschnitten gerechnet wird, daß man es also stets mit derartigen Folgen zu tun hat. Angesichts der graphischen Darstellung im Koordinatensystem stellt sich jedoch auch für den Schüler die Frage nach der Kurve, auf der die Punkte für eine solche Folge liegen. Dies führt auf die „stetige Verzinsung" bzw., mathematisch gesehen, auf eine sogenannte *Exponentialfunktion* mit der Zuordnung $x \rightarrow f(x) = a^x$. Die meisten Banken arbeiten intern, d. h. in ihren Datenverarbeitungssystemen, durchaus mit einer solchen Verzinsung „ohne Sprünge", was aber aus den Tabellen und Materialien, die der Kunde einsehen kann, nicht ersichtlich ist.

Die Potenzen des Zinsfaktors $r = 1 + \frac{p}{100}$ sind mühsam zu berechnen. Man hat sie deshalb für alle in der Praxis auftretenden Werte von p in Tabellen erfaßt, wie sie z. B. in den handelsüblichen Logarithmentafeln enthalten sind.

Die Zinseszinsformel

$$K_n = K_0 \cdot r^n$$

läßt sich rein rechnerisch nach K_0, nach r oder nach n auflösen. In der Praxis sind allerdings n und r meist vorgegeben, während die Berechnung von K_0 — als *Diskontieren*, *Abzinsen* oder auch als Berechnung des sogenannten *Barwerts* bezeichnet — durchaus wichtig ist.

$$K_0 = \frac{1}{r^n} \cdot K_n$$

Ein Erbteil von 28 000,– DM wird nach 6 Jahren fällig. Welcher Betrag wäre bei sofortiger *Ablösung* der Verpflichtung auszuzahlen, wenn man mit einer Verzinsung von 7 % p. a. rechnet?

Zu zahlen ist derjenige Betrag, der in 6 Jahren gerade auf die dann fällige Summe von 28 000,– DM anwachsen würde. Man errechnet für den Barwert:

$$K_0 = \frac{1}{1,07^6} \cdot 28\,000,\text{– DM}$$
$$= 18\,657,58 \text{ DM}$$

Ein Lottogewinn von 5 500,– DM wird als einmalige Sonderzahlung in einen neuen Bausparvertrag über 20 000,– DM eingezahlt. Die Bausparsumme kann jedoch erst ausgezahlt werden, wenn das Sparguthaben 35 % dieser Summe beträgt und wenn eine Mindestsparzeit erreicht ist. Die Bausparkasse erhebt eine einmalige Gebühr von 1 % der Bausparsumme und verzinst das Guthaben mit 3 % jährlich. Wenn nun keine weiteren Zahlungen mehr möglich sind, wie lange dauert es, bis der Vertrag durch die anfallenden Zinsen in ausreichendem Maße „angespart" ist?

Es ist r = 1,03. Als erstes Guthaben hat man

$$5\,500,-\text{ DM} \quad -\quad 20\,000,-\text{ DM} \cdot 1\ \% = 5\,300,-\text{ DM}.$$

Das Guthaben K_n muß $20\,000,-$ DM $\cdot 35\ \%$, also $7\,000,-$ DM betragen, und es gilt:

$$r^n = \frac{K_n}{K_0}$$

$$n \log r = \log \left(\frac{K_n}{K_0} \right)$$

$$n = \frac{\log K_n - \log K_0}{\log r}$$

$$n = \frac{3,8451 - 3,5798}{0,0128}$$

$$\approx 9,4$$

Nach nicht ganz $9\frac{1}{2}$ Jahren wäre der notwendige Betrag erreicht, und die Mindestsparzeit von in der Regel 2 Jahren würde hier keine Rolle spielen.

Man kann eine Aufgabe dieses Typs durchaus auch stellen, wenn die Schüler mit Logarithmen noch nicht vertraut sind. Man muß dann die Lösung mit Hilfe der ursprünglichen Zinseszinsformel $K_n = K_0 \cdot r^n$ unter Verwendung einer Zinseszinstabelle bestimmen oder die verschiedenen Potenzen von r mit Hilfe eines Taschenrechners bilden, um so durch Probieren zu finden, wie groß n sein muß.

Im Anschluß an diese Beispiele wollen wir noch einmal hervorheben, daß *Zinseszinsen als Buchung* im normalen Bankverkehr nie in Erscheinung treten, da die anfallenden Zinsen entweder abgehoben oder dem Konto gutgeschrieben werden, so daß sie dann normal mitverzinst werden. Die Formeln der Zinseszinsrechnung haben also ihre Bedeutung immer nur im Zusammenhang mit Vorausberechnungen der einen oder anderen Art.

Bei längerfristigen Darlehen, Hypotheken, Bausparverträgen usw. werden die Zinsen meist jährlich berechnet. Demgegenüber wird bei einem Girokonto meist vierteljährlich abgerechnet. Die Zinsen werden in kürzeren Abständen dem Konto gutgeschrieben, und das bedeutet, daß bei normaler Berechnung der Zinsen und bei gleichem Zinssatz ein Guthaben auf einem Girokonto schneller wachsen würde als auf einem sonstigen Konto. Wir vergleichen:

Bei 6-prozentiger Verzinsung wachsen $1\,000,-$ DM in einem Jahr auf $1\,060,-$ DM an, nämlich auf

$$1\,000,-\text{ DM} \cdot 1,06.$$

Nach einem Vierteljahr, einem *Quartal*, hätte man

$$1\,000,- \text{DM} \cdot 1,015 = 1015,- \text{DM},$$

jedoch nach vier Quartalen

$$1\,000,- \text{DM} \cdot 1,015^4 = 1\,061,36 \text{ DM}.$$

Wie erwähnt werden jedoch Guthaben auf Girokonten meist nur mit 0,5 % verzinst.

5.4 Raten- und Rentenzahlungen

Bei Sparverträgen, beim Bausparen, bei Ratenzahlungen und in vielen ähnlichen Fällen wird nicht ein festes Kapital verzinst bzw. diskontiert, sondern es werden regelmäßig Zahlungen geleistet. Wir betrachten als einfachstes Beispiel zunächst den Fall einer jährlichen Sparrate R und fragen nach dem Kapital, das sich nach n Jahren ansammelt, wenn die Einzahlungen *vorschüssig*, d. h. zu Beginn eines jeden Jahres geleistet werden. Der Zinsfaktor sei r.

Für die Verzinsung der einzelnen Raten ergibt sich:
  Die 1. Rate wird n Jahre lang verzinst,
  die 2. Rate n − 1 Jahre lang
  usw.
Wir können das in der folgenden Weise veranschaulichen:

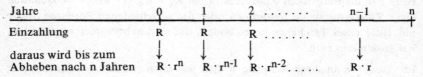

Insgesamt hat man nach n Jahren auf dem Konto also

$$K_n = R \cdot r^n + R \cdot r^{n-1} + R \cdot r^{n-2} + \ldots + R \cdot r^2 + R \cdot r$$

$$= R \cdot (r^n + r^{n-1} + r^{n-2} + \ldots + r).$$

Die hier in der Klammer auftretende *Summe einer endlichen geometrischen Reihe* läßt sich leicht berechnen. Wenn wir sie in einer kurzen Zwischenüberlegung mit S bezeichnen, so haben wir:

$$S = r^n + r^{n-1} + \ldots + r^2 + r$$

$$r \cdot S = r^{n+1} + r^n + r^{n-1} + \ldots + r^2$$

Als Differenz erhält man

$$r \cdot S - S = (r - 1) \cdot S = r^{n+1} - r$$

und somit

$$S = \frac{r^{n+1} - r}{r - 1} = r \cdot \frac{r^n - 1}{r - 1}.$$

Für das zu berechnende Endkapital ergibt sich also

$$K_n = R \cdot r \cdot \frac{r^n - 1}{r - 1}.$$

Bei *Ratenzahlungen* werden die Zahlungen vielfach *nachschüssig*, d. h. am Ende eines Jahres bzw. des jeweils vereinbarten, meist kürzeren Zeitintervalls geleistet.

Bei kürzeren Zeiteinheiten ist dann r entsprechend zu bestimmen, z. B. für monatliche Raten als $r = 1 + \frac{p}{100} \cdot \frac{1}{12}$. Man beachte aber, daß sich dann bei Umrechnung auf ein Jahr ein höherer Zinssatz als p ergibt.

Wenn wir eine erste Anzahlung als K_0 bezeichnen, so wird jede Rate R im Vergleich zur obigen Berechnung des Endkapitals also ein Jahr bzw. eine Zeiteinheit weniger verzinst, und das bedeutet: der Faktor r tritt in jedem Summanden einmal weniger auf.

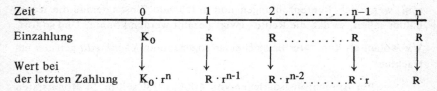

Mit Zinseszinsen zu p % wächst also der Wert aller Zahlungen bei n Raten auf insgesamt

$$K_n = K_0 \cdot r^n + R \cdot \frac{r^n - 1}{r - 1}.$$

Wie ergibt sich nun umgekehrt die Mindesthöhe der Raten bzw. der Anzahlung, wenn P der Preis der gekauften Ware ist und wenn man davon ausgeht, daß der Händler selbst den Betrag P bei seiner Bank mit p-prozentiger Verzinsung aufnimmt. Der Zinsfaktor, bezogen auf die für die Ratenzahlungen vereinbarte Zeiteinheit, sei wiederum r. Wird eine Anzahlung K_0 geleistet, so braucht der Händler natürlich nicht den gesamten Preis P sondern nur die Differenz $P - K_0$, die wir mit P_0 bzeichnen wollen, bei seiner Bank aufzunehmen. Die n Raten sind dann so zu bemessen, daß ihr Wert einschließlich der letzten Zahlung, also nach n Zeiteinheiten gerade auf denselben Wert angewachsen ist wie P_0, wobei natürlich für die Verzinsung von P_0 und für die Raten mit demselben Zinssatz p zu rechnen ist. Es muß also gelten:

$$P_0 \cdot r^n - R \cdot \frac{r^n - 1}{r - 1} = 0$$

So wie hier die Schuld P_0 durch die regelmäßigen Ratenzahlungen gemindert und schließlich getilgt wird, so wird umgekehrt auch ein vorhandenes Kapital durch regelmäßige Abhebungen schrittweise gemindert, wenn die Abhebungen größer sind als die anfallenden Zinsen. Dies ist bei *Rentenzah-*

lungen oft der Fall. Wird die Rente R wie eine Rate *nachschüssig* gezahlt, also am Ende eines jeden Zeitintervalls, z. B. eines Jahres, so gilt für das nach n Jahren noch verbleibende Kapital ganz entsprechend

$$K_n = K_0 \cdot r^n - R \cdot \frac{r^n - 1}{r - 1},$$

und bei vorschüssiger Rentenzahlung

$$K_n = K_0 \cdot r^n - R \cdot r \cdot \frac{r^n - 1}{r - 1}.$$

Die Fragestellungen, die hier von Interesse sind, lauten dann: Wie hoch muß das Kapital sein, wenn n Jahre lang eine Rente einer bestimmten Höhe gezahlt werden soll? Oder: Wie hoch kann die Rente sein, wenn K_0 gegeben ist und die Rente n Jahre gezahlt werden soll? Wie hoch muß das Kapital sein, wenn sich Rentenzahlungen und anfallende Zinsen gerade die Waage halten sollen, so daß die Rente „ewig" gezahlt werden könnte? Und so fort.

Wir wollen als konkretes Beispiel einen sogenannten *Kleinkredit* genauer betrachten:

> Ein Anschaffungsdarlehen von 4000,– DM soll in 24 Monatsraten zurückgezahlt werden. Die Verzinsung wird mit 0,3 % *monatlich* angegeben. Die einmalige Bearbeitungsgebühr beträgt 2 % des Darlehensbetrages.
> Wie hoch müssen die Raten sein, und was kostet der Kredit insgesamt?

Die Raten werden nachschüssig gezahlt. Es soll ja der volle Darlehensbetrag zunächst ausgezahlt werden, und erst nach einem Monat sollen die Rückzahlungen beginnen. Aus der oben für diesen Fall hergeleiteten Formel erhält man unmittelbar

$$R = P_0 \cdot r^n \cdot \frac{r - 1}{r^n - 1}.$$

Dabei ist für unser Beispiel

$$P_0 = 4000,- \text{DM} + 4000,- \text{DM} \cdot 2\%$$
$$= 4080,- \text{DM},$$

nämlich die Summe von Darlehensbetrag und Gebühr. Also ergibt sich:

$$R = 4080,- \text{DM} \cdot 1,003^{24} \cdot \frac{1,003 - 1}{1,003^{24} - 1}$$
$$= 176,45 \text{ DM}.$$

Die Kreditkosten insgesamt betragen

$$24 \cdot 176,45 \text{ DM} - 4000,- \text{ DM} = 234,80 \text{ DM}.$$

Trotz allen modernen Rechenmaschinen, mit denen diese Zahlen leicht zu ermitteln sind – schon ein Taschenrechner genügt –, wird in der Praxis gerade bei solchen Krediten meist mit einem einfacheren Verfahren gearbeitet, das wir zum Vergleich erläutern wollen. Man rechnet mit einem sogenannten *Laufzeitzinssatz*, und zwar in der folgenden Weise:

$$\text{Zinsen für 24 Monate: } 4000,- \text{ DM} \cdot \frac{0,3}{100} \cdot 24 = 288,- \text{ DM}$$

Hier wird also mit *einfacher Verzinsung* gerechnet und nicht mit Zinseszinsen bei monatlichen Verzinsungsintervallen oder gar stetiger Verzinsung.

$$\text{Bearbeitungsgebühr: } 4000,- \text{ DM} \cdot 2\% = 80,- \text{ DM}$$

Gesamtschuld (Darlehen, Zinsen und Gebühr): 4 368,- DM

Bei 24 Monatsraten ergibt sich daraus für die zu zahlenden Raten:

$$4368,- \text{ DM} : 24 = 182,- \text{ DM}.$$

Der Unterschied zu unserer Berechnung der Raten mit Zinseszinsen beträgt im Monat zwar nur 5,55 DM. Bei 24 Raten ergibt sich für die Kreditkosten insgesamt aber bereits eine Differenz von 133,20 DM. Die rechnerische Vereinfachung wirkt sich hier also sehr erheblich zugunsten der Bank aus; denn im Vergleich zu unserer ersten Berechnung sind die Kosten des Kredits um mehr als 50 % höher. (s. o.)

Neben dem Zinssatz pro Monat nennen die Tabellen der Sparkassen und Banken jeweils noch die Höhe der *effektiven Verzinsung p. a.* Mit diesem Begriff ist folgender Sachverhalt angesprochen: Die monatliche Rate setzt sich aus einem Betrag zur Tilgung des Darlehens und einem Teilbetrag für Zinsen (und Gebühren) zusammen, und dieser Betrag bleibt – abgesehen von einer aus rechentechnischen (oder psychologischen) Gründen ebentuell abweichenden ersten oder letzten Rate – stets gleich. Der Darlehensbetrag, über den der Kunde verfügen kann, wird demgegenüber durch die Rückzahlung in Raten immer geringer. Bezieht man den monatlichen Teilbetrag für Zinsen und Gebühren auf den jeweils verbleibenden Darlehensbetrag, so zahlt man anfangs also *prozentual* nur wenig, gegen Ende der Tilgungszeit aber sehr viel an Zinsen. Für das obige Beispiel gilt:

monatliche Tilgung: 4 000,- DM : 24 = 166,67 DM

monatliche Zinsen und Gebühren: 368,- DM : 24 = 15,33 DM

Darlehensbetrag im 1. Monat: 4 000,00 DM

verbleibender Darlehensbetrag
im letzten Monat: 166,67 DM

prozentuale Belastung (durch Zinsen $\dfrac{15,33\ \text{DM}}{4\ 000,-\ \text{DM}} = 0,38\ \%$
und Gebühren) im 1. Monat:

prozentuale Belastung $\dfrac{15,33\ \text{DM}}{166,67\ \text{DM}} = 9,2\ \%$
im letzten Monat:

Fragt man nun nach einem festen *Jahreszinssatz,* dem die *insgesamt geleisteten Zahlungen* für Zinsen und Gebühren entsprechen, so kann man *überschlagsmäßig* die Gesamtkosten für Zinsen und Gebühren auf die volle Laufzeit, jedoch nur auf den halben Kreditbetrag beziehen. Diesen Betrag hat ja der Kunde in der Mitte der Laufzeit noch zur Verfügung. Für unser Beispiel hätte man 368,– DM an Kosten für 2 000,– DM und eine Laufzeit von 2 Jahren, also eine prozentuale Belastung p. a. von

$$\frac{368,-\ \text{DM}}{2\ 000,-\ \text{DM}} : 2 = 9,2\ \%.$$

Da aber die Laufzeit insgesamt und der sogenannte *Tilgungszeitraum,* der mit der ersten Ratenzahlung beginnt und mit der letzten endet, in der Regel um einen Monat von einander abweichen, rechnet die Bank – etwas genauer – in der folgenden Weise: Man nimmt an, die Gesamtschuld würde auf einmal zurückgezahlt, und zwar zu einem so gewählten Zeitpunkt, daß sich für die Bank im Vergleich zur vereinbarten Ratenzahlung dieselben Einnahmen ergeben. Bei einfacher Verzinsung wäre das gerade in der Mitte des Tilgungszeitraums der Fall:

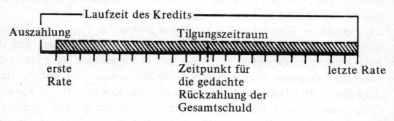

Stellt man sich nämlich die Rückzahlungen *gleichmäßig auf diesen Zeitraum verteilt* vor, so halten sich in der Mitte gerade die geleisteten und die noch zu leistenden Zahlungen die Waage. Für eine Rückzahlung insgesamt würde das bedeuten, daß bei *einfacher Verzinsung* auch die Zinsen für die bis dahin *nicht* geleisteten ersten Raten und für die dann sozusagen *vorweg geleisteten letzten Ratenzahlungen* gleich sind. *Also* ergibt sich:

Die prozentualen Gesamtkosten des Kredits müssen auf den Zeitraum von der Auszahlung des Darlehens bis zur Mitte der Tilgungszeit bezogen werden.

Für unser Beispiel:

prozentuale Gesamtkosten: $\dfrac{368,- \text{ DM}}{4\,000,- \text{ DM}} = 9,2\,\%$

Tilgungszeit: 23 Monate

Zeit von der Auszahlung bis zur Mitte der Tilgungszeit, in Monaten: $1 + \dfrac{1}{2} \cdot 23 = \dfrac{25}{2}$

in Jahren: $\dfrac{1}{12} \cdot \dfrac{25}{2} = \dfrac{25}{24}$

Also erhält man an

prozentualen Gesamtkosten pro Jahr: $9,2\,\% : \dfrac{25}{24} = 8,83\,\%$.

Dies ist der gesuchte Wert für die Höhe der sogenannten *effektiven Verzinsung p. a.*
Wie man leicht nachrechnet ergibt sich der Prozentsatz für die Gesamtbelastung auch unabhängig von der Höhe des Darlehens aus dem Monatszinssatz p_M, der Laufzeit in Monaten M und dem Prozentsatz für Gebühren p_G, und es gilt:

Die prozentuale Gesamtbelastung ist $p_M\% \cdot M + p_G\,\%$.

Ferner erhält man die Zeit von der Auszahlung des Darlehens bis zur Mitte des Tilgungszeitraums sehr einfach als

$$\dfrac{M + 1}{24}.$$

Damit ergibt sich für den *effektiven Zinssatz* bei M Monatsraten

$$\dfrac{(p_M \cdot M + p_G)\,24}{M + 1}.$$

Wie bei der Berechnung der Raten liegt auch bei einer solchen Berechnung des Effektivzinses die Vereinfachung zunächst in der *einfachen Verzinsung*. Bei einer Berechnung von Zinseszinsen läge nämlich der Zeitpunkt für eine fiktive Gesamtrückzahlung *nicht in der Mitte* des Tilgungszeitraums. Eine weitere Vereinfachung steckt in der Annahme, daß sich die Rückzahlungen gleichmäßig über den Tilgungszeitraum verteilen. Hat man nämlich als Laufzeit eine ungerade Zahl von z. B. 9 Monaten, so ist nach insgesamt 5 Monaten, nämlich nach $(1 + \frac{1}{2} \cdot 8)$ Monaten, die halbe Tilgungszeit verstrichen. Es sind dann aber bereits 5 Raten, also mehr als die halbe Darlehenssumme, zurückgezahlt.

Die bisher diskutierten Beispiele enthalten der Art der jeweiligen Fragestellung nach alle wesentlichen Fälle der Zinseszins- und Rentenrechnung, soweit sie in mathematischer Hinsicht in der Sekundarstufe I überhaupt zugänglich sind. Die mathematischen Voraussetzungen, die wir benötigt haben, bestehen zunächst nur in der einfachen Prozentrechnung und dem Bilden von Potenzen des Zinsfaktors r. Das bedeutet, daß vom 7. Schuljahr an die einfachsten Probleme der Zinseszinsrechnung durchaus zugänglich sind. Zumindest sollte man bei der Behandlung der einfachen Zinsrechnung im 7. Schuljahr das Faktum und den Begriff der Zinseszinsen nicht verschweigen. Für die Behandlung der Ratenzahlungen haben wir als einziges neu hinzukommendes mathematisches Hilfsmittel die Summe einer geometrischen Reihe benötigt. Systematisch wird diese Summenbildung in der Regel erst im 10. Schuljahr behandelt. Es dürfte aber nicht schwer sein, sie auch im 8. oder 9. Schuljahr schon einsichtig zu machen.

Die wesentlichen Schwierigkeiten dürften jedoch auf einer ganz anderen Ebene liegen: Nicht die mathematischen Hilfsmittel, sondern die jeweiligen Sachzusammenhänge sind kompliziert und verwirrend und erfordern eine Fülle von Sachinformationen. Wir haben mit den Ratenzahlungen ein Beispiel herausgegriffen, das heutzutage für ältere Schüler auch in der Hauptschule durchaus aktuell ist. Aber schon dieses eine Beispiel erwies sich als recht umfangreich und dadurch für den Schüler schwer zu überschauen. Mit jedem neuen Sachbereich aus dem Bankwesen oder der Wirtschaft treten jedoch neue Begriffe und Besonderheiten auf, die sich kaum alle im Unterricht diskutieren lassen. Die Liste der einschlägigen Begriffe wirkt beängstigend: Gutschrift, Lastschrift, Soll, Haben, Saldo, Quartal, Zins, Diskont, Pfandbrief, Aktie, Rentenpapier, Wechsel, Hypothek, Disagio (Auszahlungsverlust), Kontokorrent, Effektivzins, Devisenhandel, Wechselkurs, Diskontsatz usw. Vielleicht möchte man einwenden, daß viele dieser Begriffe nur den in der Wirtschaft oder im Bankwesen Tätigen betreffen, nicht aber einen ,,durchschnittlichen'' Haupt- oder Realschüler. Doch sie betreffen ihn oder werden ihn nach seiner Schulzeit betreffen: beim Abschluß eines Sparvertrages, bei der Planung einer größeren Urlaubsreise, beim Kauf eines Autos oder beim Bau eines Hauses. Und die allgemeineren Begriffe aus dem Wirtschaftsleben werden ihn nicht zuletzt als Zeitungsleser und Wähler betreffen, der auch über die Wirtschaftspolitik einer Regierung abzustimmen hat.
Gerade deshalb aber sollte man die Prozent- und Zinsrechnung als Lehrer

nicht als eine mit dem Lehrplan vorgeschriebene Pflichtübung absolvieren.
Ohne eine entsprechende Hilfe würde ja der Schüler all den Begriffen und
Sachverhalten, die ihm außerhalb der Schule und nach seiner Schulzeit begegnen, ganz hilflos gegenüberstehen, so daß er – ganz wörtlich – die Welt
nicht versteht. Wie z. B. soll er verschiedene Kreditkonditionen miteinander
vergleichen, wenn er wirklich einmal auf einen Kredit angewiesen ist? Er
ist ganz auf die Beratung durch den Bankangestellten angewiesen. Doch
dieser berät in der Regel zugunsten seines Instituts. Er tut dies vielleicht
nicht einmal nur, weil er abhängig ist; denn oft versteht er selbst sein eigenes
Werkzeug nur unvollkommen und wendet nur mechanisch die gelernten
Formeln an.

Die Konsequenz für den Lehrer kann nur in dem Versuch bestehen, *exem-*
plarisch an einem für seine Klasse geeigneten Sachproblem zu arbeiten. Er
wird die Thematik im Blick auf die Interessen und Bedürfnisse *seiner* Schüler
auswählen müssen und dann nicht umhin können, sich zunächst selbst sach-
kundig zu machen[19]. Nur dann wird es möglich sein, den Schülern nicht
nur das – sehr einfache – mathematische Prinzip der Zinseszinsrechnung
zu verdeutlichen, sondern auch in den gewählten Sachverhalt soweit einzu-
dringen, daß wenigstens an einzelnen Stellen eine Brücke zur außerschulischen Wirklichkeit entsteht.

Zu dieser Aufgabenstellung für den Lehrer kommt eine weitere, fast noch
schwierigere. *Der Sachzusammenhang muß problematisiert werden:* Warum
werden überhaupt Zinsen erhoben? Welche Unkosten entstehen der Bank
durch Sachkosten, Personalkosten usw.? Welche Risiken trägt die Bank?
Warum unterscheiden sich Soll- und Habenzinsen, insbesondere bei Girokonten, so erheblich? Ist es nicht ungerecht, daß der eine ein hinreichend
großes Vermögen erbt und von den Zinsen gut leben kann und vielleicht
ohne sein Zutun dabei immer noch reicher wird, während der andere arbeiten und mühsam für eine nur kleine Anschaffung sparen muß? Wären andererseits unsere Technik und Zivilisation ohne diese Ungerechtigkeiten
denkbar? Hier kommen historische Aspekte mit ins Spiel: Wie vollzog sich
der Wechsel vom Tauschhandel zum Handel mit Geld? Wie hat sich das
Kreditwesen entwickelt? Wie funktioniert heute der Geldkreislauf? Wie
vermehrt sich die vorhandene Geldsumme? Und so fort.

Ein solcher Fragenkatalog nimmt kein Ende. Gerade aber weil die Einzel-
probleme mitunter auch rechnerisch komplizierter sind als sonstige Sachauf-

---

19 Für eine erste Orientierung kann man die Lehrbücher der Berufs- und Fachschulen
heranziehen wie z. B. Rönnburg/Schröder/Diepen, Grundlagen des Bankrechnens,
Bad Homburg-Berlin-Zürich [40]1977.
Eine Hilfe, die sich auch im Unterricht verwenden läßt, sind auch die Informations-
materialien, die von den Sparkassen zur Verfügung gestellt werden.

gaben, halten wir es für wichtig, daß diese allgemeinen Fragestellungen nicht vergessen werden.

Abschließend wollen wir noch einen Aspekt ganz anderer Art kurz hervorheben: Wir haben im Zusammenhang mit Prozent- und Zinsrechnung mehrfach vom *Gebrauch eines Taschenrechners* gesprochen, und die zuletzt behandelten Zahlenbeispiele machen deutlich, daß man ohne ein solches Hilfsmittel schwerlich auskommen kann. Die Gefahr, daß der Schüler beim Gebrauch des Taschenrechners das Rechnen verlernen könnte, scheint uns nicht so groß zu sein, wie gelegentlich befürchtet wurde.

Gewichtiger sind demgegenüber die Argumente *für* den Einsatz von Taschenrechnern in der Schule, und zwar zumindest vom 7. Schuljahr an:

1. Beim Umgang mit Taschenrechnern können in vorzüglicher Weise Algorithmen nebst ihrer Darstellung in Flußdiagrammen zum Unterrichtsgegenstand gemacht werden. Dies gilt sowohl für die Handhabung der einfachsten Rechner als in verstärktem Maße auch für einfache Programmierungsübungen. Der Algorithmusbegriff kennzeichnet aber eine mathematische Denk- und Vorgehensweise, die kennenzulernen für sich allein schon ein wesentliches Unterrichtsziel ist, zumal die Algorithmen gerade in den Anwendungen der Mathematik eine bedeutende Rolle spielen.

2. Der Taschenrechner ist selbst ein Gegenstand des Sachrechnens. Er ist ein Stück Mathematik in der Umwelt des Schülers, das es so weit wie möglich zu verstehen gilt. Man kann deshalb Taschenrechner in der Schule nicht ignorieren, sondern muß versuchen, den Schüler zu einem möglichst sinnvollen Umgang mit diesem technischen Hilfsmittel zu führen.

3. Wenn das Sachrechnen mitunter darunter litt, daß man die Zahlenwerte verschiedenster Problemstellung notgedrungen extrem vereinfachen mußte, so besteht dafür jetzt keine Notwendigkeit mehr. Der Gebrauch des Taschenrechner erlaubt es, das Sachrechnen näher an die außerschulische Wirlichkeit heranzuführen, und dies scheint uns ein Gewinn zu sein, der nicht hoch genug einzuschätzen ist.

6. Der Verhältnisbegriff und seine Anwendungen

6.1 Der Verhältnisbegriff in der Umgangssprache

Der Verhältnisbegriff wird in der Umgangssprache in sehr verschiedenen Bedeutungen verwendet, von denen wir die wichtigsten zunächst kurz erwähnen wollen, ehe wir den Versuch einer mathematischen Grundlegung machen.

In einem sehr allgemeinen Sinne hat „Verhältnis" die Bedeutung von „Beziehung":

> Das Verhältnis der beiden Politiker ist sehr gespannt.

Im anderen Extremfall bezeichnet der Begriff „Verhältnis" ganz speziell den Quotienten zweier Zahlen. Am vielfältigsten ist die Verwendung des Begriffs der *Verhältnisgleichheit*. Ausdrücke wie

> „. . . . verhält sich zu . . . . wie . . . ."

bezeichnen oft nur eine sehr vage Analogie zweier Beziehungen. Bei Winter/Ziegler[20] werden solche Analogien auch für den Schüler zur Diskussion gestellt, z. B.:

> In diesen gemalten Vergleichen fehlt ein Teil. Setze ein passendes Bildchen ein. Es gibt zum Teil mehrere Möglichkeiten.

 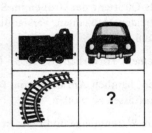 

Oder verbal:

> Suche das passende Wort aus und ersetze damit den Platzhalter, so daß wahre Aussagen entstehen:
> a) Ostern zu Weihnachten wie Frühling zu . . . . (Sommer, Herbst, Winter)
> b) Schuster zu Schneider wie . . . .   (Hammer, Sense, Elle)
> usw.

Der Hinweis auf derartige Analogien ist aus mehreren Gründen wichtig: Er macht den Schüler aufmerksam auf die Vielfalt der Bedeutungen eines Begriffs unserer Sprache, statt die Verwendung eines solchen Begriffs von vornherein auf einen mathematischen Kontext einzuengen. Das Stichwort „Entsprechung" weist zugleich auf ein allen Bedeutungen des Verhältnisbegriffs gemeinsames Merkmal hin, nämlich auf eine gewisse Zuordnung eines Objekts bzw. auch eines Objektbereichs zu einem anderen. In der einen oder anderen Weise ist also – mathematisch gesehen – stets der Abbildungsbegriff mit im Spiel. Schließlich sind Analogiebildungen als solche von großer Bedeutung, da sie bei vielen heuristischen Überlegungen zum Lösen eines Problems eine wesentliche Rolle spielen.

Wir stellen einige etwas speziellere sprachliche Wendungen zusammen, in denen der Verhältnisbegriff auftritt:

Die Zahl der Jungen einer Klasse verhält sich zu der der Mädchen wie 3 : 4 (gelesen: 3 zu 4).

Durch das Verhältnis werden Anzahlen, also natürliche Zahlen zueinander in Beziehung gesetzt.

Länge (2,50 m) zu Breite (2,00 m) einer Platte verhalten sich wie 5 : 4.

Hier bilden zwei Größen desselben Größenbereichs der Längen, bzw. auch deren Maßzahlen, ein Verhältnis. Die Maßzahlen können Brüche sein, und das Verhältnis selbst kann als Quotient der Größen im Sinne des Einteilens, bzw. auch als Quotient der beiden Maßzahlen, verstanden werden. Es ist also wiederum eine rationale Zahl.

. . . . . bei einem Torverhältnis von 5 : 0.

Es geht um natürliche Zahlen, nämlich Anzahlen von Toren, doch wäre es sinnlos 5 : 0 als Quotienten auffassen zu wollen.

Das Verhältnis von Warenmenge und Preis ist . . . . .

Warenmenge und Preis sind Größen aus verschiedenen Größenbereichen. Im allgemeinen gehört zu einer bestimmten Menge einer Ware auch ein ganz bestimmter Preis. Man hat es also mit einer Abbildung zwischen zwei Größenbereichen zu tun. Jedoch kann das Verhältnis von Warenmenge und Preis fest, d. h. konstant sein wie der Literpreis an der Tankstelle, oder es kann schwanken wie bei Mengenrabatten.
In den folgenden Abschnitten wollen wir diese Verwendungen des Verhältnisbegriffs näher untersuchen.

6.2 Der Verhältnisbegriff bei natürlichen Zahlen und seine Beziehung zum Begriff der Bruchzahl

Wir gehen im Anschluß an A. Mitschka[21] von einem elementaren Beispiel aus, das eine Deutung des Verhältnisbegriffs liefert, wie sie schon in der Grundschule verwendet werden kann, und zwar nicht nur was den begrifflichen Rahmen betrifft, sondern anhand von Beispielen wie dem folgenden auch konkret im Unterricht:

In einer Schulklasse sind 12 Jungen und 16 Mädchen.

Was bedeutet es hier, wenn man sagt
„Die Anzahl der Jungen *verhält sich* zu der der Mädchen wie *3 zu 4*."?

1. Deutung: Die „Verhältniszahlen" zählen Elemente von Teilmengen.

Wir fordern, daß Jungen und Mädchen *je gleich viele* Gruppen (Riegen) bilden, die *unter sich je gleich groß* sein sollen. Verlangt man noch, daß die einzelnen Gruppen dabei *möglichst klein* sein sollen, so entsteht folgendes Bild:

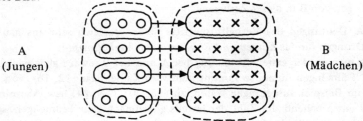

A
(Jungen)

B
(Mädchen)

Oder allgemein: Zwei Mengen A und B werden in gleich viele, unter sich gleichmächtige, jedoch möglichst wenig Elemente enthaltende Teilmengen zerlegt. Wegen der ersten dieser drei Bedingungen kann man jeder Teilmenge von A genau eine von B so zuordnen, daß auch jede Teilmenge von B genau einer Teilmenge von A zugeordnet ist.

Wenn man sagt:
Das *Verhältnis* von A *zu* B ist 3 *zu* 4,

oder kurz:
$|A| : |B| = 3 : 4,$

so bedeutet das also:
● A und B lassen sich so in je gleichmächtige Teilmengen (möglichst geringer Mächtigkeit) zerlegen, daß eine bijektive Abbildung der Teilmengen von A auf diejenigen von B existiert, die jeder Teilmenge mit 3 Elementen aus A eine Teilmenge mit 4 Elementen aus B zuordnet.

21 A. Mitschka, Das Rechnen mit Verhältnissen, Ratingen 1971.

2. Deutung: Die „Verhältniszahlen" zählen Teilmengen.

Wir fordern – im obigen Beispiel – jetzt, daß Jungen und Mädchen *möglichst große* Gruppen (Riegen) bilden sollen, jedoch so, daß *alle Gruppen* (Riegen) – gleich ob von Jungen oder Mädchen gebildet – *gleich groß* sind.

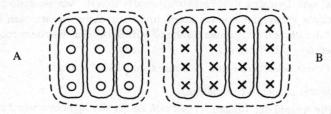

Allgemein:
● Die Mengen A und B werden so in möglichst große, gleichmächtige Teilmengen zerlegt, daß auch für A ∪ B eine Zerlegung in lauter gleichmächtige Teilmengen entsteht. Das Verhältnis 3 : 4 vergleicht dann die Anzahl der Teilmengen von A mit der Anzahl der Teilmengen von B in dieser Zerlegung.

Beide Deutungen des Verhältnisbegriffs liefern zugleich sehr anschauliche Erklärungen für das *Kürzen und Erweitern von Verhältnissen*:
Fügt man in der ersten Abbildung bei A und bei B jeweils gleichviele weitere Teilmengen hinzu, so kommt man vom Zahlenpaar (12, 16), von dem wir im Beispiel ausgegangen waren, zu (15, 20), (18, 24) usw. Vermindert man entsprechend die Zahl der jeweils gleichmächtigen Teilmengen, so erhält man (9. 12), (6, 8) und schließlich (3, 4), das aus den beiden Mächtigkeiten der Teilmengen von A und B gebildete Zahlenpaar.

Gelegentlich wird dieses Zahlenpaar als „Grundverhältnis" bezeichnet, was zwar der anschaulichen Deutung gut gerecht wird, aber dennoch mißverstanden werden kann, da wir unter einem Verhältnis ja eine Abbildung der oben beschriebenen Art verstehen wollen.

Die einzelnen Zahlenpaare, die man in der beschriebenen Weise aus einem gegebenen erhalten kann, heißen *verhältnisgleich*.

Ohne die Begründung im einzelnen auszuführen, wollen wir hervorheben, daß die Verhältnisgleichheit eine Äquivalenzrelation ist und somit eine Klasseneinteilung in der Menge aller Zahlenpaare aus ℕ × ℕ erzeugt. *Erweitern* bzw. *Kürzen* eines Verhältnisses heißt demnach: zu einem äquivalenten, also verhältnisgleichen Zahlenpaar mit größeren bzw. kleineren Zahlen übergehen.

Legen wir die zweite der beiden anschaulichen Deutungen des Verhältnisbegriffs zugrunde, so bedeutet ganz ananlog Erweitern (Kürzen) nichts anderes, als zu einer größeren (kleineren) Mächtigkeit der einzelnen Teilmengen überzugehen. Dabei bleibt die Anzahl der Teilmengen fest, während bei der ersten Deutung die Mächtigkeiten der Teilmengen beim Erweitern und Kürzen unverändert bleiben.

Spricht man vom Erweitern bzw. Kürzen eines Bruches „mit einer Zahl n", so meint man allerdings nicht nur den Übergang zu einem äquivalenten Zahlenpaar, sondern spezieller, daß die beiden Zahlen des gegebenen Paares mit n vervielfacht bzw. durch n geteilt werden.

Die erste Deutung des Verhältnisbegriffs — jedoch nur diese — erfaßt schließlich noch einen wichtigen Spezialfall, der begrifflich schwierig, aber in der Umgangssprache durchaus geläufig ist. Was meint man mit dem „*Torverhältnis 5 : 0*"? Wenn wir konsequent die eingangs gegebene Deutung anwenden wollen, so müssen wir sagen:

A sei die Menge der für die erste Mannschaft gefallenen Tore,
B die Menge der für die zweite Mannschaft gefallenen Tore.

B läßt sich aber nicht zerlegen; denn die leere Menge B = ϕ besitzt keine echten Teilmengen. Für die gesuchte bijektive Abbildung der (unter sich gleichmächtigen) Teilmengen aus einer Zerlegung von A auf diejenigen von B erhalten wir deshalb nur die triviale Möglichkeit:

Oder anschaulich, wenn wir die Tore durch Punkte repräsentieren:

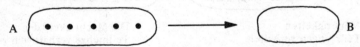

Ein solches „Zu-Null-Verhältnis" läßt sich jedoch weder erweitern noch kürzen; denn dazu müßte man ja zu einer *Zuordnung* wie

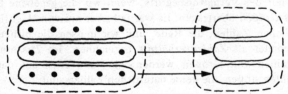

übergehen können. Dies ist aber nicht möglich, obwohl es in der Abbildung zunächst so scheint. Denn da es *nur eine leere Menge* gibt, hätte man in der Abbildung rechts nicht drei verschiedene, gleichmächtige und disjunkte Teilmengen, sondern nur drei Bilder für ein und dieselbe leere Menge, so daß die so gezeichnete Abbildung in Wahrheit nicht bijektiv wäre.

Wir wollen von diesen Zu-Null-Verhältnissen vorerst absehen und noch einmal zur Verhältnisgleichheit als einer Äquivalenzrelation auf IN X IN zurück-
kehren. Wenn wir unter einer Bruchzahl, wie im Abschnitt II, 3 (S. 53 f.)
ausgeführt, eine Klasse von Zahlenpaaren verstehen, so können wir sagen:

■   Die durch ein Verhältnis bestimmte *Äquivalenzklasse verhältnisgleicher Zahlenpaare* ist eine *Bruchzahl.*

Diese Beziehung zwischen Verhältnis und Bruchzahl bzw. Verhältnis und
Quotient macht es möglich, auch $\frac{3}{4}$ statt 3 : 4 bzw. 3 *zu* 4 zu schreiben, und
zeigt, daß ein besonderes Zeichen für das „zu" im Verhältnis, etwa Y, wie
es aus didaktischen Gründen für die Verhältnisrechnung gelegentlich vorgeschlagen wird, von der Sache her entbehrlich ist.
Der Verhältnisbegriff erweist sich jedoch als sehr viel allgemeiner als der
Bruchbegriff: Zerlegt man z. B. eine Menge (Schulklasse) in zwei Teilmengen (Jungen und Mädchen), so kann man *dem üblichen Sprachgebrauch
nach* in bezug auf die Mächtigkeiten sowohl vom *Verhältnis der beiden Teilmengen zueinander* als auch vom *Verhältnis einer Teilmenge zur Obermenge,*
dem „Ganzen", sprechen, während man mit Ausdrücken wie „Bruchteil"
oder „Anteil" immer nur den zweiten Fall meint.

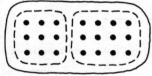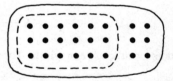

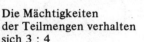

Die Mächtigkeiten
der Teilmengen verhalten
sich 3 : 4

Die Mächtigkeit der
Teilmenge verhält sich zu der
der Obermenge wie 3 : 4

Deutlicher noch und für die Anwendungen weitaus wichtiger erweist sich die
Allgemeinheit des Verhältnisbegriffs, wenn wir die gegebene Deutung von
Zahlen auf *Größen* übertragen. Es war ja bisher nur von Mächtigkeiten, also
von natürlichen Zahlen, die Rede, und wir müssen die bisherige Begriffsbildung genauer als *Zahlenverhältnis* bezeichnen. Im Zusammenhang mit
den Maßzahlen von Größen werden wir dann auch auf das Verhältnis
zweier Zahlen stoßen, die keine natürlichen Zahlen sind.

6.3 Das Verhältnis zweier Größen — Verhältnisse und Proportionalitäten

Dem Zerlegen einer Menge in gleichmächtige Teilmengen entspricht das
Teilen einer Größe (genauer: eines Repräsentanten einer Größe, also eines

Flächenstücks oder dergl.) in gleiche Teilgrößen (genauer: Teile des Repräsentanten). „Teilen" wird hier im Sinne des sogenannten „Verteilens" im Gegensatz zum „Aufteilen" oder „Messen" verwendet.

Wenn wir also sagen:

12 kg : 16,– DM wie 3 kg : 4,– DM

(gelesen: 12 kg *verhalten sich zu* 16,– DM *wie* 3 kg zu 4,– DM),

so können wir das in Anlehnung an die obige 1. Deutung des Verhältnisbegriffs bei natürlichen Zahlen in folgender Weise veranschaulichen:

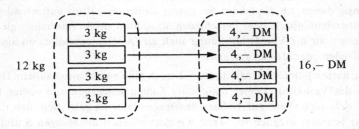

Man erkennt deutlich:

Den Mächtigkeiten einander zugeordneter Teilmengen entsprechen hier die Maßzahlen einander zugeordneter Größen (-repräsentanten).

In anderen Worten:

Das Verhältnis 3 kg : 4,– DM ordnet jeweils dem Gewicht 3 kg den Geldbetrag 4,– DM zu.

Für diese Übertragung des Verhältnisbegriffs von den Mächtigkeiten endlicher Mengen auf Größen aus einem oder aus zwei Größenbereichen (hier dem der Gewichte und dem der Geldwerte) spielt es keine Rolle, ob die betrachteten Größenbereiche die Teilbarkeitseigenschaft besitzen oder nicht bzw. ob sie kommensurabel sind oder nicht. Besitzen allerdings *beide* Größenbereiche die Teilbarkeitseigenschaft, so ergibt sich ein Unterschied zu den in 6.2 betrachteten Zahlenverhältnissen. Es gibt dann nämlich *kein Größenpaar mit möglichst kleinen Maßzahlen*, durch das sich das gegebene Verhältnis charakterisieren ließe. Man kann ja die Maßzahlen des gegebenen Größenpaares z. B. immer wieder halbieren, also das Verhältnis *kürzen mit 2*. Abgesehen aber von diesem Unterschied, gelten die obigen Überlegungen über verhältnisgleiche Zahlenpaare und insbesondere über das Kürzen und Erweitern ganz entsprechend für die in einem Größenverhältnis auftretenden Maßzahlen.

Wegen dieser fast vollständigen Analogie zwischen der Rolle der Mächtig-

keiten in einem Zahlenverhältnis und der Rolle der Maßzahlen in einem
Größenverhältnis ist es auch sinnvoll, den Begriff *Verhältnis* als Oberbegriff
für Zahlen- und Größenverhältnisse zu verwenden, und es wird auch deutlich, weshalb man vielfach auch dann noch von einem Zahlenverhältnis
spricht, wenn die darin auftretenden Zahlen nicht mehr nur natürliche
Zahlen sind, sondern Zahlen aus $\mathbb{Q}$ oder aus $\mathbb{R}$ sein können. Wenn wir z. B.
das Verhältnis von Seite und Diagonale eines Quadrats bilden, so ist ja eine
der beiden Maßzahlen nicht mehr rational. (Vgl. S. 56)

Unsere Übertragung des Verhältnisbegriffs von Zahlen auf Größen war unabhängig davon, ob die beiden bei einem Größenverhältnis auftretenden Größenbereiche gleich oder verschieden sind. Sind sie im Spezialfall gleich, so
können wir die Verhältnisbildung auch als Quotientenbildung im Sinne von
Aufteilen oder Messen auffassen.

Wir hatten jedoch im Abschnitt 6.2 noch eine zweite anschauliche Deutung
für das Verhältnis zweier natürlicher Zahlen angegeben und wollen fragen,
ob sich auch diese auf Größen übertragen läßt. Es zeigt sich, daß dies nur
sehr begrenzt möglich ist. Wenn wir dort nämlich die Mengen A und B und
zugleich A ∪ B in gleichmächtige Teilmengen zerlegt haben, so bedeutet das
hier, daß die beiden Größen, die wir durch Verhältnisbildung vergleichen
wollen, aus ein und demselben Größenbereich sein müssen. Denn nur dann
ist es möglich, ihre Repräsentanten in gleich große Teile zu zerlegen. Größen
aus verschiedenen Größenbereichen lassen sich ja nicht vergleichen. Für
gleichartige Größen, z. B. für zwei Längen, hingegen können wir sagen:

> Breite (6 m) und Länge (8 m) eines Raumes verhalten sich wie
> 3 zu 4.

Dabei können wir uns eine Strecke der Länge 2 m als gemeinsames Maß
denken, daß in der Breite des Raumes 3mal, in seiner Länge 4mal enthalten
ist. Die Maßzahl 2 für das gemeinsame Maß beider Größen entspricht dann
der Mächtigkeit der einzelnen Teilmengen im früheren Beispiel (S. 158), die
Zahlen 3 und 4 entsprechen den Anzahlen der zu A bzw. B gehörenden Teilmengen.

Der übliche Sprachgebrauch wird dieser Analogie durchaus gerecht. Man sagt

> „Breite und Länge verhalten sich wie 3 zu 4."

und nicht etwa

> „. . . wie 3 m zu 4 m",

was ja mit unserer ersten Deutung des Verhältnisbegriffs besser im Einklang
wäre.

Auch die frühere Forderung nach möglichst großen Teilmengen (vgl. S. 158) überträgt sich, wenn man nämlich ein *möglichst großes gemeinsames Maß* sucht. Jedoch macht das Stichwort „gemeinsames Maß" sofort auf eine weitere Einschränkung im Vergleich zur 1. Deutung des Verhältnisbegriffs aufmerksam: Die zu vergleichenden Größen müssen kommensurabel sein.

Trotz dieser Einschränkung dürfen wir unsere zweite Deutung des Verhältnisbegriffs für Größen desselben Größenbereichs nicht vernachlässigen; denn es gibt *umgangssprachliche Wendungen,* denen genau diese Begriffsbildung zugrunde liegt. Ein Beispiel:

Eine Flüssigkeit enthält 2 Teile Alkohol und 3 Teile Wasser.

Wir können das in einem Bild veranschaulichen:

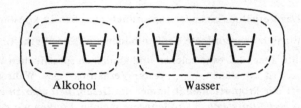

Alkohol   Wasser

Oder: 3 Teile Mehl und 1 Teil Zucker werden gemischt.

Die „Teile" in solchen Redewendungen (vgl. auch Abschnitt 6.4) sind (in bezug auf den Rauminhalt) gleich große Teile, ganz so, wie es unsere 2. Deutung des Verhältnisbegriffs verlangt.

Vom mathematischen Standpunkt aus gesehen, könnte man mit der ersten Begriffsbildung allein auskommen. Es wäre aber töricht und widerspräche einem sinnvollen Mathematikunterricht, wollte man Begriffsbildungen, die in unserer Sprache deutlich erkennbar sind, nur deshalb zurückdrängen, weil sie den notwendigen Begriffsapparat vielfältiger machen. Sprachliche Wendungen wie die obigen lassen ja nichts an Klarheit und Eindeutigkeit vermissen, und Ökonomie des Begriffsapparats mag für die Mathematik als Wissenschaft eine sinnvolle Forderung sein, für den Unterricht darf es kein Prinzip werden, das einem verständigen Umgang mit der Sprache des Alltags im Wege steht. Diese Feststellung hat sich hier aus der Analyse des Begriffs Verhältnis ergeben. Sie sollte aber im Einklang mit den im Einleitungskapitel formulierten Postulaten besonders im Sachrechnen ganz allgemein stärker berücksichtigt werden als bisher.

Ehe wir uns den Anwendungen des Verhältnisbegriffs zuwenden, kehren wir noch einmal zur Verhältnisbildung bei Größen aus verschiedenen Größenbereichen zurück (1. Deutung):

Wenn wir von einem Paar zweier Größen ausgehen und die Gesamtheit aller dazu verhältnisgleichen Paare ins Auge fassen, so können wir eine solche (Äquivalenz-)Klasse verhältnisgleicher Größenpaare als Abbildung des ersten Größenbereichs in den zweiten auffassen. Diese Abbildung ist aber eine Proportionalität. Denn der Übergang von einem Größenpaar zu einem verhältnisgleichen durch Kürzen oder Erweitern ist ja nichts anderes als eine Anwendung der sogenannten Additions- oder auch der Multiplikationsbedingung für Proportionalitäten. In der Tat gilt:

■ So wie durch jedes Zahlenverhältnis eine Bruchzahl gegeben ist (vgl. S. 160), so durch jedes Größenverhältnis eine Proportionalität.

Statt von einer Proportionalität zwischen zwei Größenbereichen zu sprechen, können wir also auch sagen:

Das Verhältnis einander zugeordneter Größen ist konstant.

Oder:

Einander zugeordnete Größen bilden ein festes Verhältnis.

Man beachte aber, daß es in solchen und ähnlichen sprachlichen Wendungen heißt „. . . ist konstant", „. . . *festes* Verhältnis" usw. Während wir mit dem Begriff der Proportionalität immer die *Gesamtheit aller zu einem gegebenen Paar verhältnisgleichen Größenpaare* meinen, können wir den Verhältnisbegriff gewissermaßen auch „lokal" anwenden. Wir sagen zum Beispiel:

Wenn ein Rabatt gewährt wird, *ändert sich das Verhältnis* zwischen Warenmenge und Preis je nach der gekauften Warenmenge.

Damit wird unter Verwendung des Verhältnisbegriffs ausgedrückt, daß die Zuordnung zwischen Warenmenge und Preis eben *keine Proportionalität* ist. Auch hier erweisen sich die umgangssprachlichen Wendungen durchaus als reichhaltiger, als es eine möglichst einfache und geschlossene mathematische Theoriebildung vielleicht wahrhaben möchte.

Der Zusammenhang zwischen Verhältnisbegriff und Proportionalität ist für die praktischen Anwendungen und das Rechnen mit Verhältnissen überaus wichtig: Statt 3 kg : 4,– DM können wir schreiben $\frac{3 \text{ kg}}{4,- \text{ DM}}$ und können einen solchen Quotienten als *Proportionalitätsfaktor* auffassen. (Vgl. S. 105 ff).
Die Proportionalität als Abbildung ist gegeben durch den Operator $\cdot \boxed{\frac{3 \text{ kg}}{4,- \text{ DM}}}$ [22]. Die Gleichheit zweier Verhältnisse läßt sich dann in einer

---

22 Man kann allerdings einen solchen Operator nicht in Analogie zur üblichen Einführung der Bruchoperatoren ohne weiteres in einen Divisions- und einen Multiplikationsoperator zerlegen, da z. B. eine Multiplikation mit der Größe 3 kg zunächst gar nicht erklärt ist.

sogenannten *Verhältnis-* oder *Quotientengleichung* ausdrücken, wobei letzteres genau genommen eine Gleichung zwischen Proportionalitätsfaktoren ist.

$$3 \text{ kg} : 4,- \text{ DM} = 12 \text{ kg} : 16 \text{ DM}$$

oder:

$$\frac{3 \text{ kg}}{4,- \text{ DM}} = \frac{12 \text{ kg}}{16,- \text{ DM}}$$

Dann besteht aber auch Gleichheit für die zugehörigen *Quotienten der Maßzahlen*. Wenn wir allgemein zwei Größenbereiche mit A und B bezeichnen, die zugehörigen Größen mit A_i und B_i und deren Maßzahlen mit a_i und b_i, so gilt mit

$$\frac{A_1}{B_1} = \frac{A_2}{B_2}$$

auch

$$\frac{a_1}{b_1} = \frac{a_2}{b_2}$$

Da aber in der letzten Gleichung alle auftretenden Zahlen von Null verschieden sind — es sind ja Maßzahlen von Größen — so kann man eine solche Verhältnisgleichung wie gewohnt beliebig umformen. Insbesondere gilt mit den beiden obigen Gleichungen stets auch

$$\frac{a_1}{a_2} = \frac{b_1}{b_2} \quad \text{bzw.} \quad \frac{A_1}{A_2} = \frac{B_1}{B_2} \; .$$

Man beachte aber: Das Verhältnis $A_1 : B_1$ ist etwas anderes als das Verhältnis $A_1 : A_2$. Einmal handelt es sich gemäß unseren Erläuterungen um einen Proportionalitätsfaktor und einmal um den Quotienten zweier gleichartiger Größen, der im Sinne des Aufteilens oder Messens auf eine Zahl führt, wenn nur die Kommensurabilität gegeben ist. Das Umformen einer Verhältnisgleichung besagt also nur: Wenn eine Verhältnisgleichung gilt, dann auch jede aus ihr abgeleitete.

6.4 Einführungsmöglichkeiten und Anwendungen

Die bei der Analyse des Verhältnisbegriffs gegebenen Veranschaulichungen sind leicht in die Sprache des Schülers zu übersetzen. In bezug auf die Einführung im Unterricht können wir uns deshalb auf kurze Anmerkungen beschränken.

Die Vorschläge von A. Mitschka erlauben eine sehr frühzeitige Einführung des Verhältnisbegriffs. Sie kann schon in der Grundschule vorbereitet werden und sollte spätestens im 5. Schuljahr beginnen. Dies gilt für das Verhältnis zweier natürlicher Zahlen ebenso wie für das Verhältnis zweier Größen,

wobei die Darstellungen wie auf S. 161 bzw. S. 163 die mit einem Größenverhältnis gegebene Zuordnung auch schon für Schüler des 4. Schuljahrs unmittelbar einsichtig machen.
Der *Maßstab* einer Landkarte oder eines Stadtplans bezeichnet ein Verhältnis zweier Längen. Der Spezialfall liegt darin, daß stets eine der beiden Verhältniszahlen die Zahl 1 ist. Eine Motivation für die Besprechung von Maß-
stäben ergibt sich z. B. im Zusammenhang mit der ebenfalls im 4. Schuljahr
üblichen Behandlung von „großen Zahlen". Große Entfernungen lassen sich
ja in wahrer Länge nicht zeichnen[23]. Aber auch in anderen, den Kindern vertrauten Bereichen treten Verhältnisse auf. Wir nennen nur

die Vergrößerung durch ein Schülermikroskop,

den Maßstab einer Modelleisenbahn

oder das Übersetzungsverhältnis bei einem Fahrrad.

Das letzte Beispiel kann sehr gut dazu dienen, die Verkettung von Verhältnissen zu verdeutlichen, wenn man mit wenigen Handgriffen aus Lego,
Fischer-Technik oder ähnlichen Baukästen eine Übersetzung baut oder
bauen läßt.

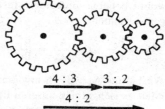

Hintereinanderschalten zweier Verhältnisse bedeutet gemäß unserer 1. Deutung des Verhältnisbegriffs Verketten zweier Abbildungen. In der früheren
Darstellung:

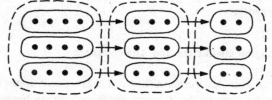

Damit ist zugleich die bei derartigen „mehrgliedrigen" Verhältnissen übliche
Sprechweise

4 zu 3 zu 2,

geschrieben kurz

4 : 3 : 2,

23 Vgl. z. B. Winter/Ziegler, a. a. O., Bd. 4, 1973, oder A. Fricke/H. Besuden (Hrsg.),
Mathematik in der Grundschule, Bd. 4, Ausgabe B, Klett Verlag, Stuttgart 1975.

gerechtfertigt, die ja *nicht* als mehrfache Division verstanden werden kann. Der Rechenausdruck $(4 : 3) : 2 = \dfrac{4}{3 \cdot 2}$ hat in diesem Zusammenhang keinerlei Bedeutung, während man die zweigliedrigen Verhältnisse 4 : 3 bzw. 3 : 2 stets als Quotienten oder Brüche auffassen kann. Verketten zweier Brüche heißt aber, sie multiplizieren:

$$(4 : 3) \cdot (3 : 2) = 4 : 2,$$

$$\frac{4}{3} \cdot \frac{3}{2} = \frac{4}{2}.$$

Das Beispiel der Zahnradübersetzung zeigt also, wie die Bruchmultiplikation durch die Verkettung von Verhältnissen als Abbildungen schon sehr früh vorbereitet werden kann[24].

Im 7. Schuljahr könnten die Übersetzungen dann noch einmal unter einem anderen Gesichtspunkt von Interesse sein: Die Anzahl der Zähne ist umgekehrt proportional zur Drehgeschwindigkeit, gemessen z. B. in Umdrehungen pro Zeiteinheit oder als Vielfache der Umdrehungszahl eines bestimmten Zahnrads.

Zu den typischen Aufgabenstellungen, in denen der Verhältnisbegriff auftritt, gehören verschiedenenartige Mischungsprobleme:

> Fruchtsirup und Wasser werden im Verhältnis 8 : 3 gemischt. Wieviel Wasser ist in einem Liter der Mischung enthalten?

Wir verwenden die 2. Deutung des Verhältnisbegriffs in der Übertragung auf Größen (vgl. S. 162 f): *8 Teile* Sirup *und 3 Teile* Wasser werden gemischt. Eine beliebige Menge der Mischung besteht demnach zu 3 von insgesamt 11 Teilen aus Wasser, und es gilt:

$$\frac{3}{11} \cdot 1 \, 1 = 0{,}27 \, 1.$$

Wenn die zu mischenden Flüssigkeiten selbst schon Mischungen sind, ist eine solche Lösung durch Zerlegung in gleiche Teile bzw. Flüssigkeitsmengen zwar durchaus möglich, jedoch wesentlich umständlicher:

> 30-prozentiger und 40-prozentiger Alkohol werden im Verhältnis 2 : 3 gemischt. Wieviel Prozent Alkohol enthält die Mischung?

> 1. Flüssigkeit: 10 Teile = 3 Teile Alkohol + 7 Teile Wasser.

> 2. Flüssigkeit: 10 Teile = 4 Teile Alkohol + 6 Teile Wasser.

---

24 Es handelt sich hier allerdings um einen Spezialfall, weil die Anzahl der Zähne des mittleren Zahnrads zugleich Nenner des ersten Bruches und Zähler des zweiten ist.

Zu mischen sind 2 Einheiten der 1. Flüssigkeit und 3 Einheiten der 2. Flüssigkeit:, also erhält man

aus der 1. Flüssigkeit: 6 Teile Alkohol, 14 Teile Wasser;
aus der 2. Flüssigkeit: 12 Teile Alkohol, 18 Teile Wasser;
und insgesamt: 18 Teile Alkohol, 32 Teile Wasser.

In der Mischung verhalten sich Alkohol zu Wasser wie 18 : 32. Der Alkoholgehalt beträgt also

$$100 \cdot \frac{18}{18 + 32} \% = 36 \%.$$

Voraussetzung für eine solche Rechnung ist, daß man sich *beide* Flüssigkeiten *insgesamt* in gleich große Teile zerlegt denkt, nicht nur jede für sich. Bei den gegebenen Zahlen, ergab sich das ganz von selbst. Hätte man hingegen für die 2. Flüssigkeit ein Verhältnis von 4 : 7 anstelle von 4 : 6, also eine gedachte Zerlegung in 11 Teile im Gegensatz zu 10 Teilen für die 1. Flüssigkeit, so müßte man − um gleich große Teile zu bekommen − in jeweils 10 · 11 = 110 Teile zerlegen, nämlich die.1. Flüssigkeit im Verhältnis 33 : 77 (= 3 : 7) und die 2. Flüssigkeit im Verhältnis 40 : 70 (= 4 : 7). Für das gesuchte Verhältnis der Mischung erhält man dann wie zuvor

$$(2 \cdot 33 + 3 \cdot 40) : (2 \cdot 77 + 3 \cdot 70) = 186 : 364.$$

Obwohl die verwendeten Grundgedanken äußerst einfach sind, werden solche Überlegungen für den Schüler verwirrend. Es ist einfacher, von vornherein nach dem Alkoholgehalt zu fragen, so daß mit dem Verhältnis eines Teils zum Ganzen gearbeitet wird.

Für die Variante unserer Aufgabe, bei der also wie zuvor 2 Teile der 1. Flüssigkeit und 3 Teile der 2. Flüssigkeit gemischt werden, wobei aber jetzt $\frac{3}{10}$ der 1. Flüssigkeit und $\frac{4}{11}$ der 2. Flüssigkeit Alkohol sind, ergibt sich dann:

1. Flüssigkeit: Anteil an der Gesamtmenge: $\frac{2}{5}$

                  Akoholgehalt: $\frac{3}{10}$

2. Flüssigkeit: Anteil an der Gesamtmenge: $\frac{3}{5}$

                  Alkoholgehalt: $\frac{4}{11}$

Die Alkoholmenge beträgt also insgesamt

$\frac{3}{10}$ von $\frac{2}{5}$ der Gesamtmenge plus $\frac{4}{11}$ von $\frac{3}{5}$ der Gesamtmenge.

Die Gesamtmenge selbst ist ohne Belang und man rechnet:

$$\frac{3}{10} \cdot \frac{2}{5} + \frac{4}{11} \cdot \frac{3}{5} = \frac{66 + 120}{550} = \frac{186}{550}$$

$$\approx 34\,\%.$$

Das Arbeiten mit Brüchen erweist sich hier also als wesentlich zweckmäßiger und übersichtlicher.
Bei manchen Mischungsaufgaben treten allerdings weder Verhältnisse noch Brüche explizit auf. Wir zitieren noch einmal eine Berufschulabschlußprüfung[25]:

> Folgende Gebäcksorten sollen als Mischung verkauft werden:
>
> Sorte A: 2,400 kg zu 1,20 DM/100 g
> Sorte B: 1,900 kg zu 1,50 DM/100 g
> Sorte C: 700 g zu 1,80 DM/100 g
> Wie teuer kommt 1 kg der Mischung?

Man braucht hier nur den Gesamtpreis der zu mischenden Backwaren zu berechnen und durch das Gesamtgewicht zu teilen.

Wieder andere Aufgaben führen auf Bestimmungsgleichungen:

> In einer Wanne befinden sich 70 l Wasser von 12 °C. Wieviel Liter Warmwasser von 58 °C müssen zugemischt werden, wenn die Temperatur des Badewassers 42 °C betragen soll[26]?

Man kann hier das Produkt aus Literzahl und Temperatur als Maß für die enthaltene Wärmemenge betrachten und hat demnach die Gleichung

$$70 \cdot 12 + x \cdot 58 = (70 + x) \cdot 42$$

zu lösen. Auf dieselbe Weise wäre auch die schon in Kapitel I zitierte Aufgabe für Verkäuferinnen im Bäckerhandwerk zu lösen. (Vgl. S. 16)

Abschließend wollen wir noch ein Beispiel aus einem anderen Sachbereich behandeln, das aber in der Aufgabenstruktur dem oben durchgerechneten Mischungsproblem weitgehend entspricht:

> Heizkosten für Mietwohnungen werden vielfach nach einem gemischten System berechnet, zur Hälfte nach dem Verhältnis der Wohnflächen und zur Hälfte nach dem Verhältnis der gemessenen Verbrauchswerte.

---

25 Aus der Abschlußprüfung für Verkäuferinnen im Bäckerhandwerk, Baden-Württemberg 1975, zitiert nach G. A. Lörcher, a. a. O.
26 Aus der Abschlußprüfung für Gas- und Wasserinstallateure, Baden-Württemberg 1975, zitiert nach G. A. Lörcher, a. a. O.

Die Gesamtkosten setzen sich aus dem Preis des verbrauchten Öls, den Stromkosten für Brenner und Pumpe sowie Kosten für Kaminfeger, Wartung und dergleichen zusammen. Die Verbrauchswerte werden mit Meßgeräten ermittelt, die an den Heizkörpern angebracht sind. Die Verteilung der Kosten für Warmwasser erfolgt nach dem gleichen Prinzip. Als Beispiel geben wir auszugsweise das Abrechnungsformular eines wärmetechnischen Büros wieder. Es zeigt die Berechnung des Kostenanteils für eine Wohnung von 85 m² Wohnfläche in einem Haus von insgesamt 235 m² Wohnfläche bei Gesamtkosten für ein Jahr von 2.051,74 DM.

VERTEILUNG DER HEIZKOSTEN:

%/o FESTK.	FESTKOSTEN-BETRAG	:GESAMT FLÄCHE	— PREIS PRO m²	X FLÄCHENANTEIL	= FESTK. HEIZUNG	FLÄCHENANTEIL IST REDUZIERT MIT DEM FAKTOR:
50	1.025,87	235,0	4,3654	85,0	371,06	
%/o VERBRK. / VERBRAUCHSKOSTEN	1.025,87	:GES. VERBR. EINH. / 177,1	PREIS PRO EINH. / 5,7926	X IHRE VERBR. EINH. / 60,6	VERBR. ANTEIL / 351,03	SUMME HEIZUNG / 722,09
50						

VERTEILUNG DER WARMWASSERKOSTEN:

%/o FESTK.	FESTKOSTEN BETRAG	:GESAMT FLÄCHE	= PREIS PRO m²	X FLÄCHENANTEIL	FESTK. WARMW.	
50	231,15	235,0	0,9836	85,0	83,61	
%/o VERBRK. / %/o VERBRAUCHSKOSTEN	231,15	:GES. VERBR. EINH. / 18,0	= PREIS PRO EINH. / 12,8417	X IHRE VERBR. EINH. / 8,0	VERBR. ANTEIL / 102,73	SUMME WARMW. / 186,34
50						

SONSTIGE KOSTEN:

SUMME HEIZUNG + WARMW.   908,43

KOSTENART	GES. BETRAG	:GES. EINHEITEN	= PREIS PRO EINH.	X IHRE VERBR. EINHEITEN

NACHZAHLUNG BITTE AUF DAS KONTO:

IHRE GESAMTKOSTEN: 908,43

ABZGL. VORAUSZAHLUNG

Man beachte, daß hier gemäß dem alten Dreisatzschema zunächst der Preis für *einen* Quadratmeter bzw. für *eine* Verbrauchseinheit berechnet wird. Bei den in der Praxis auftretenden Zahlenwerten ist das aber durchaus zweckmäßig.

Für den Unterricht ist es gewiß lohnend, anstelle mehrerer einfacher Schulbuchaufgaben ein solches Formular insgesamt, also auch mit der vollständigen Aufstellung der entstandenen Kosten, zu ,,entschlüsseln" und die Berechnung zu kontrollieren.

V. Mathematische Begriffe und Strukturen im Sachrechnen

Wenn wir eingangs betont haben, daß zum Sachrechnen neben dem Aspekt der Anwendung von Mathematik auch das Mathematisieren von Erfahrungen und Sachzusammenhängen gehört, so ergibt sich daraus, daß sich die mathematischen Stoffgebiete, die für das Sachrechnen relevant sein können, kaum vollständig aufzählen lassen. Die bisher behandelten Fragen, vor allem der Größenbegriff und die Abbildungen zwischen Größenbereichen stehen zwar für den Schüler im Mittelpunkt, doch so wie sich für die Mathematik als Wissenschaft immer neue Anwendungsmöglichkeiten ergeben und wie umgekehrt von vorgegebenen Problemen her immer neue mathematische Methoden entwickelt werden, so ist auch für den Schüler im kleinen das Feld der Anwendungsmöglichkeiten seiner mathematischen Kenntnisse und auch die Chance, von Sachproblemen her zu neuen mathematischen Einsichten zu kommen, stets offen.

Wir wollen in diesem Kapital nur kurz einige weitere Stoffgebiete ansprechen, die als mathematisches Werkzeug für die Behandlung interessanter Sachgebiete dienen können bzw. sich von diesen her erschließen. Dabei müssen wir uns zumeist auf kurze Hinweise beschränken; denn die Mehrzahl dieser Themen könnte genauer nur in einer jeweils eigenen didaktischen Schrift behandelt werden. Es geht hier vor allem darum, mit weiteren Möglichkeiten im Sachrechnen zugleich auch die Querverbindungen zwischen den dabei auftretenden mathematischen Begriffen sowohl untereinander als auch zu anderen mathematischen Gebieten hin aufzuzeigen.

1. Beispiele weiterer Themenkreise und mathematischer Methoden im Sachrechnen

1.1 Gleichungen, Ungleichungen, lineares Optimieren

Bei der Analyse von Textaufgaben sind wir bereits auf Beispiele für Gleichungen gestoßen. Dabei handelt es sich in der Regel um einfache *Bestimmungsgleichungen*, bei denen eine Zal (Maßzahl) gesucht wird und zugleich vorausgesetzt werden kann, daß eine *eindeutig* bestimmte Lösung auch *existiert*. Häufig verhält es sich außerdem so, daß die gesuchte Größe im Aufgabentext – wenn man ihn als Gleichung schreibt – nur an *einer* Stelle auftritt.

Die im Abschnitt III.3 (vgl. S. 85) mit Hilfe eines Rechenbaums gelöste Gleichung und viele der sogenannten *Zahlenrätsel* sind von diesem einfachen Typus:

> Ich denke mir eine Zahl, addiere 5 und verdopple das Ergebnis. Ich erhalte 30. Welche Zahl habe ich mir gedacht?

Oder:

> In 5 Jahre ist Peter halb so alt wie seine Lehrerin jetzt. Seine Lehrerin ist 30 Jahre alt. Wie alt ist Peter?

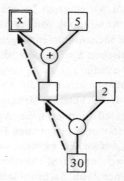

Statt eines Rechenbaums läßt sich eine Darstellung mit Hilfe von Operatoren als Lösungshilfe anwenden:

Die Lösung erfolgt durch *Umkehrung der Operatoren*:

Eine etwas ausführlichere Schreibweise dieses Lösungsweges macht deutlich, wie einerseits in der Gleichung $(x + 5) \cdot 2 = 30$ der Term $(x + 5) \cdot 2$ *aufgebaut* wird und wie andererseits die Strategie zur „Auflösung der Gleichung nach x" gerade im schrittweisen Abbau dieses Terms besteht:

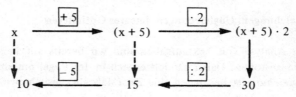

Dreht man dieses Schema um $90°$, so wird bereits der geläufige Umformungskalkül der Gleichungslehre erkennbar:

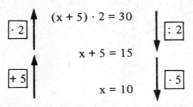

$$(x + 5) \cdot 2 = 30$$
$$x + 5 = 15$$
$$x = 10$$

Von solchen elementaren Vorübungen her ist in der Regel ein sinnvolles und zweckmäßiges Umgehen mit Gleichungen eher zu erreichen als auf der Basis von schwierigen theoretischen Überlegungen über Äquivalenzumformungen von Aussagenformen zbw. speziell Gleichungen. Man muß aber beachten:

1. Ist eine Textaufgabe vorgegeben, so besteht für den Schüler das eigentliche Problem nicht so sehr im Lösen, sondern im Aufstellen der Gleichung, im sogenannten ,,Ansatz". Hier sind genau diejenigen Übersetzungsprozesse von der Umgangssprache zu einer Formalisierung in der Mathematik zu leisten, und hier treten genau diejenigen Schwierigkeiten auf, die wir im Zusammenhang mit Simplexverfahren und Rechenbäumen besprochen haben. Im Nachhinein können wir die Anwendung von Rechenbäumen bei elementaren Sachaufgaben also auch als Vorbereitung für das Aufstellen und Umgehen mit Gleichungen auffassen[1].

2. Die Anwendung der angedeuteten elementaren Lösungsmöglichkeiten ist an die eingangs genannten Voraussetzungen für Bedingungsgleichungen gebunden[2]. Man betrachte etwa die folgende Aufgabe:

Drei Wanderer A, B, C legen ihr letztes Geld zusammen, es ergibt 36,– DM. A hat halb soviel wie B, und C hat dreimal soviel wie B[3].

Wenn man den Geldbetrag des Wanderers A mit x bezeichnet, so erhält man die folgende Gleichung[4]:

$$x + 2x + 6x = 36$$

1 Man vgl. dazu H. J. Vollrath, Didaktik der Algebra, Stuttgart 1975, S. 106 ff., wo verschiedene Strategien zum Aufstellen von Gleichungen und einschlägige empirische Untersuchungen diskutiert werden.
2 Die Darstellung mit Hilfe von Operatorpfeilen führt sogar schon in Fällen zu Schwierigkeiten, die am Rechenbaum mit Hilfe der auf S. 86 besprochenen Regel noch zu lösen sind.
3 Aus H. Winter/Th. Ziegler (Hrsg.), Neue Mathematik, a. a. O., Bd. 4, 1973, S. 68.
4 Vom Aufgabentext her wäre es ebenso naheliegend, den Betrag von B mit x zu bezeichnen, so daß die Gleichung
$$\frac{1}{2}x + x + 3x = 36$$
zu lösen wäre.

Eine Darstellung durch einen Rechenbaum ist sogar noch möglich,

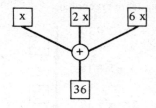

die Lösung auf dem Wege über 9 x = 36 ergibt sich aber nur, wenn der Schüler in der Lage ist,

> die Beträge B und C als Vielfache einer *nicht bekannten Größe* auszudrücken
>
> und die verschiedenen Vielfachen von x zusammenzufassen.

Wenn die Distributivgesetze für Größen in anderem Zusammenhang erarbeitet sind, ist es aber durchaus plausibel, auch Vielfache einer gedachten Größe zusammenzufassen.

3. Man vermeidet theoretische wie praktische Schwierigkeiten, wenn man die skizzierten Möglichkeiten zum Lösen einfacher Gleichungen von vornherein als *Hilfen für das Finden von Lösungen* versteht und nicht als einen Kalkül, der mit Sicherheit auf eine Lösung führen müßte. Eine gefundene Größe sollte also stets zunächst als *Lösungsvermutung* betrachtet und in einer strengen Probe bestätigt werden. Wenn wir etwas überspitzt formulieren, so gilt ja ganz allgemein:

> Raten ist ein legitimes Verfahren zur Lösung mathematischer Probleme. Es ist nur streng zu prüfen, ob man richtig oder falsch geraten hat.

Die angedeuteten einfachen Methoden zur Behandlung von Gleichungen versagen bei komplizierteren Fällen, insbesondere wenn mehrere Lösungen auftreten und damit also in der Regel bei Ungleichungen. Sie versagen erst recht bei Gleichungen und Ungleichungen mit mehreren Variablen. Hier ist eine allgemeinere begriffliche Grundlage erforderlich, die mit den Begriffen *Aussage, Aussageform, Grundbereich* und *Lösungsmenge* gegeben werden kann. Die Erarbeitung dieser grundlegenden Begriffe ist sicher nicht Sachrechnen im Sinne von umwelterschließenden und für den Schüler unmittelbar relevanten Problemstellungen. Dennoch kann die Erarbeitung der Grundbegriffe durchaus von Umweltbezügen her motiviert werden und dabei zugleich zum Bewußt-Machen umgangssprachlicher Wendungen anregen, so daß sie auch von daher in unseren Zusammenhang gehört.

● *Aussagen* sind sprachliche Gebilde oder – allgemeiner – Zeichenreihen, bei denen es sinnvoll ist, nach „wahr" oder „falsch" zu fragen.

Wir halten es nicht für erforderlich, eine Entscheidbarkeit „hier und jetzt" zu verlangen, wie es gelegentlich geschieht. Eine exakte Fassung des Aussagebegriffs ist ohnehin mathematisch schwierig und in der Schule nicht zugänglich.

Aussagen sind:

> Das Brandenburger Tor steht in Berlin.
> Wenn heute Montag ist, ist morgen Dienstag.
> $5 < 7$.
> $8 \cdot 2 = 17$

Keine Aussagen sind:

> Wie spät ist es?
> Macht bitte das Fenster zu!
> $\dfrac{5 + x}{4}$
> Hilfe, ein mathematischer Begriff!

Im wesentlichen entspricht also der Begriff der Aussage dem grammatischen Begriff „Aussagesatz"[5].

● *Aussageformen* sind Aussagen, in denen *Leerstellen* (Lücken, Platzhalter, Variable) vorkommen, so daß die Frage nach „wahr" oder „falsch" erst gestellt werden kann, wenn die Leerstellen durch die Namen gewisser Objekte ersetzt sind. Man spricht auch von *offenen Aussagen*.

Mitunter wird vorgeschlagen, von einem Platzhalter nur dann zu sprechen, wenn man wie bei den elementaren Sachaufgaben die Existenz einer eindeutig bestimmten Lösung voraussetzen kann. Da man aber der Leerstelle in einer Aussageform vorweg nicht ansehen kann, ob es eine solche Lösung gibt oder nicht, bringt eine terminologische Unterscheidung nur wenig ein.

Auch in bezug auf Aussageformen bietet es sich an, vor und neben den üblichen Gleichungen und Ungleichungen auch umgangssprachliche Beispiele zu diskutieren:

> $x < 7$.   F. Gauß lebte in ......

Das umgangssprachliche Beispiel zeigt deutlich, daß es zweckmäßig ist, über die Objekte, deren Namen eingesetzt werden dürfen, eine Festsetzung zu treffen. Man könnte an Städte, an deutsche Städte, an europäische Städte, aber ebenso auch an Länder denken.

---

5 Man beachte, daß sich die Verwendung der Begriffe „Subjekt" und „Prädikat" in der Grammatik mit der Bedeutung dieser Begriffe in der Logik nicht deckt.

● Die Menge der Objekte, deren Namen für die Leerstellen einer Aussageform eingesetzt werden können, heißt *Grundbereich* oder Grundmenge der Ausssageform.

Die *Lösungen* einer Aussageform sind diejenigen Elemente des Grundbereichs deren Namen bei Einsetzung in die Leerstellen aus der gegebenen Aussageform eine *wahre Aussage* machen.

Man spricht auch von der *Lösungsmenge* oder *Erfüllungsmenge* einer Aussageform, und schon das obige umgangssprachliche Beispiel zeigt, daß die Lösungsmenge von der Festsetzung des Grundbereichs abhängig ist.

Eine Leerstelle kann innerhalb einer Aussageform mehrfach auftreten:

$$12 + x = 2 \, x + 7.$$

In umgangssprachlichen Wendungen ist das mehrfache Auftreten derselben Leerstelle allerdings ungewöhnlich, während zwei verschiedene Leerstellen innerhalb einer Aussageform z. B. in Formularen durchaus vorkommen:

.... hat einen Wohnsitz in _____ .

Im Gegensatz zu einem Meldeformular haben wir *verschiedene Leerstellen* auch *verschieden gekennzeichnet,* analog zur Verwendung verschiedener Zeichen oder Buchstaben in der Mathematik:

$$\Delta + \square = 5; \quad x + y \leqslant 12.$$

Auch bei *drei* verschiedenen Leerstellen findet man neben mathematischen Beispielen wie

$$x^2 + y^2 = z^2$$

auch umgangssprachlich wie

..... liegt an der Bahnstrecke von _____ nach _____ .

Je nach der Anzahl der *verschiedenen* Leerstellen in einer Aussageform spricht man von *einstelligen, zwei-* oder *mehrstelligen Aussageformen,* und die Elemente des jeweiligen Grundbereichs ebenso wie die der Lösungsmenge sind entsprechend einzelne Objekte, Paare, Tripel usw. Im zweistelligen Fall ist eine solche Lösungsmenge nichts anderes als eine zweistellige Relation im Sinne der auf S. 90 gegebenen Erklärung, und so wie wir dort den Begriff Funktion als Spezialfall des Relationsbegriffs erkannt hatten, so können wir jetzt Funktionen auch als Lösungsmengen spezieller zweistelliger Aussageformen auffassen.

Wo nun Aussageformen und insbesondere *Gleichungen und Ungleichungen im Sachrechnen* Anwendung finden, sind die in Frage kommenden *Grund-*

bereiche fast immer *Größenbereiche.* Gefragt ist ja in der Regel nach Stückzahlen oder Maßzahlen, so daß sich die Lösungsmengen gut am Zahlenstrahl oder — im zweistelligen Fall — im kartesischen Koordinatensystem darstellen lassen.

Im zweidimensionalen Fall bietet die graphische Darstellung von Lösungsmengen eine Möglichkeit für die Behandlung elementarer Probleme des sogenannten linearen Optimierens, wie sie schon in der Grundschule vorbereitet werden können und wie sie in der Sekundarstufe zu den interessantesten Sachaufgaben gehören können:

> Peter hat 6,— DM Taschengeld und braucht für ein Spiel mehrere Bälle in zwei verschiedenen Farben: Grüne (G) kosten 0,80 DM, rote (R) 0,60 DM pro Stück. Welche Möglichkeiten bestehen?

Die Schüler finden durch Probieren leicht die bestehenden Möglichkeiten (1 G, 1 R), (1 G, 2 R) usw. bis zu den Grenzfällen (7 G, 0 R) und (0 G, 10 R). Jede „Einkaufsmöglichkeit" läßt sich durch einen Punkt im Koordinatensystem repräsentieren,

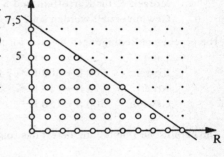

und einfache weitere Einschränkungen lassen sich leicht hinzunehmen, z. B.:

Welche Möglichkeiten bleiben, wenn man von jeder Sorte mindestens zwei Bälle braucht? Es sollen mehr rote als grüne Bälle sein.

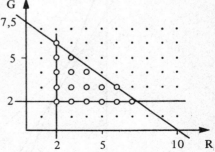

Formalisiert bedeutet das:
Neben der Bedingung

$$0,8 \, G + 0,6 \, R \leqslant 6,0$$

sind jetzt auch die Forderungen

$$G \geqslant 2, \, R \geqslant 2 \text{ sowie } R > G$$

zu beachten[6].

---

6 Die Bedingungen $G \geqslant 0$, $R \geqslant 0$ für die ursprüngliche Aufgabenstellung brauchten nicht genannt zu werden, da die auftretenden Zahlen bzw. Maßzahlen von Größen nicht negativ sein können.

In dieser Aufgabe sind bereits Bedingungen aufgetreten, wie sie auch für das *lineare Optimieren* charakteristisch sind. Die Aufgaben des *linearen Optimierens* unterscheiden sich von einem solchen Problem lediglich dadurch, daß im Hinblick auf eine bestimmte Fragestellung nach der *günstigsten unter den bestehenden Möglichkeiten* gesucht wird:

22 Morgen Land sollen mit Kartoffeln oder Salat bestellt werden. Die anfallenden Kosten betragen 500,– DM pro Morgen Salat und 300,– DM pro Morgen Kartoffeln. Es stehen aber insgesamt höchstens 7 200,– DM zur Verfügung. Die Zahl der benötigten Arbeitsstunden ist 25 pro Morgen Salat und 10 pro Morgen Kartoffeln. Es können aber höchstens 300 Arbeitsstunden erbracht werden. Der zu erwartende Gewinn beträgt 300,– DM pro Morgen Salat und 150,– DM pro Morgen Kartoffeln. Wie wählt man die Anzahl der Morgen K für Kartoffeln und S für Salat, wenn ein möglichst hoher Gewinn erzielt werden soll?

Die gegebenen Bedingungen werden formalisiert:

Land:	$S +$	$K \leqslant$	22 (a)
Kosten:	$500\,S + 300\,K \leqslant 7\,200$		(b)
Arbeit:	$25\,S +$	$10\,K \leqslant$	300 (c)
Gewinn:	$300\,S + 150\,K =$	G	(d)

Die graphische Darstellung liefert das folgende *Planungspolygon:*

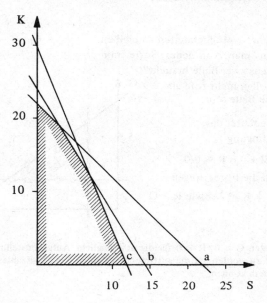

Auf die günstigste der bestehenden Möglichkeiten führt dann die folgende Überlegung: Die Punkte für alle diejenigen Kombinationen von K und S, die einen festen Gewinn G liefern, liegen auf einer Geraden, der sogenannten *Isogewinngeraden*, z. B. für G = 3 000,– DM auf der Geraden

$$300\,S + 150\,K = 3\,000 \quad (d)$$

Eine Änderung des Gewinns bedeutet Parallelverschiebung dieser Geraden, und den maximalen Gewinn erhält man, indem man eine Isogewinngerade wie (d) so verschiebt, daß sie das Planungspolygon gerade noch in einer Ecke berührt (d').

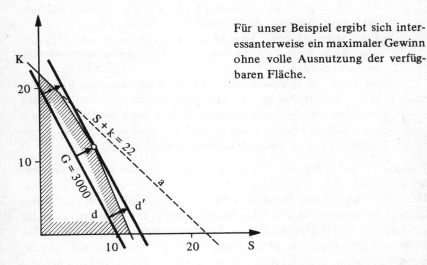

Für unser Beispiel ergibt sich interessanterweise ein maximaler Gewinn ohne volle Ausnutzung der verfügbaren Fläche.

Die Aufgabenstellung mag auf den ersten Blick kompliziert und insbesondere für Hauptschüler vielleicht zu schwierig erscheinen. Wir wollen deshalb kurz überlegen, welche Voraussetzungen in bezug auf das Umgehen mit Gleichungen und Ungleichungen bzw. ihren Lösungsmengen für solche Aufgaben benötigt werden:

Die auftretenden Gleichungen sind von der Form

$$y = ax + c,$$

wie sie im Zusammenhang mit Proportionalitäten bereits vorkamen bzw. in weitaus den meisten Fällen

$$a\,x + b\,y = c.$$

Der Schüler muß dazu wissen:

1. Der Graph einer solchen Gleichung ist eine Gerade. Diese Einsicht kann in einem Probierverfahren gewissermaßen empirisch gewonnen werden.

2. Die Schnittpunkte mit den Koordinatenachsen berechnet man durch Null-Setzen der jeweils anderen Variablen:

$$\text{Für } y = 0 \quad \text{ist} \quad x = \frac{c}{a},$$

$$\text{für } x = 0 \quad \text{ist} \quad y = \frac{c}{b}.$$

Für das obige Grundschulbeispiel bedeutet das: Wieviel bekommt man, wenn man *nur* rote (grüne) Bälle kauft?

3. Eine Änderung von c bewirkt eine Parallelverschiebung der Geraden. Auch diese Tatsache kann leicht in einem Probierverfahren entdeckt werden.

4. Im Falle von Ungleichungen wird durch eine derartige Bedingung jeweils eine Halbebene definiert. Statt theoretischer Betrachtungen in bezug auf die Bedeutung von Kleiner- oder Größerzeichen für die jeweilige Lösungsmenge, genügt es dabei, anhand *eines* Wertepaares zu prüfen, welche Halbebene in Frage kommt.

Weitere Umformungen der Gleichungen oder Ungleichungen sind aber nur selten erforderlich.

Das mathematische Handwerkszeug für die Bewältigung von Aufgaben des linearen Optimierens ist also leicht bereitzustellen. Die Schwierigkeiten liegen vielmehr in der Komplexität der dabei auftretenden Sachprobleme. Die Sachzusammenhänge, die auf die einzelnen Ungleichungen führen, sind oft weniger leicht zu durchschauen als die skizzierte mathematische Behandlung des ganzen Systems von Ungleichungen. Hier ergeben sich Fragen wie z. B. die folgenden:

Sind die angegebenen Zahlenwerte realistisch?

Wie setzen sich z. B. die angegebenen Kostenfaktoren zusammen?

Wie gewinnt man Schätzungen bei schwankenden Kosten?

Was geschieht — bei unserem Beispiel — mit dem nicht genutzten Land?

Wie kann eine Optimierungsrechnung durch eine ganz andere Bedarfssituation eventuell überlagert oder gar unsinnig gemacht werden?

Will man solche Fragen stellen — und wir meinen, man sollte sie stellen — so wird man im grunde wieder auf ein umfassenderes Unterrichtsprojekt geführt. (Vgl. auch VII. 4.) Man wird zumindest nicht eine beliebige Aufgabe zum linearen Optimieren einem Schulbuch entnehmen können, sondern wird die Interessen, Bedürfnisse, Erfahrungen und Vorkenntnisse der Schüler bedenken müssen und dann vielleicht nur *eine* Aufgabe unter möglichst vielen Gesichtspunkten behandeln [7].

1.2 Spezielle Funktionen im Sachrechnen

Wir haben bisher fast ausschließlich lineare Gleichungen bzw. Funktionen und einige ihrer elementaren Anwendungsmöglichkeiten im Sachrechnen betrachtet. Die Anwendungen der Mathematik in den Naturwissenschaften, in der Technik oder der Wirtschaft sind aber reich an Beispielen für nichtlineare und mitunter sehr spezielle Funktionen. Ohne die Behandlungsmöglichkeiten im Unterricht im einzelnen ausführen zu können, wollen wir einige Beispiele nichtlinearer Funktionen nennen, zu denen sich von *einfachen* Sachproblemen her ein Zugang ergibt.

In anderem Zusammenhang bereits erwähnt wurden die quadratische Funktion mit einer *Parabel* als Graphen und die *Hyperbel*. Der quadratischen Funktion

$$y = a\,x^2 + b$$

begegnet man

beim Zusammenhang von Kantenlänge und Fläche eines Quadrats bzw. von Umfang und Fläche eines Rechtecks,

beim Zusammenhang von Fallzeit und Fallstrecke im freien Fall,

bei der Flugbahn eines geworfenen Steines.

Die Hyperbelgleichung

$$y = \frac{1}{x}$$

ergab sich von den Antiproportionalitäten her.

Im Gegensatz zu den Anwendungen linearer Gleichungen ist diesen Beispielen nichtlinearer Funktionen gemeinsam, daß sie weniger der Lösung konkreter Aufgaben als der *Beschreibung eines Sachverhalts* dienen. Es lassen sich zwar leicht zahlreiche Aufgaben formulieren, die z. B. auf quadratische Gleichungen führen:

Ein rechteckiges Brett von 0,6 m^2 Flächeninhalt ist 10 cm länger als breit. Wie sind die Abmessungen?

---

7 Die meisten neueren Schulbücher nennen − meist für das 9. Schuljahr gedacht − zahlreiche weitere derartige Aufgaben. Die sich dabei ergebenden Fragestellungen und die notwendigen Sachinformationen sind meist ebenso interessant wie auch komplex, so daß oft schon eine einzelne derartige Problemstellung zur Erschließung eines ganzen Sachbereichs anregen kann. Vgl. z. B. Winter/Ziegler, a. a. O., Bd. 9, 1973, oder H. Athen/H. Griesel (Hrsg.), Mathematik heute, a. a. O., Bd. 9, 1975.

Solche Aufgaben findet man in den Schulbüchern für das 9. Schuljahr in relativ großer Zahl. Abgesehen vom anspruchsvolleren Kalkül für das Lösen der dabei auftretenden quadratischen Gleichungen führen sie aber das Sachrechnen nicht grundsätzlich weiter. Wie bei den ganz elementaren Sachaufgaben besteht das Problem für den Schüler im wesentlichen in der Übersetzung vom Aufgabentext zur Gleichung. Sie haben also keine andere Bedeutung als einfache Zahlenrätsel oder sonstige Einkleidungen von Rechenaufgaben.

Demgegenüber rückt mit der Möglichkeit, physikalische Gesetzmäßigkeiten mit mathematischen Mitteln zu beschreiben ein ganz anderer, hier vielleicht wichtigerer Aspekt in den Vordergrund. Mathematik als Mittel zur Beschreibung der Natur zu begreifen, ist ja eine Aufgabe, die mit unter den hier zugrunde gelegten Begriff von Sachrechnen, nämlich Erschließung der Umwelt, fällt.

Dieser Aspekt der Erfassung von Umweltphänomenen mit mathematischen Mitteln dürfte im Vergleich zum Rechnen und Berechnen auch bei einer Behandlung der sogenannten *Wachstumsfunktionen* der wichtigere sein.

Manche Algen vermehren sich so schnell, daß sich die von ihnen bedeckte Wasseroberfläche innerhalb eines Tages verdoppelt. Auf einem 5 km² großen See ist ein Fleck von nur ca. 1 dm² von Algen bedeckt. Was geschieht, wenn ihre Ausbreitung nicht gestört wird?

Wir geben in der folgenden Tabelle eine Überschlagsrechnung an, wie sie im 5. Schuljahr ohne Schwierigkeiten möglich ist:

Anzahl der vergangenen Tage t	bedeckte Fläche f (t)
0	1 dm²
1	2 dm²
2	4 dm²
3	8 dm²
4	16 dm²
......	....
10	$1\,024$ dm² ≈ 10 m²
11	20 m²
......	....
20	$10\,240$ m² $\approx 0{,}01$ km²
......	....
30	$10{,}240$ km²

Eine solche Tabelle oder die graphische Darstellung des Sachverhalts im Koordinatensystem vermitteln einen guten Eindruck vom starken Anwachsen der bedeckten Fläche. Im Vergleich zur Größe des Sees wären die Veränderungen während der ersten Tage kaum zu bemerken. Aber schon nach einem Monat wäre der See ganz bedeckt[8].

Die hier zugrundeliegende Zuordnung ist eine sogenannte *Exponential-* oder *Wachstumsfunktion*. Für unser Beispiel gilt:

$$f(t) = 2^t.$$

Für den Haupt- und Realschüler läßt sich aber eine solche Funktion auf sehr einfache Weise charakterisieren, so daß man Wachstumsfunktionen durchaus auch in Hauptschulklassen behandeln kann und sollte; denn es genügen zwei einfache Angaben, um eine solche Funktion zu beschreiben:

> der Funktionswert $f(t_0)$ für einen bestimmten, jedoch beliebigen Zeitpunkt t_0 und
>
> der Faktor r, der angibt, auf das Wievielfache der Funktionswert in einer bestimmten Zeiteinheit anwächst.

Im obigen Beispiel sind das die Fläche von 1 dm^2 beim betrachteten Anfangszustand und der zur Zeiteinheit 1 Tag gehörende Faktor $r = 2$. Allgemein ergibt sich das folgende Schema,

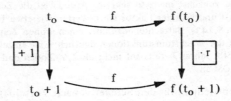

das äußerlich wie eine Kombination aus Additions- und Multiplikationsbedingung für Proportionalitäten wirkt.

Schon im 5. und 6. Schuljahr lassen sich anhand von Beispielen wie dem obigen einfache Vorerfahrungen gewinnen wie:

■ Zu gleichen Zeitabschnitten gehört immer der gleiche Wachstumsfaktor.

Sobald die Potenzschreibweise vertraut ist, wird eine erste Verallgemeinerung möglich:

8 Man vgl. auch S. 143 über das Anwachsen eines Kapitals bei Verzinsung mit Zinseszinsen.

■   Ist r der Wachstumsfaktor, so hat man in n Zeitabschnitten ein Wachstum mit dem Faktor r^n.

Oder im Schema:

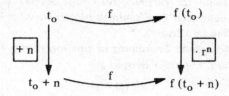

Der Zinsfaktor $r = 1 + p \%$, der im 7. Schuljahr behandelt wird, ist nichts anderes als ein solcher Wachstumsfaktor. Wie schon manche Aufgaben der einfachen Zinsrechnung gezeigt haben, erweist sich dieser Faktor in den Anwendungen als weitaus wichtiger als der Prozentsatz selbst. In der Tat handelt es sich bei der Zinseszinsrechnung um einen Wachstumsprozeß. Die geometrische Folge der Kontostände können wir uns als aus einer *kontinuierlichen* Wachstumsfunktion entstanden vorstellen, nämlich durch Einschränkung ihres Definitionsbereichs auf natürliche Zahlen bzw. auf Vielfache des jeweiligen Verzinsungszeitraums.

Das immer wieder verblüffende Wachstum einer Exponentialfunktion springt bei der Zinseszinsrechnung zunächst nicht so sehr ins Auge, weil die Zeitspanne von einem Jahr relativ lang ist und weil der Faktor r mit Werten wie etwa 1,03 nahe bei 1 liegt (Vgl. die Abb. auf S. 143). Betrachtet man aber einen großen Zeitraum, so wird auch hier der Charakter der Wachstumsfunktionen deutlich: Eine einzelne Mark, zu 3 % angelegt, wächst in 500 Jahren bereits auf mehr als 2 Millionen und in 1000 Jahren auf ca. 6,87 Billionen DM an.

Die neue Problemstellung für den Schüler — nach Vorschlägen von A. Kirsch schwerpunktmäßig im 9. und 10. Schuljahr zu behandeln[9] — besteht also im Vergleich zum sprunghaften Anwachsen der Zinseszinsen in der Beschreibung eines *kontinuierlichen* Wachstums wie etwa bei den Algen. Es geht darum, Wertpaare (t, f (t)) zu bestimmen, bei denen t zwischen den Werten der obigen Tabelle liegt und schließlich beliebig vorgegeben werden kann. Arbeitet man dabei zunächst mit einem Halbierungsverfahren und fragt also „Was ist nach einem halben Tag, was nach 6 Stunden, nach 3 Stunden?", so genügt es, wenn der Schüler als mathematisches Hilfsmittel die Quadratwurzel kennt:

---

9 Vgl. A. Kirsch, Vorschläge zur Behandlung von Wachstumsprozessen und Exponentialfunktionen im Mittelstufenunterricht, in: Beiträge zum Mathematikunterricht 1976, Hannover 1976, S. 107 ff.

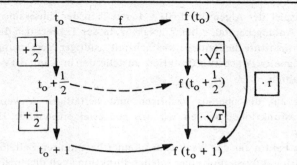

Zu beachten ist auch der Hinweis von Kirsch auf die Möglichkeit, die Einführung der Quadratwurzel überhaupt erst zu motivieren von der Frage her: „Welcher Wachstumsfaktor gehört zur halben Zeitspanne?" Will man die Zeitabschnitte dritteln, so braucht man entsprechend die 3. Wurzel, und so ergibt sich die Notwendigkeit, den Potenzbegriff auf positive rationale Zahlen, zu erweitern.

Zunächst hat man analog zur Halbierung oder Drittelung der Zeitintervalle allgemein

$$f(t_0 + \frac{1}{n}) = f(t_0) \cdot r^{\frac{1}{n}}.$$

Zur Zeiteinheit $\frac{1}{n}$ gehört also jetzt der Wachstumsfaktor $r^{\frac{1}{n}}$, und zusammen mit der Bedingung über das Vervielfachen der Zeiteinheit erhält man:

$$f(t_0 + \frac{m}{n}) = f(t_0) \cdot r^{\frac{m}{n}}.$$

Damit hat man aber bereits für alle rationalen Zahlen $t > 0$ die Bedingung

$$f(t_0 + t) = f(t_0) \cdot r^t.$$

Von den Einführungs- und Anwendungsbeispielen her ist es jedoch sehr naheliegend, von $t_0 = 0$ bzw. $f(0)$ auszugehen. Man betrachtet ja das Algenwachstum oder die Verzinsung von einem bestimmten Zeitpunkt an, und $f(0)$ ist die von Algen bedeckte Fläche bzw. das vorhandene Kapital zu diesem Anfangszeitpunkt, an dem also noch *keine* Zeit vergangen ist. Mit

● $$f(t) = f(0) \cdot r^t$$

ergibt sich damit aber die allgemeine Form einer *Wachstums-* oder *Exponentialfunktion* als Funktion $f(t)$, die für alle rationalen Zahlen t erklärt ist[10].

10 Der noch fehlende Übergang von den rationalen zu den reellen Zahlen muß – von Plausibilitätsbetrachtungen abgesehen – dem Mathematikunterricht der gymnasialen Oberstufe vorbehalten bleiben.

Beim Beispiel der Algen war f (0) = 1, r = 2; in der Zinseszinsrechnung ist f (0) das Anfangskapital, r der Zinsfaktor. In der Tat rechnen die Computer der Kreditinstitute heutzutage vielfach mit „stetiger Verzinsung", also mit einer geeigneten Wachstumsfunktion anstelle der in Kapital IV beschriebenen Verfahren.

In bezug auf die überaus wichtigen und vielfältigen Anwendungen der Wachstumsfunktionen wollen wir uns auf zwei ergänzende Hinweise beschränken:

Statt den Faktor für das Wachstum in einer bestimmten Zeiteinheit könnte man zur Charakterisierung einer solchen Funktion auch diejenige Zeitspanne angeben, in der sich der Funktionswert jeweils verdoppelt bzw. halbiert. Die Halbwertzeit eines radioaktiven Stoffes und darauf beruhende Meßverfahren der Physik liefern ein bekanntes Anwendungsbeispiel.

Das Buch über die „Gernzen des Wachstums"[11], der Bericht des „Club of Rome" zur Lage der Menschheit, hat bei seinem Erscheinen viel Aufsehen erregt. In diesem sehr faßlichen Buch, dessen Grundgedanken durchaus mit Schülern der Sekundarstufe I besprochen werden können, wird gezeigt, welche Rolle exponentielles Wachstum in bezug auf die weitere Entwicklung der Menschheit spielt. Bei Bevölkerungswachstum, Rohstoffverbrauch, landwirtschaftlicher Produktivität, Energieverbrauch, Industrialisierung und vielem mehr geht es im Prinzip um Wachstumsprozesse, wie wir sie hier kurz beschrieben haben. Was das Sachrechnen betrifft, kommen zwei Aspekte zusammen: Die angesprochenen Fragestellungen sind *fächerübergreifend* und betreffen insbesondere Probleme aus den Bereichen Politik, Geographie, Wirtschaft usw. Zugleich wird deutlich, wie mit Hilfe der Mathematik ein *theoretisches Modell* entwickelt wurde, das hier sogar die überaus komplexen Entwicklungen für die Menschheit auf der ganzen Erde zu beschreiben versucht. Beide Gesichtspunkte halten wir für den Mathematikunterricht für sehr wesentlich!

Aber auch in bezug auf mathematische Fragestellungen, und zwar auch im Blick auf die Schulmathematik, kommt den Wachstumsfunktionen eine sehr viel größere Bedeutung zu, als es ihrer bisherigen Beachtung im Unterricht entspricht. Die Beziehung zur Zinseszinsrechnung ist nicht die einzige Querverbindung zu anderen Stoffgebieten. Wir nennen beispielhaft nur einen weiteren Punkt:

Wachstumsfunktionen sind streng monotone Funktionen, und als solche sind sie umkehrbar. Die Umkehrung einer Exponentialfunktion führt auf den Logarithmus. Auch wenn der Logarithmusbegriff nicht explizit ange-

---

11 D. Meadows u. a., Die Grenzen des Wachstums, Stuttgart 1972.

sprochen wird, so lernt doch jeder Hauptschüler auf dem Rechenstab eine logarithmische Skala kennen, dieselbe Skala, die andererseits in besonderer Beziehung zum traditionellen Sachrechnen steht, weil sie nämlich die für die Proportionalitäten charakteristischen quotientengleichen Zahlenpaare liefert. Der Rechenstab, der in der Praxis immer mehr durch den Taschenrechner abgelöst wird, erweist sich damit zugleich erneut als für den Mathematikunterricht in didaktischer Hinsicht wichtige Konkretisierung verschiedenster mathematischer Zusammenhänge.
Man kann die Beziehung zwischen Rechenstab und Wachstumsfunktionen in einer etwas vereinfachenden Analogie auch in der folgenden Weise beschreiben:

> Beim Rechnen mit dem Rechenstab werden Strecken aneinandergesetzt, ihre Längen also *addiert*. Die zugehörigen Zahlen der Rechenstabstala *multiplizieren* sich dabei.

> Geht man bei einer Wachstumsfunktion von einem Zeitpunkt t_0 aus um die Zeitspanne t weiter, *addiert* man also die Zeitspanne t, so wird der Funktionswert f (t) mit dem Faktor r^t *multipliziert*.

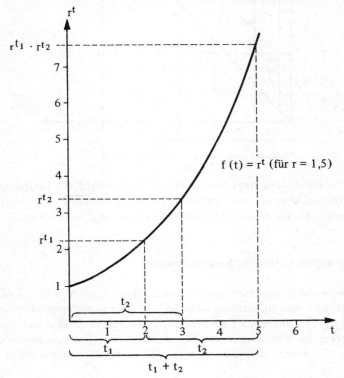

$f(t) = r^t$ (für r = 1,5)

Ist speziell $f(0) = 1$, so hat man sogar volle Übereinstimmung mit dem Rechenstabrechnen; denn es gilt dann

$$f(t_1 + t_2) = r^{t_1 + t_2} = r^{t_1} \cdot r^{t_2}.$$

Verwendet man nun für die Darstellung einer solchen Wachstumsfunktion logarithmisches Papier, d. h., benutzt man ein Koordinatensystem, dessen eine Achse eine Rechenstabskala trägt, so verwandelt sich die Kurve der Exponentialfunktion in eine Gerade durch die Punkte $(0, 1)$ und $(1, r)$.

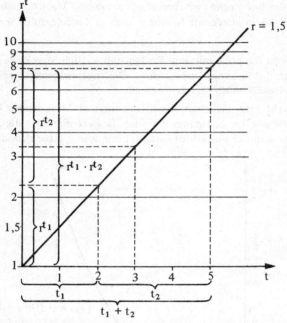

Aus dieser Darstellung einer Wachstumsfunktion ergeben sich zahlreiche Anwendungsmöglichkeiten und zugleich weitere interessante mathematische Fragestellungen, auf die wir aber hier nicht weiter eingehen können.

1.3 Elementare statistische Fragestellungen

Wahrscheinlichkeitsrechnung und Statistik bilden – auch in Bezug auf die Möglichkeiten ihrer Behandlung im Unterricht – ein so umfangreiches Gebiet, daß wir uns hier mehr noch als bei den bisher genannten über das traditionelle Sachrechnen hinausgehenden Themen auf kurze Hinweise beschränken müssen. Wir müssen darauf verzichten, den Stoff selbst darzustellen, und voraussetzen, daß er zumindest in den Grundzügen bekannt ist[12]. Wir wollen uns vielmehr auf eine Diskussion der folgenden Fragen beschränken:

> Welches sind die Aufgaben der Statistik und welches ist ihre Bedeutung für den Mathematikunterricht?

> Welche Beziehungen bestehen zwischen der elementaren Statistik und anderen Stoffgebieten des Sachrechnens?

> Wo und in welcher Form begegnen statistische Angaben dem Schüler und wie kann er an ein grundlegendes Verständnis statistischer Methoden herangeführt werden?

Die Aufgaben der Statistik lassen sich kurz umreißen als mathematische Beschreibung und Beurteilung von Massenerscheinungen. Entsprechend wird meist zwischen beschreibender und beureteilender Statistik unterschieden. Mit einer Beschreibung von Massenerscheinungen ist das *Erfassen und Ordnen* einer großen Zahl von *Daten* gemeint, ihre *graphische Darstellung*, um eine Gesamtübersicht über den Sachverhalt gewinnen zu können, oder die Charakterisierung einer Fülle von Zahlenangaben durch wenige sogenannte *statistische Maßzahlen*.

Hat man z. B. n Meßergebnisse, unter denen ein bestimmter Wert x mit der absoluten Häufigkeit H (x) auftritt, so ist die *relative Häufigkeit* h (x) der Quotient $\frac{H\,(x)}{n}$. Sie erlaubt es, die Häufigkeit mit der x auftritt, auch für Meßreihen verschiedenen Umfangs, also für verschiedene Werte von n miteinander zu vergleichen. Nun könnte es sein, daß man lauter verschiedene Meßwerte hat und damit im Extremfall für jeden Meßwert die relative Häufigkeit $\frac{1}{n}$. Man faßt deshalb alle Werte, die in ein bestimmtes Intervall fallen, zu einer *Klasse* zusammen, und in der graphischen Darstellung entsteht ein sogenanntes *Histogramm*:

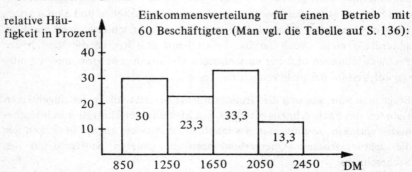

relative Häufigkeit in Prozent

Einkommensverteilung für einen Betrieb mit 60 Beschäftigten (Man vgl. die Tabelle auf S. 136):

12 Vgl. dazu R. Strehl, Wahrscheinlichkeitsrechnung und elementare statistische Anwendungen, Freiburg ²1976.

Statt eine solche graphische Darstellung zu geben, könnte man *Mittelwert* und *Standardabweichung* der Meßwerte berechnen, um mit diesen *statistischen Maßzahlen* eine erste Übersicht über die Daten zu vermitteln. Mittelwert und Standardabweichung sind jedoch nur die einfachsten und bekanntesten Beispiele aus einer großen Fülle solcher statistischer Meßzahlen, mit deren Hilfe ja auch sehr verschiedenartige Datenmengen oder auch Datenpaare, Datentripel usw. beschrieben werden sollen.

Die sogenannte *beurteilende Statistik* kann global als Anwendung der Wahrscheinlichkeitsrechnung bei statistischen Problemen bezeichnet werden. Damit ist folgendes gemeint: Städtische Behörden oder das Finanzamt versuchen, alle Bürger bzw. alle Steuerzahler zu erfassen. Es werden also z. B. in bezug auf das Jahreseinkommen der Einwohner einer bestimmten Stadt *alle* Daten gesammelt. Demgegenüber gibt es zahlreiche Probleme, bei denen man prinzipiell immer nur eine Auswahl aus einer größeren Gesamtheit erfassen kann. Wenn etwa zum Zweck einer Materialprüfung ein Werkstück zerstört werden muß, so wird man selbstverständlich nur einen Teil der Produktion untersuchen, und man wird versuchen, aus der Zahl der fehlerhaften Stücke in einer sogenannten *Stichprobe* auf den Anteil der fehlerhaften Stücke insgesamt zu *schließen.* Das mathematische Werkzeug dazu ist die Wahrscheinlichkeitsrechnung, und die Methoden, auf denen solche Schlüsse beruhen, werden meist als statistischer *Test* bezeichnet.

Ein anderes Beispiel: Hat man die Ergebnisse zweier Versuchsreihen zu vergleichen, so stellt sich die Frage, ob eine festgestellte Abweichung der Mittelwerte nur *zufällig* ist oder ob sich etwa die Änderung einer einzelnen Versuchsbedingung ausgewirkt hat. Man prüft in einem solchen Fall, ob die Wahrscheinlichkeit für das Auftreten des festgestellten Mittelwertunterschiedes unterhalb einer gewissen vorgegebenen Größe von z. B. 5 % liegt. Wenn ja, wird man die Mittelwertabweichung als *signifikant* ansehen und eine Auswirkung der fraglichen Versuchsbedingung als „statistisch erwiesen" ansehen, andernfalls nicht. Auch für die beurteilende Statistik ist die Vielfalt der Problemstellungen und der einschlägigen Methoden sehr groß, und wir müssen auf weitere Beispiele verzichten.

Fragt man nun, wie sich die Grundprobleme der Statistik in den allgemeinen Rahmen des Sachrechnens als einer Erschließung der Umwelt durch Mathematik einfügen, so muß man die inahltlichen Aspekte ebenso bedenken wie die mathematischen Querverbindungen zu anderen Stoffgebieten des Sachrechnens:
In mathematischer Hinsicht sind vor allem die Beziehung zu Verhältnisbegriff und Bruchrechnung sowie die Rolle des Abbildungsbegriffs in Statistik und

Wahrscheinlichkeitsrechnung hervorzuheben. Die relative Häufigkeit eines Ereignisses, z. B. die relative Häufigkeit, mit der ein bestimmtes Meßergebnis auftritt, ist ein Quotient, nämlich das Verhältnis von absoluter Häufigkeit und Gesamtzahl der Messungen. Ganz analog dazu ist – wenn man den sogenannten klassischen Wahrscheinlichkeitsbegriff zugrunde legt – die Wahrscheinlichkeit eines Ereignisses bei einem Zufallsexperiment das Verhältnis der für das Ereignis „günstigen" Ergebnisse zur Gesamtzahl aller möglichen Ergebnisse. In beiden Fällen ist die Quotientenbildung vom Problem des Vergleichens her motiviert, das sich bei der Einführung der Prozentrechnung ebenso als wesentlich erwies, und es ist nur naheliegend, daß relative Häufigkeiten wie auch Wahrscheinlichkeiten sehr oft in Prozent angegeben werden.

Ein großer Teil der uns wie dem Schüler täglich begegnenden Angaben in Prozent sind in der Tat relative Häufigkeiten, auch wenn man sich dessen nicht immer bewußt ist.

Die *Häufigkeitsfunktion* für empirisch gegebene Daten bzw. die Wahrscheinlichkeitsfunktion für ein Zufallsexperiment sind *Abbildungen* der Menge der möglichen Ergebnisse in der Menge der reellen Zahlen. Ein Histogramm (vgl. S. 189) ist im Prinzip nur eine vereinfachte Darstellung einer Häufigkeitsfunktion.

Die zugehörige *Verteilung*, die man durch Aufsummieren der Häufigkeiten bis zur Stelle x ermittelt, liefert dann ein wichtiges Beispiel für monotone Funktionen und zugleich für eine sogenannte Treppenfuktion.

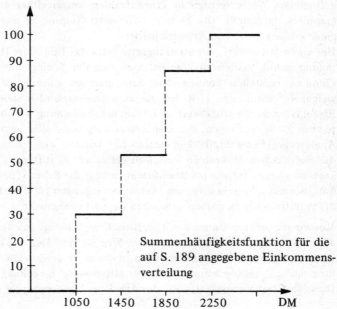

Summenhäufigkeit in Prozent

Summenhäufigkeitsfunktion für die auf S. 189 angegebene Einkommensverteilung

Schließlich soll nicht vergessen werden, daß die Daten selbst in aller Regel Größen sind und daß auch in der Wahrscheinlichkeitsrechnung die Ergebnisse eines Versuchs meist durch Größen charakterisiert sind.

In bezug auf den inhaltlichen Aspekt kann man sagen: Massenerscheinungen sind ein Merkmal der Umwelt, in der der Schüler lebt und in der sich zu orientieren er lernen muß. Es ist deshalb heutzutage unbestritten, daß statistische Grundbegriffe möglichst allen Schülern nahegebracht werden sollten. Sie treten in fast allen Lebensbereichen auf. Am häufigsten begegnet man statistischen Angaben im Zusammenhang mit Fragen der Wirtschaft. Die statistischen Landesämter und das statistische Bundesamt veröffentlichen laufend Zahlen über wirtschaftliches Wachstum, Lebenshaltungskosten, Arbeitslosenzahlen, Grad der Motorisierung, Einwohnerzahlen in Städten, Bevölkerungsrückgang in ländlichen Gebieten und vieles mehr. Die Tageszeitungen sind voll von derartigen Angaben. Aber schon den Grundschulkindern ist − leider − die Durchschnittszensur bei einer Klassenarbeit als statistische Maßzahl bereits vertraut, und andererseits macht man sich kaum bewußt, daß die Statistik z. B. auch in der Wetterkunde eine Rolle spielt.

Das didaktische Problem liegt darin, daß die statistischen Maßzahlen oder graphischen Darstellungen, in denen uns alltäglich statistische Angaben begegnen, immer nur das Endergebnis eines oftmals langen Prozesses sind: Die Einzeldaten werden gesammelt, geordnet, es werden Klassen gebildet, die gefundenen Werte werden in Prozentzahlen umgerechnet und schließlich graphisch dargestellt. Die Zeitungsnotiz oder Graphik ist nur das Endglied einer solchen Kette von Arbeitsschritten.

Um einen Mittelwert, ein Streuungsmaß oder das Bild einer Häufigkeitsverteilung richtig deuten zu können, muß sich der Schüler dessen Zustandekommen vorstellen können. Nur dann nämlich kann er auch ermessen, welche Informationen z. B. bei der zusammenfassenden Beschreibung der Einzeldaten durch Mittelwert und Standardabweichung *verlorengehen*. Ein solches Zurückverfolgen, das man etwas anspruchsvoller auch als kritische Analyse gegebener Statistiken bezeichnen könnte, dient nicht allein dazu, die statistischen Maßzahlen besser zu verstehen, es ruft vor allem auch die angesprochenen Inhalte ins Bewußtsein zurück: die Schüler, deren Leistungsdurchschnitt angegeben ist, die Arbeitsbedingungen für eine Berufsgruppe, deren mittleres Einkommen angegeben ist, und vieles mehr.

Vor einem solchen Umgang mit statistischem Material aus der Praxis sollte aber auf jeden Fall der konstruktive Weg stehen: Der Schüler soll selbst Daten erheben, Strichlisten erstellen, nach einer geeigneten Klasseneinteilung suchen, Histogramme zeichnen, Mittelwerte berechnen und so fort. Dies führt fast zwangsläufig auf die Arbeit an kleineren oder größeren *Pro-*

jekten anstelle der sonst üblichen Unterrichtsformen. Eine Klasse kann selbst

eine wetterkundliche oder physikalische Versuchsserie durchführen und die Meßergebnisse auswerten,

eine Befragung — zur Vereinfachung vielleicht nur unter den Schülern eines Jahrgangs — durchführen wie z. B. zur Höhe des Taschengeldes oder zum Zeitaufwand und zur Programmauswahl für das Fernsehen,

eine begrenzte Verkehrszählung vornehmen, z. B. an einer für den Schulweg kritischen Kreuzung.

Bei der Durchführung solcher Projekte zeigt sich, daß schon die einfachsten Methoden der *beschreibenden* Statistik, auf die man sich in der Sekundarstufe I beschränken muß, die aber umgekehrt auch jedem Hauptschüler zugänglich sind, daß schon diese Methoden viel zu einer *Beurteilung* des Sachverhalts beitragen. Bei einer Häufigkeitsfunktion z. B. kann schon die Lage ihres Maximums oder das Vorhandensein eines oder mehrerer ,,Gipfel" eine wesentliche Information sein (vgl. dazu auch Seite 215). Die im mathematischen Sinn beurteilende Statistik stellt in der Regel höhere mathematische Anforderungen. Zwar gibt es einfache, meist auf der Binomialverteilung beruhende Testverfahren, die schon in der Sekundarstufe I erarbeitet werden können, sie dürften aber in der Regel mehr für Realschul- und Gymnasialklassen geeignet und an Hauptschulen allenfalls oberen Leistungsgruppen zugänglich sein. Sofern aber der Begriff Wahrscheinlichkeit überhaupt zur Verfügung steht, und dies ist heute die Regel, sollte man auch ohne die mathematischen Einzelheiten besprechen, was mit ,,statistisch signifikant" gemeint ist, um so den weitverbreiteten Irrmeinungen über einen ,,statistischen Beweis" entgegenzutreten. Nicht zuletzt kann im Rahmen einer solchen Diskussion auch darauf hingewiesen werden, daß die Grenze für statistische Signifikanz eine Festlegung ist, die nicht von der Mathematik her sondern unter außermathematischen Gesichtspunkten getroffen wird. So wird man z. B. bei einer wirtschaftlichen Prognose für eine Fehlbeurteilung der gegebenen Daten eine größere Wahrscheinlichkeit zulassen können als bei der Prüfung eines Medikaments.

Unterrichtsprojekte sind oft mit erheblichem organisatorischem Aufwand für den Lehrer verbunden. In vielen neueren Schulbüchern werden deshalb die Daten für einfache statistische Probleme im Rahmen von Textaufgaben als Rohdaten, Strichlisten oder auch bei bereits erfolgter Klassenbildung vorgegeben. Man wird als Lehrer nicht umhin können, immer wieder von derartigem vorbereitetem Material Gebrauch zu machen. Man sollte sich aber bewußt machen, daß dies nur ein Notbehelf ist.

Schließlich wollen wir noch darauf hinweisen, daß es auch Unterrichtsprojekte zur Statistik gibt, die sich ganz im Klassenraum verwirklichen lassen. Viele Probleme der Wahrscheinlichkeitsrechnung lassen sich in verschiedenartigen Glücksspielen veranschaulichen. Ehe man aber theoretisch die Gewinnchancen mit den Methoden der Wahrscheinlichkeitsrechnung *berechnet*, sollte man das Spiel auch in einem umfangreichen Experiment erproben und die Ergebnisse statistisch auswerten. Ohnehin wird die Behandlung von Wahrscheinlichkeitsrechnung und elementarer Statistik im Unterricht meist Hand in Hand erfolgen. Schon die grundlegenden Begriffsbildungen sind ja ganz analog, und die Herausarbeitung der bestehenden Wechselbeziehungen ist eine wichtige Aufgabe des Mathematikunterrichts. Aber auch die Wahrscheinlichkeitsrechnung selbst, auf die wir hier nicht näher eingehen können, fällt weitgehend mit unter unseren Begriff von Sachrechnen. Auch sie ist ein Instrument zur Beschreibung von Elementen der uns umgebenden Wirklichkeit, und in der Wahrscheinlichkeitsrechnung kommen zugleich Aspekte des mathematischen Denkens zum tragen, an die jeder Schüler herangeführt werden sollte.

2. Die für das Sachrechnen relevanten Begriffe und Strukturen der Mathematik im Überblick

In Kapitel I haben wir thesenhaft formuliert, daß die im Sachrechnen auftretenden Begriffe auch in mathematischer Hinsicht durchaus relevant seien und daß es wünschenswert sei, daß sich Sachrechnen einerseits und Beschäftigung mit mathematischen Begriffen und Strukturen andererseits im Unterricht stärker als bisher wechselseitig durchdringen.

Wir wollen zur Verdeutlichung dieser These die bisher verwendeten mathematischen Begriffe noch einmal zusammenstellen und versuchen, in einem Schema eine Übersicht über das mit ihnen gegebene Begriffsnetz und die zahlreichen Querverbindungen zu geben. Wir betonen vorweg, daß eine solche theoretische Übersicht − noch dazu in schematischer Darstellung − kein Leitfaden für den Unterricht sein kann. Gerade das Sachrechnen ist ja der Fachsystematik relativ fremd, weil es seiner Funktion nach und von den gegebenen Aufgabenstellungen her immer wieder die Systematik sprengt und vielfach zu fächerübergreifenden Fragestellungen und Unterrichtsprojekten führt.

Andererseits aber sollte der Lehrer sich bewußt machen, daß und wie die verschiedenen mathematischen Begriffe untereinander in Beziehung stehen und wie ein abstraktes Begriffsnetz als theoretischer Hintergrund bis in die mathematisch scheinbar belanglosen Probleme des elementaren Sachrechnens hineinreicht.

Ein Mangel mancher Ausbildungsgänge und Lehrbücher, die sich durchaus an zukünftige Lehrer wenden und sich in der Tat auf die für den Unterricht relevanten mathematischen Begriffe konzentrieren, liegt nicht zuletzt darin, daß das Beispielmaterial, an dem der Umgang mit den abstrakten Begriffen gelernt werden soll, allzu oft der Mathematik selbst entnommen ist. Auch die Studiengänge selbst scheinen zur Zeit noch mehr von fachsystematischen Gewichtspunkten als von dem Bemühen um ein für die Schule relevantes *Hintergrundwissen* bestimmt zu sein. Sonst wäre es z. B. undenkbar, daß eine theoretische Fundierung des Größenbegriffs, dessen zentrale Bedeutung wir hervorgehoben haben, in den meisten Studiengängen für Lehrer nicht oder nur am Rande auftritt.

Wenn wir den Größenbegriff in die Mitte stellen, so erhalten wir im wesentlichen das umseitige Beziehungsgefüge (S. 196).

Das Schema enthält zunächst die sehr allgemeinen Begriffe *Menge* und *Relation*: Mengen von Repräsentanten und darauf erklärte Relationen, nämlich die zur Klassenbildung erforderlichen *Äquivalenzrelationen* sowie *Ordnungsrelationen* sind Voraussetzung für die Bildung des Größenbegriffs und des Strukturbegriffs *Größenbereich*. Bei diesem wird als *Verknüpfung* die *Addition* und darauf aufbauend das Vervielfachen betrachtet. Kommt als spezielle Eigenschaft die Teilbarkeit hinzu, so erhält man die *konkreten Brüche* und von daher einen Zugang zu den *Bruchzahlen*. Die Größenbereiche spielen also eine wesentliche Rolle beim *Aufbau des Zahlensystems*.

Bei den weiteren Anwendungen steht dann der *Abbildungsbegriff* im Mittelpunkt. *Proportionalitäten* sind *lineare* Abbildungen zwischen Größenbereichen. Prozent- und Zinsrechnung können als Spezialfälle, ebenso aber auch als Anwendungen der Bruchrechnung aufgefaßt werden. An speziellen *nicht linearen* Abbildungen begegnet man den *Antiproportionalitäten*, die in enger Beziehung zu den Proportionalitäten stehen, vereinzelt den quadratischen Funktionen und nicht zuletzt den überaus wichtigen *Wachstumsfunktionen*, die zugleich eine Fortführung und Vertiefung der Zinseszinsrechnung ermöglichen.

Auch das *Messen* kann als Abbildung aufgefaßt werden, nämlich als Abbildung eines Größenbereichs in die Menge der *reelen Zahlen*. Hier besteht auch eine Beziehung zur *Wahrscheinlichkeitsrechnung*, in der ja Ereignissen Maßzahlen, nämlich Wahrscheinlichkeiten, zugeordnet werden. Wichtiger als diese theoretische Querverbindung ist für die Schule allerdings die Beziehung zwischen Wahrscheinlichkeitsrechnung und Bruchrechnung. Bei dem im Unterricht verwendeten sogenannten klassischen Wahrscheinlichkeitsbegriff ist ja wie bereits erwähnt eine Wahrscheinlichkeit stets als ein Quotient zweier natürlicher Zahlen definiert. Dasselbe gilt für die *relative Häufigkeit* eines Ereignisses als einem grundlegenden Begriff der *beschreibenden Statistik*.

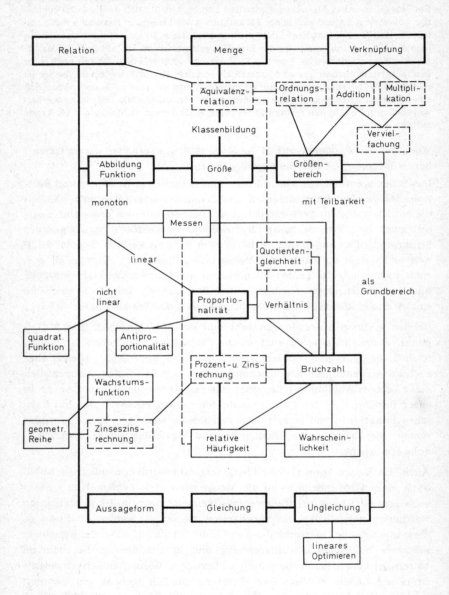

Die Begriffe *Aussageform, Gleichung* und *Ungleichung* stehen zwar in keinem direkten Zusammenhang mit dem Größenbegriff. Gleichungen und Ungleichungen sind jedoch wichtige Hilfsmittel bei der Lösung von Sachaufgaben, und zwar von einfachen Textaufgaben bis hin zu den umfangreicheren Problemen des *linearen Optimierens*. Die *Grundbereiche* der bei diesen Anwendungen auftretenden Gleichungen und Ungleichungen sind aber wiederum fast ausschließlich Größenbereiche.

Dieser kurze Kommentar zu dem auf S. 196 angegebenen Schema erfaßt bei weitem nicht. alle mathematischen Wechselbeziehungen zwischen den dort genannten Begriffen. Er zeigt jedoch: Wenn man bei den Aufgaben des Sachrechnens nicht lediglich Lösungstechniken bespricht, sondern die dahinterstehenden mathematischen Begriffe und Strukturen einsichtig zu machen versucht, so wird damit sozusagen viel Mathematik zum Unterrichtsgegenstand. Vielleicht ist es nicht möglich, die ganze Vielfalt der Wechselbeziehungen mathematischer Begriffe dem Schüler bewußt zu machen. Es geht ja nicht nur darum, Verbindungslinien zwischen verschiedenen Stoffgebieten zu ziehen, oft liegt auch deren Behandlung im Unterricht zeitlich weit auseinander, wie z. B. eine erste Behandlung von durch zweistellige Aussageformen gegebenen Relationen in der Grundschule und die Beschäftigung mit Ungleichungen und linearem Optimieren in der Sekundarstufe I. Man sollte jedoch immer wieder versuchen, solche Brücken zu schlagen; denn nur durch die Beziehungen zwischen verschiedenen Stoffgebieten gewinnen manche mathematischen Begriffe und insbesondere Strukturbegriffe überhaupt erst ihre Bedeutung. Und nur, wenn zugleich das Sachrechnen durchgängig mit dem Aufbau eines mathematischen Begriffsnetzes verflochten ist, wird einerseits ein auf methematische Begriffe und Strukturen zielender Unterricht nicht zur inhaltlosen Gedankenspielerei, wie man es solchem Unterricht gelegentlich vorwirft, und wird andererseits das Sachrechnen nicht zu einem „unmathematischen" Trainieren von Kalkülen, deren praktische Anwendbarkeit außerhalb der Schule dennoch begrenzt und fragwürdig bleiben muß. Nun soll nicht der Eindruck erweckt werden, als könne schlechthin jedes Stoffgebiet des Mathematikunterrichts vom Sachrechnen und insbesondere vom Größenbegriff her erschlossen werden. Man kann schon am obigen Schema ablesen, wo bei einer solchen Einseitigkeit Defizite entstehen würden: Der Strukturbegriff Größenbereich ist einerseits der einzige Strukturbegriff, der in unserem Zusammenhang stärker in den Vordergrund getreten ist, andererseits ist ein Größenbereich als Mischgebilde mit Verknüpfung und Ordnungsrelation zu kompliziert, um darauf allein eine Hinführung des Schülers zu einer algebraischen Denkweise, d. h. zunächst zum grundlegenden Begriff des Verknüpfungsgebildes, zu stützen.

Der Mengenbegriff bildet zwar in mehrfacher Hinsicht den allgemeinen Hintergrund der dargestellten Zusammenhänge — Mengen von Repräsentanten sind Voraussetzung für den Größenbegriff, Mengen von Größen bilden die Grundbereiche von Aussageformen usw. — die elementare Mengenalgebra jedoch, wie sie seit der 1968 eingeleiteten Reform schon in den ersten Grundschulklassen behandelt wird, spielt kaum eine Rolle. Damit werden zugleich auch die Elemente der elementaren Aussagenlogik im Zusammenhang des Sachrechnens nicht angesprochen.

Im Sinne unserer allgemeinen Überlegungen wäre es jedoch wünschenswert, auch bei solchen Stoffen die vorhandenen oder leicht auffindbaren Umweltbezüge aufzugreifen und neben den „strukturierten" und somit relativ abstrakten Lernmaterialien heranzuziehen. Ein Karnaugh-Diagramm z. B. läßt sich wie üblich mit „logischen Blöcken" füllen,

	rot	nicht rot
rund	◉ ●	◯ ○
nicht rund	◪ ▲	◊ △ △

dasselbe Diagramm kann aber auch als Lösungshilfe bei manchen Sachaufgaben dienen

	mit Auto	ohne Auto	
ohne Eigenheim	4512	?	4837
mit Eigenheim	?	?	120 000
	11522	?	Einwohner einer Stadt

oder mit anderen Zahlenangaben als „Vierfeldertafel" im Zusammenhang einer statistischen Fragestellung auftreten:

	erkrankt	nicht erkrankt
Schwimmer		
Nichtschwimmer		

Ferner:

Die Querverbindungen zwischen Sachrechnen und Geometrie betreffen direkt oder indirekt fast ausschließlich den Aspekt des Messens.

Immerhin sind sie so zahlreich, daß wir die wichtigsten in einem Schema zusammenfassen wollen:

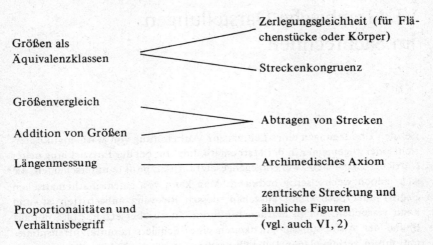

Größen als
Äquivalenzklassen

Zerlegungsgleichheit (für Flächenstücke oder Körper)

Streckenkongruenz

Größenvergleich

Addition von Größen

Abtragen von Strecken

Längenmessung   Archimedisches Axiom

Proportionalitäten und
Verhältnisbegriff

zentrische Streckung und
ähnliche Figuren
(vgl. auch VI, 2)

Andere Fragestellungen wie das Senkrechtstehen, Parallelität, Symmetrie oder Abbildungsgruppen als in der Geometrie besonders wichtige Verknüpfungsgebilde sind nicht berührt worden.

Wiederum heißt das nicht, daß es nicht möglich wäre, Umweltbezüge im Geometrieunterricht auch dort zu nutzen, wo nicht gemessen wird und keine Beziehungen zu den Größen auftreten. So kann man z. B. im Zusammenhang mit Symmetrie und Kongruenzabbildungen statt abstrakter geometrischer Figuren oder Eigenschaften von Abbildungen auch Möbelstücke, Bauwerke und dergleichen betrachten.

Es lassen sich leicht weitere mathematische Themen angeben, die uns für die Hinführung des Schülers zu mathematischen Denkweisen wesentlich zu sein scheinen, die aber im Zusammenhang mit dem Sachrechnen nur selten ins Blickfeld treten. Überblickt man jedoch die im Abschnitt I.3 genannten allgemeinen Zielsetzungen für den Mathematikunterricht und denkt z. B. an Mathematik als Kulturgut oder Mathematik als intellektuelles Spiel, so wäre es töricht, *alles* vom Sachrechnen zu erwarten. Es ging uns darum, bestehende Zusammenhänge hervorzuheben, und wir können zusammenfassen:

Eine reiches und durchaus nicht anspruchsloses Beziehungsgefüge mathematischer Begriffe kann vom Sachrechnen her erschlossen werden.

VI Graphische Darstellungen im Sachrechnen

Bei den Überlegungen eines Lehrers zur Vorbereitung von Mathematikunterricht oder allgemeiner in der Mathematikdidaktik bei der Entwicklung neuer Curricula lassen sich zwei entgegengesetzte Ansatzpunkte unterscheiden, die sich jedoch wechselseitig bedingen: Man kann von einem mathematischen Begriff oder Sachverhalt ausgehen, dessen Relevanz unbestritten ist, und kann versuchen, ihn in Mathematikunterricht zu übersetzen, d. h., ihn auf Ebene der Auffassungsmöglichkeiten eines Schülers herunterzutransponieren, ihn in verschiedenen Darstellungen zu *veranschaulichen,* ein geeignetes *Modell* zu konstruieren oder *anschauliche Beispiele* zu finden. Umgekehrt kann man von einem in der Umwelt gegebenen Sachverhalt ausgehen und versuchen, ihn mit mathematischen Mitteln zu beschreiben, zu ordnen, durchschaubar zu machen und ein mit ihm gegebenes Problem zu *mathematisieren.*

Gerade vom Ansatz des Sachrechnens her könnte man die These vertreten, daß grundsätzlich alles Lernen von Mathematik ein vom anschaulich gegebenen Sachverhalt ausgehender Mathematisierungsprozeß sein sollte. Aber selbst dann, wenn sich dieser Ansatz auch in der Praxis konsequent durchhalten ließe, wären Schemata und Skizzen – also Veranschaulichungen – unentbehrliche Hilfsmittel, um die Ergebnisse oder Zwischenergebnisse eines Mathematisierungsprozesses zu klären und zu fixieren.

Veranschaulichungen spielen also in jeder Hinsicht eine wichtige Rolle im Mathematikunterricht. Daher wollen wir in diesem Abschnitt zunächst die Begriffe Veranschaulichung, Modellbildung und Anschaulichkeit voneinander abgrenzen, um so für die große Vielfalt der im Zusammenhang mit dem Sachrechnen auftretenden Darstellungen ordnende Gesichtspunkte zu gewinnen[1].

---

1 Eine ausführliche Darstellung der theoretischen Aspekte dieses Abschnitts findet sich bei J. Etzrodt/R. Strehl, Zur Rolle von Veranschaulichung, Modellbildung und Mathematisierung in der Didaktik der Mathematik, in: Abhandlungen aus der Pädagogischen Hochschule Berlin, Bd. II, Berlin 1976. Man vgl. auch J. Lompscher, Theoretische und experimentelle Untersuchungen zur Entwicklung geistiger Fähigkeiten, Berlin 1972.

1. Anschaulichkeit und Veranschaulichungen im Mathematikunterricht

Unter einer *Veranschaulichung* eines mathematischen Sachverhalts wollen wir eine Darstellung verstehen, die einerseits alle wesentlichen Begriffs- oder Strukturmerkmale enthält und so den mathematischen Sachverhalt ,,unmittelbar sichtbar" macht, die aber andererseits möglichst frei von Inhalten ist, die für den zu klärenden Begriff oder Sachverhalt nicht charakteristisch sind. In dem Maße wie diese beiden Kriterien erfüllt sind, kann eine Veranschaulichung ihrem Gegenstand mehr oder weniger *angemessen* sein. Veranschaulichungen mathematischer Begriffe sind häufig graphische Schemata wie Venn-Diagramme oder Pfeildiagramme. Aber auch die etwas abstrakteren Darstellungen im Koordinatensystem können ebenso der Veranschaulichung dienen wie andererseits die zur Darstellung von Zahlen benutzten Holzstäbe oder ein konkretes Lege-Modell für den Satz des Pythagoras, mit denen der Schüler hantieren kann. Es ist also nicht so, daß der Begriff der Veranschaulichung oder die Angemessenheit einer Veranschaulichung an eine bestimmte Darstellungsebene im Sinne Bruners gebunden wären.

Bei Brunner[2] wird in bezug auf die Repräsentation eines Sachverhalts im Intellekt des Betrachters unterschieden zwischen einer *enaktiven* Ebene der Darstellung, hervorgerufen durch Handlungen, z. B. an konkreten Objekten wie Lernmaterialien, einer *ikonischen* Ebene, auf der die Darstellung durch Bilder oder Schemata hervorgerufen wird, und einer *symbolischen* Ebene der Darstellung des Sachverhalts durch Zeichen, Sprache usw.

Es erscheint uns wichtig, auf der ikonischen Ebene deutlich zwischen bildhaften und schematischen Darstellungen zu trennen. Als Beispiel für diese Unterscheidung denke man einerseits an die bildhafte Darstellung von Mengen in manchen Grundschulbüchern, wo die einzelnen Elemente zeichnerisch oder sogar fotographisch wiedergegeben sind, während anderseits ein Venn-Diagramm schematisch nicht diese Objekte selbst, sondern ihre Zusammenfassung zu verschiedenen Mengen und deren Beziehungen untereinander sichtbar machen soll. Beide, Bild und Schema, werden sinnlich wahrgenommen, doch steht das Schema auf einer höheren Abstraktionsstufe und ist deshalb in unserem Zusammenhang besonders wichtig. Gerade die im Sinne der genannten Kriterien angemessenen Veranschaulichungen mathematischer Begriffe und Strukturen sind ja meist relativ abstrakte Darstellungen.

2 Vgl. J. S. Bruner, Der Prozeß der Erziehung, Berlin ²1972, sowie E. Wittmann, Grundfragen des Mathematikunterrichts, a. a. O., S. 69 ff.

Sie müssen den Allgemeinheitsgrad des mathematischen Begriffs wahren und dürfen durch die speziellen Eigenschaften eines konkreten Objekts nicht zu sehr belastet sein.

Im Gegensatz dazu meint der Begriff der *Anschaulichkeit* mehr den Einzelfall, das prägnante, treffende Beispiel, das zwar durchaus charakteristisch für den fraglichen mathematischen Sachverhalt sein *kann*, das aber dennoch die Farbigkeit und die für den Schüler mitunter verwirrende Fülle der Besonderheiten des Einzelfalls trägt.

Die Begriffe „anschaulich" und „abstrakt" werden oft als ein Gegensatzpaar angesehen, und diese Gegenüberstellung findet sich sogar in Äußerungen über Zielsetzungen und Methoden verschiedener Schulformen (vgl. I.1). Richtiger sollte man vom „Abstrahieren" als von einem Prozeß sprechen, der bei anschaulich Gegebenem ansetzt, gemeinsame, unter einer bestimmten Fragestellung als wesentlich angesehene Merkmale verschiedener Sachverhalte oder Objekte hervorhebt und zugleich von anderen Merkmalen absieht, abstrahiert. Wenn nun Veranschaulichungen − wie wir gesehen haben − häufig schon auf relativ hoher Abstraktionsstufe stehen, so können sie doch selbst wieder Ausgangspunkt weiterer Abstraktionsprozesse sein. Wenn nämlich z. B. ein mathematischer Strukturbegriff auf verschiedene Weisen veranschaulicht wird, so führt das Herauslösen der gemeinsamen Merkmale dieser Veranschaulichungen ja wieder auf die abstrakte Struktur zurück, oder es führt zu einem übergeordneten, allgemeineren Begriff.

Wir wollen die bisherigen Überlegungen anhand einiger weiterer Beispiele verdeutlichen und ergänzen:
Die Symmetrie einer Relation wird in einem Pfeildiagramm unmittelbar sichtbar: Zu jedem Pfeil gibt es einen Gegenpfeil.

Gleichwohl ist eine solche Darstellung recht abstrakt und allgemein; denn in ihr ist abstrahiert (abgesehen) von der speziellen Relation, um die es sich handelt, von der Beschaffenheit der Elemente der zugrunde gelegten Menge, von deren räumlicher Anordnung und so fort.
Dasselbe könnte man über das Venn-Diagramm

als *Veranschaulichung* für „A $\subseteq$ B" sagen, mit der Einschränkung allerdings, daß volle *Angemessenheit* im Sinne der genannten beiden Kriterien nur für den Begriff „. . . *echte* Teilmenge von . . ." gegeben ist, da die Darstellung im Venn-Diagramm die Möglichkeit A = B gerade nicht sinnfällig zum Ausdruck bringt.

Im Gegensatz zu diesen Beispielen sind, wenn man von *Anschaulichkeit* spricht, fast immer die einzelnen Objekte selbst bzw. ihr Bild gegeben:
Photo oder Zeichnung einer Zapfsäule an der Tankstelle[3],

die Abbildung eines Verkehrsschildes mit einer Prozentangabe zur Warnung vor Gefälle[4],

die Wiedergabe einer Schaufensterdekoration[5]

oder einer Gruppe von Personen[6] sind anschaulich.

3 Aus B. Andelfinger (Hrsg.), Mathematik M 7, Herder Verlag, Freiburg 1977.
4 Vgl. H. Schütz/B. Wurl (Hrsg.), Mathematik in der Sekundarstufe I, Bd. 7, Schroedel Verlag, Hannover 1975.
5 Aus H. Winter/Th. Ziegler (Hrsg.), Neue Mathematik, Bd. 7, Schroedel Verlag, Hannover 1971, S. 29.
6 Aus J. Arendt/D. Pietz/F. Usbeck, Mathematik im 3. Schuljahr, Westermann Verlag, Braunschweig 1971, S. 5.

Solche Darstellungen lassen zunächst nur in sehr unterschiedlichem Maß erkennen, worauf es ankommt, d. h., unter welcher Fragestellung sie jeweils zu betrachten sind: Bei dem Verkehrsschild ist mit der Angabe 8 % ein Signal gegeben, es sagt aber über die Bedeutung dieses Symbols nichts aus. Bei der Zapfsäule sind zwei Zahlenangaben *sichtbar*. Die Frage nach ihrem Zusammenhang liegt nahe, doch sagt das Bild – trotz seiner Anschaulichkeit – nichts über diesen Zusammenhang aus. Eine filmische Darstellung, bei der die miteinander gekoppelten Veränderungen der beiden Zahlenangaben zu verfolgen sind, wäre hier noch anschaulicher und könnte zugleich zu ersten Vermutungen über den Sachverhalt führen. Zu voller Einsicht und Klärung jedoch dürften die abstrakten Schemata, wie wir sie in Kapitel IV verwendet haben, wesentlich mehr beitragen.

Die Preisschilder im Schaufenster – also Text und Zahlenangaben und nicht die dargestellten Objekte – enthalten zwar eine Aufforderung zu vergleichen, doch wird die Art des Vergleichs nicht erkennbar.

Beim Bild einer Personengruppe schließlich hat man ohne vorgegebene Fragestellung nicht einmal einen Anhaltspunkt für die Betrachtung. Es könnte um Mengenbildung gehen (Sortieren nach der Art der Kleidung), um eine Äquivalenzrelation (. . . ist verwandt mit . . .) oder um eine Ordnungsrelation (. . . ist größer als . . .).

Die Bedeutung von Einzelbeispielen, von Bildern, Filmen oder konkreten Objekten liegt also nicht so sehr in ihrem Beitrag zur Erfassung eines mathematischen Sachverhalts, vielmehr dienen sie dazu, überhaupt erst das Interesse der Schüler für einen Gegenstand zu wecken. Sie sind dazu meist sogar unentbehrlich, und man kann sagen, daß mit der Anschaulichkeit der Darbietung in der Regel auch das Interesse am Gegenstand wächst. Vereinfachend können wir zusammenfassen:

> Die *Anschaulichkeit* bildhafter Darstellungen dient der Motivation, *Veranschaulichungen* dienen der Klärung und Einsicht.

Zwischen Veranschaulichungen in weitgehend abstrakten schematischen Darstellungen einerseits und anschaulichen Einzelbeispielen andererseits halten sogenannte *didaktische Modelle*[7] eine Mittelstellung: Man kann z. B. den Gruppenbegriff repräsentieren in den Regeln verschiedenartigster Spiele mit konkreten Objekten (Drehen und Wenden symmetrischer Figuren) oder Personen (Plätze-Tauschen nach bestimmten Regeln). Oder man denke an

---

7 „Modell" meint hier im mathematischen Sinne die Konkretisierung eines mathematischen Begriffs oder einer Struktur und nicht wie in den Naturwissenschaften meist umgekehrt die mathematische Hintergrundtheorie für einen realen Sachverhalt.

das bekannte Spiel mit „Doppeltüren" bei der Einführung der negativen Zahlen. Dabei ist die mathematische Struktur zweifellos das Primäre, so daß von Veranschaulichung gesprochen werden muß. Andererseits geht hier die Konkretisierung so weit, daß die individuellen Merkmale der im Spiel benutzten Objekte oder die einzelnen Handlungen durchaus anschaulich sind. Nicht immer gelingt es, didaktische Modelle zu finden bzw. zu konstruieren, die in dieser Weise sowohl Motivation als auch Repräsentation des mathematischen Sachverhalts zu leisten vermögen. Aber selbst wo dies gelingt, enthebt es den Mathematikunterricht nicht der Aufgabe, immer wieder von dem Schüler vertrauten Umweltsituationen her Mathematisierungsprozesse einzuleiten, eine Aufgabe, die gerade für das Sachrechnen charakteristisch ist.

2. Zur Veranschaulichung der im Sachrechnen auftretenden mathematischen Begriffe

Wir wollen versuchen, die Überlegungen des letzten Abschnitts auf die mathematischen Begriffe und Zusammenhänge des Sachrechnens und insbesondere auf den zentralen Punkt der Abbildungen zwischen Größenbereichen anzuwenden. Dabei wollen wir uns auf diejenigen Darstellungen konzentrieren, die der Veranschaulichung und Klärung der mathematischen Zusammenhänge dienen; denn die im letzten Abschnitt angeführten Beispiele für Anschaulichkeit als motivierendes Element waren bereits weitgehend dem Bereich des Sachrechnens entnommen.

Die Analyse von Begriffen wie Größe oder Proportionalität hatte gezeigt, daß alle derartigen Begriffe in ein enges Netz von Beziehungen und Querverbindungen zu anderen Begriffen eingebunden sind und daß man sie deshalb unter mehreren Aspekten betrachten kann. So kann man beim Größenbegriff z. B.

    die Klassenbildung in einem Repräsentantenbereich,

    das Ordnen und Addieren von Größen oder aber das Messen

hervorheben. Man vergleiche zu diesen drei Akzentsetzungen die Abbildungen auf S. 33, S. 39 f. und S. 61. Beim Begriff der Proportionalität kommen zusammen:

    der Abbildungsbegriff,

    der Begriff der monotonen und der linearen Abbildung,

    Additions- und Multiplikationsbedingung als besondere Eigenschaft,

    der Verhältnis- bzw. Bruchbegriff,

    die Quotientengleichheit

    und der Proportionalitätsfaktor als Faktor in einem Produkt.

Wenn wir nun die in den Schulbüchern zu findenden Veranschaulichungen im Sinne des letzten Abschnitts auf ihre *Angemessenheit* hin untersuchen, so zeigt sich, daß in der Regel nur einer der verschiedenen Aspekte
hervorgehoben wird, während die übrigen weitgehend zurücktreten. Wir
wollen das für den Begriff der Proportionalität näher verfolgen:

Der Abbildungsbegriff als *Zuordnung* wird in einer *Pfeildarstellung* besonders deutlich:

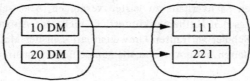

Die besonderen Eigenschaften der Abbildung sind jedoch nicht *sichtbar*,
sondern nur durch Rechnung aus den Zahlenangaben des Schemas zu ermitteln.

Die *Monotonie* der Abbildung tritt bei der Darstellung mit Hilfe einer Dop-
pelleiter hervor:

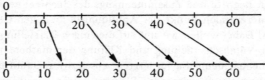

Bei einer *monoton wachsenden* Abbildung können sich keine zwei Pfeile in
dieser Darstellung überschneiden. Im Gegensatz dazu müssen sich bei einer
streng monoton fallenden Abbildung, also z. B. bei einer Antiproportionalität, zwei beliebige Pfeile stets kreuzen:

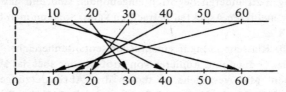

Die Darstellung im *kartesischen Koordinatensystem* zeigt *Monotonie* und
Linearität:

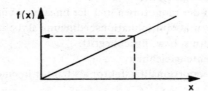

Der Gedanke der Zuordnung wird hier weniger deutlich, sofern er nicht durch einen zusätzlichen Pfeil angedeutet ist. In der Regel sollte aber die Darstellung einer Abbildung im kartesischen Koordinatensystem den Schülern bei der Behandlung der Proportionalitäten bereits bekannt sein, so daß es nur darauf ankommt, die Eigenschaften einer speziellen Abbildung deutlich zu machen. Und hier erweist sich das kartesische Koordinatensystem als sehr wirksames Mittel.

Additions- und *Multiplikationsbedingung* lassen sich am einprägsamsten festhalten mit Hilfe der Schemata, die wir in Kapitel IV vielfach verwendet haben:

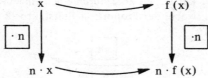

Doch diese Schemata lassen wiederum die Linearität der Abbildung nicht erkennen.

Die *Quotientengleichheit* kann man verdeutlichen mit Hilfe des entsprechenden geometrischen Sachverhalts bei *ähnlichen Dreiecken*, bzw. bei größeren geometrischen Vorkenntnissen mit Hilfe der Beziehung zu den *Strahlensätzen:*

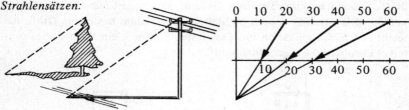

Hier enthält die erste dieser Darstellungen auch anschauliche Elemente, was sonst nur wenig vorkommt. Der Nachteil bzw. die Unvollkommenheit beider Darstellungen besteht wiederum darin, daß nur einzelne Größenpaare miteinander verglichen werden, während es sich doch um eine Abbildung zwischen Größenbereichen handelt.

Die *Doppelleitern* können auch *verschiedene Maßstäbe* haben, und zwar zweckmäßigerweise so, daß die Zuordnungspfeile parallel sind:

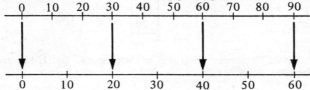

Dieses Bild ergibt sich mit Hilfe eines konkreten Modells, wenn man eine der beiden Skalen auf einem Gummiband hat und streckt:
Mit der Streckung ist aber die Beziehung zur Operatorauffassung von Brüchen hergestellt.

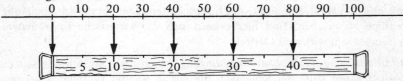

Der *Operatoraspekt* kann auch kurz durch einen einzelnen *Zuordnungspfeil* angedeutet werden, wobei der Proportionalitätsfaktor k wie üblich als Operator markiert wird:

$$g_1 \xrightarrow{\boxed{\cdot\,k}} g_2$$

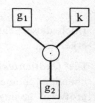

Hierbei handelt es sich um eine Multiplikation mit k, und diese Verknüpfung kann durch einen *Rechenbaum* dargestellt werden:

In der folgenden Skizze ist dieser Gedanke kombiniert mit dem Aspekt Abbildung. Die Streifen deuten an, daß *jedem* Element des ersten Größenbereichs durch Multiplikation mit dem festen Faktor k ein Element des zweiten Größenbereichs zugeordnet wird[8].

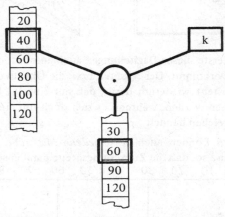

8 Vgl. H. Winter/Th. Ziegler (Hrsg.), Neue Mathematik, Bd. 7, Schroedel Verlag, Hannover 1971, S. 29.

Alle bisher genannten Veranschaulichungen sind auch anwendbar, wenn es sich um Spezialfälle von Proportionalitäten handelt, so z. B. bei der Prozentrechnung, wo es um Abbildungen eines Größenbereichs in sich geht. An die Stelle des Proportionalitätsfaktors $\boxed{\cdot\ k}$ tritt in diesem Fall ein Bruchoperator bzw. der Prozentoperator $\boxed{\cdot\ \dfrac{p}{100}}$

Die im Zusammenhang mit der Bruch- und Prozentrechnung am häufigsten anzutreffenden Darstellungen sind Streifen- bzw. Rechteck- und Kreisdiagramme:

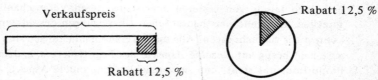

Diese Diagramme machen aber nicht den Bruch- oder Prozentoperator als Abbildung deutlich, sie zeigen vielmehr Repräsentanten konkreter Brüche bzw. Repräsentanten des Prozentwertes. Andererseits ist zu beachten, daß jedes derartige Kreis- oder Rechteckdiagramm selbst auf einer Abbildung im mathematischen Sinne beruht, nämlich auf einer Proportionalität zwischen Bruchzahlen und Größen: Der Zahl 100 (oder auch 100 % = 1) wird eine bestimmte Länge bzw. ein bestimmtes Flächenstück — das Ganze — zugeordnet und der Zahl p (oder auch der Bruchzahl $\dfrac{p}{100}$) der entsprechende Teil davon[9].

Die Rechteckdiagramme zeichnen sich durch uneingeschränkte und besonders einfache Unterteilungsmöglichkeiten aus, während bei Kreisdiagrammen besonders gut zu erkennen ist, daß eine Teil-Ganzes-Beziehung vorliegt. Allerdings ist bei Kreisdiagrammen — von Sonderfällen abgesehen — das *genaue* Verhältnis von Teil und Ganzem nur schlecht zu erkennen.

Die Beziehung eines Teils zum Ganzen wird auch sehr deutlich, wenn nach Art eines Venn-Diagramms eine Teilmenge einer gegebenen Menge ausgezeichnet wird.

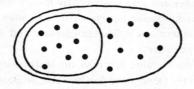

9 Vgl. dazu auch E. Fettweis/H. Schlechtweg, Didaktik und Methodik des Rechenunterrichts, Paderborn 1965, S. 211 ff.

Doch hier bleibt wiederum die Teilbarkeitseigenschaft unberücksichtigt, die man bei einer Behandlung der Bruchzahlen mit Hilfe von Größen und auch bei den Proportionalitäten meist voraussetzt.

Der Leser kann die genannten Beispiele leicht durch weitere ergänzen. Es dürfte aber deutlich geworden sein, daß die verschiedenen Komponenten des Begriffs Proportionalität und ebenso seine Beziehungen zum Bruch- und Verhältnisbegriff auf der Ebene der verfügbaren Veranschaulichungen eine deutliche Entsprechung haben. Es gibt eine große Fülle von Darstellungsmöglichkeiten, die alle ein und denselben Begriff betreffen. Meist wäre es jedoch falsch, von besseren oder schlechteren Veranschaulichungen zu sprechen. Im Sinne der theoretischen Überlegungen des letzten Abschnitts können wir vielmehr sagen: Alle diese Veranschaulichungen sind *angemessen* jeweils in bezug auf *einzelne Aspekte* des Begriffsnetzes, in dem der Begriff Proportionalität steht, und sie vernachlässigen andere Aspekte jeweils ganz oder teilweise.

Für die Arbeit mit graphischen Darstellungen im Unterricht ergibt sich daraus eine einfache, aber wichtige Konsequenz: Es geht nicht nur darum, die gewählten Veranschaulichungen — im Einklang mit dem von Dienes formulierten Prinzip — überhaupt zu variieren[10], es sollte auch so variiert werden, daß möglichst viele Komponenten eines Begriffs und möglichst viele der bestehenden Querverbindungen zu anderen Begriffen sichtbar werden. Eine einseitige Bevorzugung einzelner Darstellungsformen ist nicht nur eine Frage des Geschmacks, sondern bedeutet meist auch eine Einseitigkeit der dem Schüler vermittelten Information über den Unterrichtsgegenstand.

3. Information und Irreführung durch graphische Darstellungen

Gute Veranschaulichungen vermitteln nicht nur Einsicht in einen Sachverhalt, sie haben auch immer da, wo der Schüler oder Lernende dem Sachverhalt noch zweifelnd gegenübersteht, ein hohes Maß an Überzeugungskraft. Nach unserer Analyse des Begriffs Veranschaulichung liegt das in der Natur der Sache; denn die beiden Merkmale der Einsichtigkeit im Sinne sinnlicher Wahrnehmbarkeit einerseits und eines relativ hohen Abstraktions- bzw. Allgemeinheitsgrades andererseits führen dazu, daß man nicht nur Klarheit und Deutlichkeit sondern auch Gesetzmäßigkeit und Richtigkeit mit einer solchen Darstellung assoziiert.

Hier liegt jedoch eine Gefahr, der man im Mathematikunterricht bewußt entgegenarbeiten sollte. Denn auch mathematische Betrachtungsweisen und graphische Darstellungen ihrer Ergebnisse können täuschen und den eigent-

10 Z. P. Dienes, Methodik der modernen Mathematik, Freiburg 1970, S. 44 ff..

lichen Sachverhalt verfälschen. Wir haben im letzten Abschnitt hervorgehoben, daß schon in bezug auf die Veranschaulichung einzelner mathematischer Begriffe und Strukturen die graphischen Darstellungen meist einzelne Aspekte besonders akzentuieren. Um wieviel mehr gilt das, wenn man eine solche Darstellung mit dem in einer sehr komplexen Wirklichkeit gegebenen Sachverhalt vergleicht! Die Gefahr liegt darin, daß quantitative Aussagen über einen Sachverhalt durchaus korrekt sein können, daß aber

> durch die Wahl und Isolierung der betrachteten Aspekte,
> durch die Wahl der Bezugsgrößen,
> durch das Nennen oder Verschweigen dieser Bezugsgrößen und nicht zuletzt durch die Anordnung der wiedergegebenen Daten, also durch die psychologische Wirkung verschiedener Darstellungen desselben Inhalts,

die über einen Sachverhalt gemachten Aussagen nicht nur unvollständig sein können, sondern daß ihre Wirkung auf den unkritischen Betrachter manipulierbar wird. Kommt nun eine im obigen Sinne ,,überzeugende" Veranschaulichung hinzu, so gewinnt eine lückenhafte oder einseitige Aussage leicht den Charakter des Bewiesenen und Gesicherten. Der Betrachter wird nicht zuletzt gerade dadurch getäuscht, daß eine gute Graphik im Gegensatz zu Worten oder Zahlen leicht und ohne viel Nachdenken aufgenommen werden kann.

Das hier theoretisch beschriebene Phänomen ist durchaus bekannt. Das ,,Lügen mit Statistik" ist schon sprichwörtlich geworden, doch macht man sich selten bewußt, wie sehr dieses Problem auch bei den einfachsten quantitativen Angaben eine Rolle spielt, also überall dort, wo Größen genannt werden. Die Formen und Möglichkeiten der Irreführung durch Zahlenangaben und Graphiken sind äußerst vielfältig, doch wollen wir versuchen, einige besonders typische und wichtige Fälle an Beispielen zu verdeutlichen.

1. Der Maßstab auf den Achsen eines Koordinatensystems ist frei wählbar.

Die auf S. 212 wiedergegebenen Graphiken zur Steigerung der Lebenshaltungskosten sind beide korrekt. Die Wahl des Maßstabs ändert jedoch die psychologische Wirkung des Schaubilds so, daß ein ,,leichter Anstieg" bei Bedarf ,,steil und alarmierend" erscheint.

Eine erste Beurteilungsmöglichkeit — die mit Schülern zu diskutieren wäre — ergibt sich aus dem Vergleich mit anderen Ländern und vor allem aus dem Vergleich mit der Einkommensentwicklung. Bei letzterem müßte man die Nettoeinkommen heranziehen und außerdem die Einkommensstreuung beachten; denn es ist denkbar, daß das mittlere Nettoeinkommen nur durch hohe Einkommenssteigerungen eines kleinen Bevölkerungsteils mit der

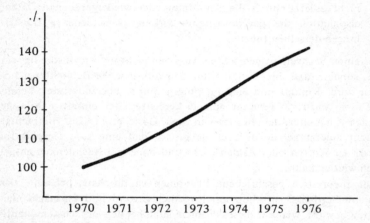

Preisentwicklung schritthält, während gleichzeitig für große Bevölkerungsteile Einkommens- und Preisentwicklung auseinanderfallen[11].

2. Absolute Zahlen als Bezugspunkt für einen prozentualen Vergleich fehlen bzw. werden nicht berücksichtigt.

Aus einer Wahlreklame des Jahres 1976:

---

11 Das Beispiel zeigt, daß schon die Interpretation einer einzigen Graphik mitten in ein Unterrichtsprojekt hineinführen kann, das nur gemeinsam mit anderen Fächern zu bewältigen ist.

Hier wurde die Arbeitslosenquote von 1969, der man den Prozentsatz 100 zugeordnet hat, zur Arbeitslosenquote von 1975 in Beziehung gesetzt. Man hat also gewissermaßen zwei Prozentsätze prozentual miteinander verglichen, statt sich jeweils auf die zugrunde liegende Zahl der Beschäftigten zu beziehen. Tut man dies, so ergibt sich ein ganz anderes Bild, wie es die folgende Darstellung für zwei der genannten Industrieländer sehr deutlich zeigt[12]:

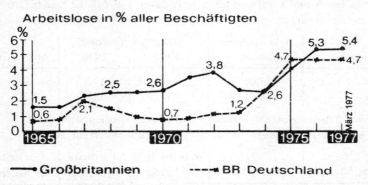

Man kann die Absurdität der ersten Art zu vergleichen noch verdeutlichen, wenn man — hier mit erfundenen Zahlen — zwei kleine Gemeinden mit je ca. 1 000 Einwohnern vergleicht.

| Gemeinde | Arbeitslose (absolut) | | Anstieg in % |
	1975	1976	
A	10	25	150
B	100	130	30

Bei solchen Vergleichen sollte man also die absoluten Werte *und* die Angaben über den prozentualen Anstieg heranziehen, wie es z. B. in der Graphik geschieht[13]:

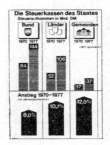

12 Bundeszentrale für politische Bildung (Hrsg.), Informationen zur politischen Bildung 172, Juni 1972, S. 172.
13 Lehrerkalender 1977/78, Deutscher Sparkassenverlag, S. 184.

Allerdings informiert auch diese Darstellung nur unvollkommen; denn die angegebenen Prozentsätze sind Jahresdurchschnittswerte, während sich die absoluten Zahlen auf insgesamt 7 Jahre beziehen.

3. Der Bezugspunkt ist falsch gewählt.

Wir greifen noch einmal die Arbeitslosigkeit in zwei erfundenen kleinen Gemeinden A und B auf und gehen jetzt davon aus, daß die beiden Orte verschieden groß sind.

Gemeinde	Arbeitnehmer insgesamt	Arbeitslose (absolut) 1975	1976	Anstieg in %
A	1000	100	130	30
B	5000	100	130	30

Gleiche Arbeitslosenzahl, gleicher prozentualer Anstieg, und dennoch: Was hier eigentlich interessiert, ist der Bezug zur Einwohnerzahl, also:

Gemeinde	Arbeitnehmer	Arbeitsl. in % der Arbeitn. 1975	1976	Anstieg in % der Arbeitn.
A	1000	10	13	3
B	5000	2	2,6	0,6

Der in Beispiel 2 gegebene Vergleich ist also schon im Ansatz trügerisch.

4. Bei Mittelwertvergleichen fehlt ein Streuungsmaß.

Man kann z. B. die durchschnittliche Höhe des monatlichen Taschengelds für die Schüler verschiedener Schulklassen berechnen und vergleichen:

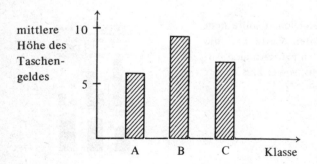

Dabei wird unterschlagen, daß ein solcher Mittelwert stark verzerrt wird, wenn einige wenige Schüler über sehr große Summen verfügen. Die Häufigkeitsverteilungen könnten — im Schema — etwa so aussehen:

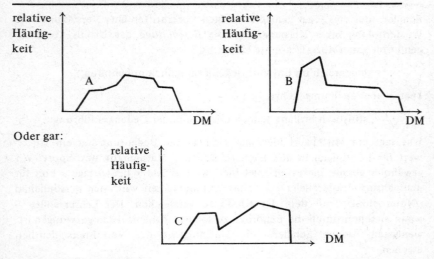

Das Auseinanderfallen in zwei Gruppen, wie es die letzte Skizze andeutet, wird durch die Mittelwertbildung verwischt. Die dadurch mögliche Irreführung gewinnt an Gewicht, wenn man bedenkt, daß sich die fraglichen Mittelwerte ebenso wie auf die vergleichsweise harmlosen Taschengeldsummen auch auf das Pro-Kopf-Einkommen in verschiedenen Industrie- und Entwicklungsländern beziehen können.

5. Mittelwertbildungen als solche sind oft problematisch.

Mittelwerte sind zweifellos ein unentbehrliches Hilfsmittel, wenn es darum geht, eine erste Übersicht über umfangreiches Datenmaterial zu gewinnen. Dies verleitet leicht dazu, einen Mittelwert auch dann zu berechnen, wenn er eigentlich sinnlos ist. Es leuchtet ein, daß man zwar nach dem mittleren Gewicht verschiedener Fahrzeuge fragen kann, nicht aber nach dem mittleren Fahrzeugtyp. Was soll man sich unter dem Mittel aus Moped und Auto vorstellen, ein Dreirad? Dennoch wird indirekt, z. B. auf dem Umweg über die Kosten, oft mit einem solchen Mittelwert gearbeitet. Berechnet man nun aber den mittleren Kostenaufwand für ein „eigenes Fahrzeug", so wird unterschlagen, daß dem in der Wirklichkeit nichts entspricht, da der Übergang vom Moped zum Auto qualitativ und kostenmäßig einen Sprung bedeutet, den man durch die formal korrekte Mittelwertbildung nicht verschleiern sollte.

Ein anderes Beispiel, das jeden Schüler betrifft: Schulleistungen werden bewertet mit „sehr gut", „gut" usw. Zur Abkürzung (!) übersetzt man diese Beurteilung in Zahlen 1, 2, ... Für diese Zahlen werden dann Mittelwerte gebildet, sowohl für eine Schulklasse als auch in bezug auf den einzelnen

Schüler, und dies sogar gemäß amtlichen Vorschriften über Versetzung oder Wiederholung einer Klassenarbeit. Die *Begründung* des Urteils „befriedigend" für einen Aufsatz könnte lauten:

„ideenreich im Entwurf, jedoch sprachlich unbeholfen",

ebenso aber auch umgekehrt:

„stilistisch brillant, jedoch ungenau in der Gedankenführung".

Was sagt ein Mittelwert hier aus? Und welche Bedeutung hat ein Mittelwert für Leistungen in den Fächern Deutsch, Mathematik und Sport? Wir erwähnen gerade dieses Beispiel hier, weil es leider heutzutage schon für neunjährige Grundschüler zur Selbstverständlichkeit wird, den persönlichen „Notenschnitt" mit dem der Klasse zu vergleichen. Der Lehrer sollte — wenn er schon durch die Behörden zu solchen Zahlenspielen gezwungen ist, wenigstens seinen Schülern die Unsinnigkeit des Verfahrens deutlich machen.

Unsere Beispiele zeigen, daß in vielen Fällen die Gefahr einer Irreführung eigentlich weniger in der graphischen Darstellung als in der Auswahl der dargestellten Zahlenwerte liegt. Die Gefahr einer bewußt herbeigeführten oder auch nur zufälligen Täuschung wird durch eine graphische Darstellung jedoch wesentlich verstärkt, weil die ihr innewohnende Sinnfälligkeit und somit Überzeugungskraft dazu verleiten, den dargestellten Angaben und Beziehungen nicht weiter nachzugehen.

Wir geben abschließend noch ein Beispiel, bei dem fast ausschließlich die psychologische Wirkung einer Graphik wesentlich ist:

6. Die Anordnung von Daten, für die eine natürliche Ordnungsbeziehung nicht besteht, ist willkürlich.

Eine Zeitung vergleicht aufgrund einer Leserumfrage vermeintliche Charaktereigenschaften zweier Politiker und erstellt jeweils ein „Persönlichkeitsprofil"[14]:

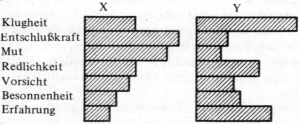

14 Das Vergleichsverfahren wurde im Wahlkampf 1976 angewandt. Die genannten Eigenschaften und angedeuteten Verteilungen sind hier jedoch frei gewählt.

Allein vom optischen Eindruck der Graphik her kann für den Politiker X das Bild von Ausgeglichenheit und Geschlossenheit der Persönlichkeit entstehen und für Y der Eindruck von Unausgeglichenheit oder gar Widersprüchlichkeit.

Man könnte aber die Graphik auch ganz anders deuten und bei X von einer gewissen Einseitigkeit sprechen, im Gegensatz zu einer Ausgewogenheit der verschiedenartigen Merkmale bei Y. Man muß also zunächst festhalten, daß die Graphik *nur scheinbar* die Aussagekraft eines interpretierenden Textes untermauert, und es kommt hinzu, daß der optische Eindruck durch die Anordnung der Merkmale beliebig manipulierbar ist. Wir ordnen um:

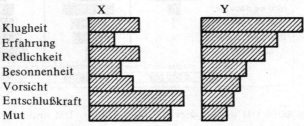

Die Liste der Möglichkeiten, durch graphische Darstellungen bewußt oder ungewollt irregeführt zu werden, ließe sich beliebig fortsetzen. Die wenigen hier gegebenen Beispiele sollten nur auf die Notwendigkeit hinweisen, solche Probleme immer wieder ausdrücklich zum Unterrichtsgegenstand zu machen. Material für eine derartige, von Schülern erfahrungsgemäß gern aufgenommene Diskussion findet man als Lehrer überaus reichlich in fast jeder Tageszeitung, in zahllosen, oft ungebetenen Werbeschriften und manchmal leider auch in den Graphiken und Aufgaben der Mathematikbücher.

Wir wollen abschließend anhand eines weiteren Beispiels andeuten, wie sich von einer einzelnen Graphik her eine Fülle von Fragen ergeben kann, die weit über die Berechnung einzelner Größen oder eines Prozentsatzes und selbst über die Grenzen des Faches Mathematik hinausführen. Vielfach kommt es dabei darauf an, gerade das zu erfragen, was *nicht* aus einer Graphik oder dem zugehörigen Begleittext hervorgeht. (Siehe Abb. auf S. 218).

Was bedeuten diese Zahlenangaben[15] und was sagen sie über den Sachverhalt aus?

Man kontrolliert zunächst, daß es sich in den drei Spalten um Prozentsätze handelt. Die Summe ist jeweils 100.

Da die drei Gruppen mit ca. 2, 12 bzw. 8 Millionen Haushalten sehr unterschiedlich groß sind, lohnt es sich, einmal zu berechnen, wieviele Haushalte *insgesamt* mit ihrem Nettoeinkommen über

---

15 Aus: Sozialdemokrat Magazin, Heft 9/September 1977, S. 4.

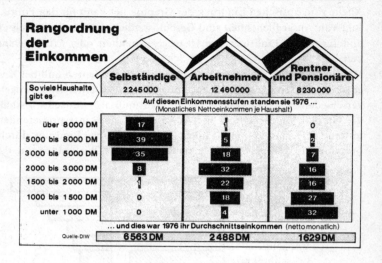

Rangordnung der Einkommen	Selbständige	Arbeitnehmer	Rentner und Pensionäre
So viele Haushalte gibt es	2245000	12460000	8230000
	Auf diesen Einkommensstufen standen sie 1976 ... (Monatliches Nettoeinkommen je Haushalt)		
über 8000 DM	17	1	0
5000 bis 8000 DM	39	5	2
3000 bis 5000 DM	35	18	7
2000 bis 3000 DM	8	32	16
1500 bis 2000 DM	1	22	16
1000 bis 1500 DM	0	18	27
unter 1000 DM	0	4	32
	... und dies war 1976 ihr Durchschnittseinkommen (netto monatlich)		
Quelle·DIW	6563 DM	2488 DM	1629 DM

8000,– DM liegen, wieviele unter 1000,– DM und wieviele in den übrigen Einkommensgruppen.
Wie kann man überschlagsmäßig die angegebenen Mittelwerte kontrollieren?

Dann aber gibt es viele Fragen, die sich allein von den gegebenen Daten her noch nicht beantworten lassen:

Welche Berufsgruppen gehören schwerpunktmäßig zu den einzelnen Einkommensgruppen?
Wie ist die Haushaltsgröße in den einzelnen Gruppen?
Kann man davon ausgehen, daß Rentnerhaushalte stets klein sind, so daß ihr extrem schlechtes Abschneiden sich in Wirklichkeit nicht ganz so hart auswirkt?
Wie wird bei mehreren Verdienern in einem Haushalt gerechnet?
Welche Risiken tragen die Selbständigen?

Ein solches Befragen einer Graphik mit statistischen Angaben bildet das Gegenstück zum sonstigen Vorgehen bei einer Behandlung der beschreibenden Statistik, wo es ganz wesentlich darauf ankommt, daß der Schüler selbst, von den einzelnen Daten ausgehend, eine entsprechende Graphik entwickelt. Zugleich haben wir hier ein weiteres Beispiel für den Typus einer *offenen Aufgabenstellung*, die wir im folgenden Kapitel von *Unterrichtsprojekten* im engeren Sinne noch genauer abgrenzen wollen.

VII Problemlösen und Projektarbeit im Sachrechnen

Das Interesse eines Schülers an einer Sachaufgabe kann auf sehr unterschiedlichen Motiven beruhen. Zweifellos wird aber der Lernprozeß besonders dann nachhaltig beeinflußt, wenn die Motivation von der Sache selbst ausgeht, wenn es gilt, Neues zu entdecken und wenn dabei Probleme zu lösen sind, die sich der Schüler zu eigen macht oder die er als eigene Probleme und Bedürfnisse von außerschulischen Bereichen her selbst in den Unterricht einbringt. Damit sind zum Abschluß unserer Überlegungen über das Sachrechnen noch einmal grundsätzliche Fragen angesprochen, nämlich die Beziehungen zwischen Sachrechnen, Problemlösen und entdeckendem Lernen. So wie jedoch das Wort Sachrechnen immer eine Verbindung und auch ein Spannungsverhältnis von Mathematik und Sachverhalt andeutet, so ergeben sich auch hier zwei Richtungen der Fragestellung: Es geht einerseits um die *Gewinnung neuer mathematischer Einsichten* und Instrumentarien beim Umgang mit Problemen des Sachrechnens und andererseits um das *Erkunden und Kennenlernen* neuer, für den Schüler *relevanter Sachverhalte.*

Mit dem zweiten dieser beiden Aspekte sind aber nicht nur Problemlösevorgänge als solche, sondern zugleich auch Fragen der Unterrichtsinhalte und -organisation angesprochen. Sieht man es nämlich — wie schon im Einleitungskapitel angedeutet — als wesentliche Aufgabe der Mathematik an, die Umwelt zu erschließen und zu beschreiben, versteht man also *Mathematik als ein Mittel,* so ist es nur konsequent, *von der Erkundung eines Sachbereichs auszugehen* und die mathematischen Hilfsmittel immer dann zu erarbeiten, wenn sie im Rahmen einer solchen Erkundung wirklich benötigt werden. Das Lernen von Mathematik wäre also einzubetten in die Arbeit an *Projekten,* die sich auf die Erschließung eines Stücks der den Schüler umgebenden Wirklichkeit richten und die deshalb in der Regel sowohl die traditionellen Fächergrenzen als auch die üblichen Organisationsformen des Unterrichts sprengen.

Wir wollen die angesprochenen Fragen noch einmal kurz zusammenfassen:

Was ist unter Problemlösen zu verstehen?

In welchem Maße enthalten Sachaufgaben mathematische Probleme und können zu neuen mathematischen Einsichten führen?

In welchem Maße kann das Problemlöseverhalten des Schülers im Sachrechnen gesteigert werden?

Welche Hilfen und Strategien beim Lösen mathematischer Probleme gibt es, und in welchem Maße sind sie lernbar?

In welchem Maße können Sachbereiche von Sachaufgaben als Ansatzpunkt her erschlossen werden?

Was leisten „offene Aufgaben"? Und umgekehrt: Wie können mathematische Einsichten als notwendige Hilfsmittel bei der Arbeit an übergeordneten, mehr auf einen Sachbereich als auf einen traditionellen Unterrichtsgegenstand hin orientierten Projekten gewonnen werden?

Wir können diese Fragen nur teilweise und unvollständig beantworten, und zwar nicht nur, weil eine ausführliche Diskussion den Rahmen dieses Bandes sprengen würde, sondern weil hier auch vieles sowohl in psychologischer als auch didaktischer Hinsicht noch offen ist.

1. Psychologische Aspekte des Problemlösens

Die psychologischen Erklärungsversuche für das Problemlösen oder für einzelne Aspekte des Problemlösevorgangs sind sehr unterschiedlich und vielfältig, so daß F. E. Weinert wegen der zahlreichen noch offenen Fragen vom Problemlösen selbst als einem noch ungelösten Problem spricht[1]. Fast immer versteht man jedoch unter Problemlösen eine Art des Lernens, und zwar Lernen in seiner höchsten Form.

Nach einem streng verhaltenspsychologischen Ansatz besteht alles Lernen und somit auch das Problemlösen in einer Verhaltensänderung. Der nach dem Prinzip von Versuch und Irrtum zunächst zufällig erreichte Erfolg verstärkt die Wahrscheinlichkeit für eine Wiederholung der richtigen Verhaltensweisen. Dieser Ansatz, der seinen deutlichsten Niederschlag im programmierten Unterricht gefunden hat, hat sich jedoch in bezug auf das Problemlösen als bisher nur wenig fruchtbar erwiesen. Nicht zuletzt die Erfahrungen mit dieser Unterrichtsform haben gezeigt, daß Lernen als „operative Konditio-

---

1 F. E. Weinert, Problemlösen – ein ungelöstes psychologisches Problem, in: F. E. Weinert, C. F. Graumann u. a. (Hrsg.), Funk-Kolleg Pädagogische Psychologie 2, Frankfurt a. M. 1975, S. 673 ff.

nierung" besser geeignet ist, sich algorithmische Verfahren anzueignen und vorgegebene Gedankengänge nachzuvollziehen als zur eigenständigen Lösungsfindung anzuregen[2].

Nach R. M. Gagné ist Problemlösen die höchste Stufe in einer Hierarchie verschiedener Arten des Lernens, wobei eine höhere Stufe jeweils die vorhergehende voraussetzt. Wir nennen als für unseren Zusammenhang besonders wichtig nur die vier höchsten Stufen der Hierarchie[3]:

Unter *multipler Diskrimination* ist die Fähigkeit zu verstehen, auf jeden einzelnen aus einer Gruppe von Reizen anders zu reagieren, also z. B. im Mathematikunterricht der Grundschule vorgegebene Bausteine verschiedener Formen und Farben unterscheiden zu können.

Mit dem *Begriffslernen* entsteht die Möglichkeit, auf ,,Dinge oder Ereignisse als Klasse zu reagieren", also z. B. bei einer größeren Zahl von Situationen oder Objekten wie etwa Bausteinen die gemeinsame Eigenschaft ,,dreieckig" abstrahieren zu können und — das ist wichtig — ein weiteres Objekt dann dem neu gebildeten Begriff unterordnen zu können.

Das sogenannte *Regellernen* ist nicht etwa nur auf Regeln im engeren Sinne wie Rechenregeln oder geometrische Axiome zu beziehen. Unter Regeln versteht Gagné vielmehr ganz allgemein ,,Ketten von Begriffen". Regeln stellen die Beziehungen zwischen Begriffen her und bilden das,,,was im allgemeinen Wissen genannt wird[4]."

Das *Problemlösen* schließlich besteht nun nicht nur darin, vorhandene Regeln zur Erreichung bestimmter Ziele anzuwenden, sondern es handelt sich zugleich immer um einen Lernprozeß, der von den gegebenen Regeln zu einer neuen ,,Regel höherer Ordnung" führt[5].

---

2 Eine erste Übersicht über den programmierten Unterricht, die zugrundeliegende psychologische Theorie und die Beziehungen zum Problemlösen findet man bei W. Correll, Programmiertes Lernen und schöpferisches Denken, München [5]1970. Zum Lernen von Mathematik im programmierten Unterricht vgl. auch R. Strehl, Lernprogramme im Mathematikunterricht an Grund- und Hauptschulen, in: W. Neunzig (Hrsg.), Beiträge zum Mathematikunterricht in den Klassen 1—6, München 1972.
3 Vgl. R. M. Gagné, Die Bedingungen des menschlichen Lernens, Hannover 1969, S. 95 ff.
4 a. a. O., S. 117.
5 Vgl. R. M. Gagné, a. a. O., S. 129 ff.

Das Gelernte wird selbst zur Regel, die bei neuen Problemen mit zum Repertoire der für eine Lösung benutzbaren Regeln gehört. Das einmal gelöste Problem wird damit zur erinnerbaren Erfahrung.

Dieser hierarchische Aufbau entspricht in mancher Hinsicht den Systemen von Definition (Begriffen) und Sätzen (Regeln), wie sie die Mathematik kennt. Doch darf man diese Analogie nicht zu eng fassen und etwa unter Problemlösen nur noch das Ableiten eines neuen Satzes (einer Regel höherer Art) aus bekannten Sätzen verstehen.

Gagné untersucht nun die Bedingungen, unter denen sich die einzelnen Arten des Lernens vollziehen und unterscheidet dabei zwischen *Bedingungen innerhalb des Lernenden* und *Bedingungen der Lernsituation.*

Für das Problemlösen nennt er als Bedingung innerhalb des Lernenden die Fähigkeit,

für das Problem relevante, früher erlernte Regeln zu erinnern,

und als Bedingungen in der Lernsituation die folgenden:

Die relevanten Regeln müssen gleichzeitig oder in enger zeitlicher Folge mobilisiert, d. h. dem Lernenden gegenwärtig gemacht werden. Hilfen zur Erreichung dieser „Kontiguität der Regeln" können durch sprachliche Instruktion oder durch Fragen gegeben werden, ohne dabei die Lösung eines Problems vorwegzunehmen.

Hilfen können auch in einer Lenkung der Richtung des Denkens bestehen, die sich zumindest auf das Bewußtmachen des zu erreichenden Ziels erstreckt[6].

Berücksichtigt man die Bemerkung Gagnés, daß sich der Lernende eine solche Lenkung des Denkens auch durch selbst gegebene Instruktionen schaffen kann, so wird deutlich, daß zumindest in diesem sehr allgemeinen Sinne das Problemlösen planbar und lernbar sein muß. (Vgl. dazu den Abschn. VII. 2.)

Von einer ganz anderen psychologischen Theorie her hat M. Wertheimer einen Beitrag zur Frage des Problemlösens geleistet, der für das Problemlösen in der Mathematik von besonderem Interesse ist[7]. Aus der Sicht der *Gestaltpsychologie* kommt es darauf an, wie bei einem Objekt, einem Sachverhalt oder einer Problemstellung die Beziehungen der Teile zum überge-

---

6 a. a. O., S. 134 ff. Vgl. auch E. Wittmann, Grundfragen des Mathematikunterrichts, a. a. O., S. 83 f., wo über Gagné hinausgehend einzelne Bedingungen für die Förderung des problemlösenden Denkens beim Schüler genannt werden.

7 M. Wertheimer, Produktives Denken, Frankfurt a. M. [2]1964.

ordneten Ganzen gesehen werden. Das Problem ist gelöst, die gesuchte Einsicht gewonnen, wenn diese Beziehungen so beschaffen sind, daß sich die Teile, die einzelnen Elemente des gegebenen Sachverhalts zu einer „guten Gestalt" organisieren. Die Gestaltpsychologie versucht, die Gesetzmäßigkeiten für den Aufbau des Ganzen aus seinen Teilen zu beschreiben, und ein Problem zu lösen heißt demnach, Lücken oder Störungen im Aufbau einer im Sinne dieser Theorie guten Gestalt zu erkennen und zu beseitigen.

Wichtige Schritte in diesem Prozeß bestehen

im Strukturieren[8] des Sachverhalts, d. h. in der Regel in einer Verfeinerung des Beziehungsgefüges von Teilen im Ganzen,

im Umstrukturieren, d. h. in der Um- und Neuorganisation des gegebenen Beziehungsgefüges,

im Zentrieren, d. h. im Lenken der Aufmerksamkeit auf einen speziellen Punkt

und entsprechend im Umzentrieren.

Besonders der Vorgang des Strukturierens bzw. Umstrukturierens ist vielfach für die Lösung eines Problems wesentlich und soll an einem ganz elementaren Beispiel verdeutlicht werden:

Der Mittelpunkt eines Quadrates sei zu bestimmen.

Strukturieren kann hier zunächst ganz konkret als eine Verfeinerung und Anreicherung der gegebenen Figur verstanden werden, so wie es der Schüler intuitiv tut, wenn er ein quadratisches Blatt an den Mittellinien oder an den Diagonalen faltet und damit „Hilfslinien" erzeugt. Wenn bei einem Quadrat auf festem Untergrund das Falten ausscheidet, kann die Unterteilung z. B. durch Auslegen mit kleineren Quadraten erreicht werden:

 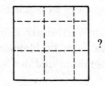

Hat jedoch das Legematerial keine geeignete Größe und kennt der Schüler kein Verfahren zur zeichnerischen Bestimmung der Seitenmitten, so ist mit einer zufälligen gewählten Unterteilung das Problem nicht zu lösen. *Um-*

8 „Struktur" ist hier nicht im Sinne des mathematischen Terminus zu verstehen, sondern wie in der Umgangssprache ganz allgemein als Beziehungsgefüge von Teilen und Ganzem.

strukturieren bedeutet dann, die gewählte Unterteilung der Figur und damit auch die gewählten Hilfslinien durch andere zu ersetzen.

In bezug auf die Organisation der Teile zu einem Ganzen in einer „guten Gestalt" ist festzuhalten, daß das Finden des Mittelpunkts auf den Symmetrieeigenschaften des Quadrats beruht. Dabei denkt man zunächst an die Achsensymmetrie. Verschärft man das Problem dadurch, daß z. B. zwei gegenüberliegende Ecken fehlen,

so ist erneut umzustrukturieren. Man kann das Quadrat als drehsymmetrische Figur sehen und den Mittelpunkt so bestimmen, wie es in der folgenden Skizze angedeutet ist:

Oder aber das Quadrat ist zunächst zu vervollständigen, um so die Lücken zu schließen — hier ganz wörtlich zu nehmen — und dann einen der beiden ersten Lösungswege zu beschreiten.

Bekannte, von Wertheimer selbst angeführte Beispiele für die Rolle des Umstrukturierens beim Problemlösen sind die Bestimmung des Flächeninhalts eines Prallelogramms und der Summe einer arithmetischen Reihe.

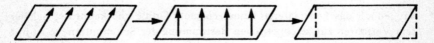

Die Skizze zeigt, wie die naheliegende, schräg verlaufende Strukturierung des Parallelogramms durch einen anderen Aufbau ersetzt wird und wie dann die „Störungen" beseitigt werden.

Schon eine Änderung der Lage in der Ebene macht hier ein Umdenken, also erneut ein Umstrukturieren der Gesamtsituation erforderlich:

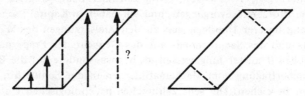

Die Bestimmung der Summe einer arithmetischen Reihe gelingt durch das Entdecken einer symmetrischen Strukturierungsmöglichkeit:

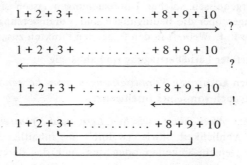

Solche Hinweise zur Strukturierung einer Problemsituation können wesentlich zur Lösung beitragen, und Versuche von Th. Bartmann haben gezeigt, daß sie ihre Wirksamkeit auch dann noch voll entfalten, wenn sie als Hilfen nicht von Fall zu Fall durch den Lehrer gegeben werden, sondern wenn sie systematisch z. B. im Rahmen eines Lernprogramms eingesetzt werden[9]. Wie weit allerdings dabei nur ein *spezifischer Transfer* oder mehr erreicht werden kann, ist offen. D. h., es ist schwer zu überprüfen, wie weit durch ein einsichtiges Lernen im Sinne Wertheimers nur die jeweils folgenden, nach

9 Vgl. Th. Bartmann, Denkerziehung im Programmierten Unterricht, München 1966. Der programmierte Unterricht ist hier vor allem als methodisches Mittel zu sehen, das bei der empirischen Beurteilung des Lernerfolgs den Einfluß der Lehrerpersönlichkeit weitgehend auszuschließen erlaubt. Demgegenüber sind z. B. Untersuchungen wie die von M. Wittoch sehr vorsichtig zu bewerten, wo beim Vergleich einer problemorientierten Behandlung von Sachaufgaben mit anderen Methoden der Unterricht in den verschiedenen Versuchsklassen jeweils durch dieselbe Lehrerin, die Versuchsleiterin selbst, erteilt wurde, so daß ein unterschiedliches Engagement in den verschiedenen Klassen kaum auszuschließen ist. Vgl. M. Wittoch, Neue Methoden im Mathematikunterricht, Auswahl, Reihe B, Bd. 65/66, Hannover 1974.

Struktur oder Inhalt verwandten Aufgaben vorbereitet werden und nicht zugleich auch ganz allgemein die Fähigkeit zum Problemlösen wächst.

Der *Transferbegriff* ist zweifellos von zentraler Bedeutung für die Erforschung von Problemlösevorgängen, und wir haben in Kapitel I schon im Zusammenhang unserer Überlegungen zu den Zielsetzungen des Mathematikunterrichts und des Sachrechnens auf das Gewicht der Frage nach einem *unspezifischen* Transfer hingewiesen, d. h. insbesondere auf die Bedeutung einer Lernübertragung vom Mathematiklernen in der Schule hin zu außerschulischen Bereichen. Die sehr zahlreichen psychologischen Untersuchungen zum Transferproblem beziehen sich jedoch mehr auf Lernübertragung in einem engeren, überschaubaren Rahmen sowie auf verschiedene Formen der Lernübertragung, die sich unter schulischen Bedingungen beobachten lassen. Den Ergebnissen solcher Untersuchungen lassen sich aber bereits wichtige Aussagen über die Bedingungen und Voraussetzungen für Transfer entnehmen, die F. E. Weinert in den folgenden Punkten zusammenfaßt[10]:

Umfang und Art der Lernübertragung sind abhängig

> von den *kognitiven Voraussetzungen beim Lernenden,* insbesondere also auch von seiner Intelligenz,

> von der *Ähnlichkeit zwischen Lern- und Transferaufgabe,* wobei unter Ähnlichkeit − wie erwähnt − die inhaltlichen oder strukturellen Gemeinsamkeiten oder aber auch das Bereitstehen der für beide Problemstellungen erforderlichen Vorkenntnisse zu verstehen sind,

> von der *Art der Auseinandersetzung mit der früheren Aufgabe,* und hierbei insbesondere von der *Intensität der Übung,* von der *Variabilität der Übung,* die zur Vermeidung negativen Transfers erforderlich ist (s. u.), und vom Umfang des *einsichtigen Lernens,*

> sowie schließlich von der *Entwicklung allgemeiner und spezifischer transferfördernder Methoden,* also z. B. von der Bereitstellung von Strategien zur Behandlung mathematischer Probleme, wie wir sie in Abschnitt 2 dieses Kapitels noch ansprechen wollen.

Es ist bemerkenswert, daß sich eine Lernübertragung auch negativ auswirken kann. Das Lösen einer Reihe von gleichstrukturierten Aufgaben kann dazu führen, daß der einmal gefundene und „bewährte" Lösungsweg dann ohne Erfolg auf ein nur äußerlich ähnliches Problem angewandt wird. Ein durch

---

10 Vgl. F. E. Weinert, a. a. O., S. 705 ff.

Wiederholung eingeübtes Lösungsmuster kann zum Hindernis werden, wo ein Umdenken oder Umstrukturieren, also ein neuer Ansatz erforderlich wäre[11]. Wir haben schon bei Einzelfragen wie z. B. im Zusammenhang mit der Prozentrechnung auf die Gefahr hingewiesen, die in Serien gleichartiger Übungsaufgaben liegt, wie sie in vielen Schulbüchern immer wieder gestellt werden. Die Forderung nach *mathematischer Variabilität* ist also auch für das Problemlösen im Sachrechnen von großer Bedeutung.

2. Strategien für das Lösen von mathematischen Problemen und Sachaufgaben

Es gibt verschiedene Versuche, Strategien und Hilfen für das Problemlösen in Form eines *Frageschemas* oder einer *Handlungsanweisung* zu formulieren, und zwar sowohl allgemein für das Lösen mathematischer Probleme als auch speziell in bezug auf Sachaufgaben. Vielfach lassen sich die gemachten Vorschläge allerdings nicht direkt aus psychologischen Theorien ableiten, sondern sie beruhen mehr auf der Erfahrung aus der praktischen Arbeit mit Schülern oder auf dem eigenen Umgang mit mathematischen Problemen und hier insbesondere auch auf der nachträglichen Analyse der Gedankengänge, die zu einer Lösung geführt haben. Letzteres kann zugleich als ein Hinweis für den Mathematikunterricht verstanden werden:

> Auch der Schüler sollte die eingeschlagenen Lösungswege reflektieren, also nach gefundener Lösung bzw. nach einzelnen Lösungsschritten das eigene Vorgehen noch einmal überdenken.

Dabei geht es nicht nur um ein rückschauendes Nachvollziehen des richtigen Lösungsweges, wozu der Schüler allenfalls beim Vergleich mit anderen Aufgaben zu motivieren ist – z. B. anhand der Rechenbäume zweier Aufgaben – es geht auch um ein Überdenken der Fehlversuche und Irrwege. Langfristig kann dies wesentlich zur Steigerung des Problemlöseverhaltens beitragen und vielleicht sogar dazu führen, daß die Schüler selbst Handlungsanweisungen für ein zweckmäßiges Vorgehen zumindest für gewisse Aufgabentypen formulieren können.

Wenn hier von Handlungsanweisungen und Aufgabentypen gesprochen wird, so liegt der Einwand nahe, daß es sich gar nicht um ein Problemlösen handle, sondern nur um das Anwenden bekannter Verfahren. In der Tat versteht

---

11 Vgl. dazu z. B. die Untersuchung von A. S. Luchins, Mechanisierung beim Problemlösen, in: C. F. Graumann (Hrsg.), Denken, Köln-Berlin [5]1971, S. 171 ff. Siehe auch E. Dahlke, Zur Vermeidung negativen Transfers beim Lernen ähnlicher Aufgabenklassen, Diss. Braunschweig 1974.

man unter Problemlösen vor allem das selbständige Finden von Lösungswegen und denkt dabei an Fälle, die gerade nicht in ein bekanntes Schema
passen. Bedenkt man jedoch, welche Schwierigkeiten für jüngere Schüler
schon mit dem richtigen Erfassen und Kombinieren der elementaren
Rechenoperationen in Textaufgaben verbunden sein können (vgl. Kap. III)
und daß vielfach auch neue Lösungsverfahren anhand bestimmter Aufgabenstellungen entdeckt werden sollen, so erweist sich trotz allen notwendigen
Einschränkungen die Frage nach Hilfen für die Bearbeitung von mathematischen Aufgaben und insbesondere von Sachaufgaben als durchaus sinnvoll
und zum hier diskutierten Zusammengang gehörig. Es läßt sich ja kaum eine
scharf abgrenzende Definition des Begriffs Problem angeben, und auch
unsere Überlegungen zum Transferbegriff laufen darauf hinaus, daß es
zwischen *Aufgaben,* für deren Lösung das Wesentliche bereits bekannt ist,
und *Problemen,* bei denen es etwas Neues zu finden gilt, sehr fließende
Übergänge geben kann.

Bei allen Versuchen, Strategien und Hilfen für das Problemlösen anzugeben,
scheint allerdings eine Schwierigkeit von der Sache her unvermeidbar zu
sein: Entweder sind die Lösungshilfen sehr allgemeiner Art und dadurch im
Einzelfall oft nur schwer anwendbar oder sie sind konkret und praktikabel,
erfassen dann aber nur spezielle Aufgabentypen.

Eine der wichtigsten Analysen mathematischer Problemlösevorgänge stammt
von dem Mathematiker G. Polya[12]. Auch er beruft sich ausdrücklich auf die
eigene Erfahrung im Umgang mit mathematischen Problemen sowie auf die
Erfahrungen im Rahmen seiner Lehrtätigkeit. Er betont, daß Problemlösen
lernbar nur durch *Übung* ist, wobei allerdings nicht die Einübung fester
Lösungsschemata gemeint ist, sondern der ständige Umgang mit mathematischen Problemen wachsenden Schwierigkeitsgrades. Aufgabe des Lehrers
ist es also, die dem Schüler vorgelegten Probleme zu ordnen nach den für
die Lösung erforderlichen Vorkenntnissen, nach dem begrifflichen Anspruchsniveau und nach dem Grad der Komplexität.

Bei den von Polya gegebenen Analysen heuristischen Denkens spielen die
Wechselbeziehungen von Verallgemeinern, Spezialisieren und Analogisieren
eine wichtige Rolle. Bezogen auf die psychologischen Erklärungsversuche für
das Problemlösen erinnert die Frage nach analogen Aufgabenstellungen an
den Begriff des strukturellen Transfers. Strukturelle Gemeinsamkeiten mit
bereits gelösten Aufgabenstellungen werden bewußt aufgesucht. Auch hier
könnte man als einfachstes Beispiel an Rechenbäume denken:

Kennst Du einen Rechenbaum, auf den diese Aufgabe paßt?

12 G. Polya, Mathematik und plausibles Schließen, 2 Bde., Basel 1962.

Die Begriffe Spezialisieren und Verallgemeinern erinnern an das Umstrukturieren im gestaltpsychologischen Ansatz. Dieselbe Fragestellung wird einmal auf ein Einzelproblem konzentriert und einmal in einen allgemeineren und damit zugleich neuen Zusammenhang gestellt. Oder: Was zunächst Ganzes war, wird als Teil in einem umfassenderen Ganzen gesehen. Die Bedeutung der Spezialisierung liegt vorwiegend in der Hypothesenfindung. Es sei z. B. nach der Art des Zusammenhangs zweier Größen gefragt: Man rechnet Zahlenbeispiele durch und *entdeckt* vielleicht die Additionsbedingung für Proportionalitäten.

Doch auch Analogiebildungen und Verallgemeinerungen können auf neue Zusammenhänge führen: Man kennt vielleicht den Satz über die Flächengleichheit von Dreiecken, die gleiche Grundseite und gleiche Höhe haben, und man vermutet als Analogie im Raum das Prinzip des Cavalieri, wie wir es in Kap. II kurz beschrieben haben (vgl. S. 64).

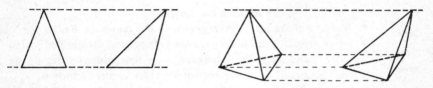

Man versucht ein Quadrat zu verdoppeln und stößt auf den allgemeinen Fall, den Lehrsatz des Pythagoras[13].

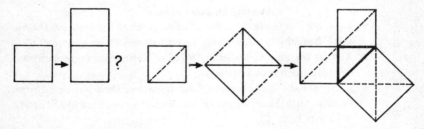

In einer seinen umfassenderen Analysen des Problemlösens voraufgehenden kleineren Schrift hat G. Polya bereits in den vierziger Jahren versucht, praktische Hilfen für die Bearbeitung eines mathematischen Problems zu formulieren[14]. Der Lösungsvorgang soll durch die folgenden übergeordneten Hinweise geleitet werden:

13 a. a. O., Bd. 1, S. 38 f.
14 G. Polya, Schule des Denkens, Bern 1949, Umschlagseite.

Erstens
Du mußt die Aufgabe *verstehen*

Zweitens
Suche den Zusammenhang zwischen den Daten und der Unbekannten
Du mußt vielleicht Hilfsaufgaben betrachten, wenn ein unmittelbarer
Zusammenhang nicht gefunden werden kann
Du mußt schließlich einen *Plan* der Lösung erhalten

Drittens
Führe Deinen Plan *aus*

Viertens
Prüfe die erhaltene Lösung

Für die Durchführung dieser Schritte versucht Polya dann vor allem durch
detaillierte Fragestellungen Hilfen zu geben.

Verstehen der Aufgabe

- *Was ist unbekannt? Was ist gegeben? Wie lautet die Bedingung?*
- Ist es möglich, die Bedingung zu befriedigen? Ist die Bedingung
  ausreichend, um die Unbekannte zu bestimmen? Oder ist sie
  unzureichend? Oder überbestimmt? Oder kontradiktorisch?
- Zeichne eine Figur! Führe eine passende Bezeichnung ein!
- Trenne die verschiedenen Teile der Bedingung! Kannst Du sie
  hinschreiben?

Ausdenken eines Planes

- Hast Du die Aufgabe schon früher gesehen? Oder hast Du dieselbe Aufgabe in einer wenig verschiedenen Form gesehen?
- *Kennst Du eine verwandte Aufgabe?* Kennst Du einen Lehrsatz,
  der förderlich sein könnte?
- *Betrachte die Unbekannte!* Und versuche, Dich auf eine Dir bekannte Aufgabe zu besinnen, die dieselbe oder eine ähnliche Unbekannte hat.
- *Hier ist eine Aufgabe, die der Deinen verwandt und schon gelöst
  ist. Kannst Du sie gebrauchen?* Kannst Du ihr Resultat verwenden? Kannst Du ihre Methoden verwenden? Würdest Du irgend
  ein Hilfselement einführen, damit Du sie verwenden kannst?
- Kannst Du die Aufgabe anders ausdrücken? Kannst Du sie auf
  noch verschiedene Weise ausdrücken? Geh auf die Definition zurück!
- Wenn Du die vorliegende Aufgabe nicht lösen kannst, so versuche, zuerst eine verwandte Aufgabe zu lösen. Kannst Du Dir
  eine zugänglichere verwandte Aufgabe denken? Eine allge-

meinere Aufgabe? Eine speziellere Aufgabe? Eine analoge Aufgabe? Kannst Du einen Teil der Aufgabe lösen? Behalte nur einen Teil der Bedingung bei und lasse den anderen fort; wie weit ist die Unbekannte dann bestimmt, wie kann ich sie verändern? Kannst Du etwas Förderliches aus den Daten ableiten? Kannst Du Dir andere Daten denken, die geeignet sind, die Unbekannte zu bestimmen? Kannst Du die Unbekannte ändern oder die Daten oder, wenn nötig, beide, so daß die neue Unbekannte und die neuen Daten einander näher sind?

- Hast Du alle Daten benutzt? Hast Du die ganze Bedingung benutzt? Hast Du alle wesentlichen Begriffe in Rechnung gezogen, die in der Aufgabe enthalten sind?

Ausführen des Planes

- Wenn Du Deinen Plan der Lösung durchführst, so *kontrolliere jeden Schritt*. Kannst Du deutlich sehen, daß der Schritt richtig ist? Kannst Du beweisen, daß er richtig ist?

Rückschau

- Kannst Du das *Resultat kontrollieren?* Kannst Du den Beweis kontrollieren?
- Kannst Du das Resultat auf verschiedene Weise ableiten? Kannst Du es auf den ersten Blick sehen?
- Kannst Du das Resultat oder die Methode für irgend eine andere Aufgabe gebrauchen?

Versucht man solche Hinweise auf das Lösen einfacher Textaufgaben anzuwenden — wir müssen die Durchführung anhand von Beispielen dem Leser überlassen — so ist dies für die zunächst gegebenen allgemeineren Hinweise sehr leicht möglich: Eine Aufgabe zu verstehen heißt, den Inhalt des Textes zu erfassen, gegebene und erfragte Größen herauszulösen usw. Den Zusammenhang zwischen den Daten und der Unbekannten zu suchen bedeutet, die im Text angedeuteten Rechenoperationen zu erkennen, bis hin zu einem Plan, der z. B. in einem Rechenbaum seinen Niederschlag findet. Es folgt die Durchführung der Rechnungen, und das Prüfen der erhaltenen Lösung beinhaltet schließlich nicht nur Kontrollen mit Hilfe einer Probe, sondern auch den Vergleich mit ähnlichen Aufgaben oder mit solchen aus anderen Sachbereichen, mit Aufgaben, die vielleicht denselben Rechenbaum haben usw.

Die von Polya gestellten Einzelfragen sind demgegenüber zum großen Teil nicht auf elementare Textaufgaben anwendbar. Die Fragen konkretisieren zwar die allgemeinen Hinweise und erleichtern dadurch grundsätzlich deren Anwendung, doch sind sie weit stärker auf Beweisaufgaben, geometrische Konstruktionen oder sonstige „innermathematische" Probleme als auf Sachaufgaben bezogen. Fragen wie „Kennst Du einen Lehrsatz, der förderlich sein könnte?" oder Aufforderungen wie „Gehe auf die Definition zurück!" machen das sehr deutlich.

Eine *Handlungsvorschrift*, die speziell auf das Lösen von Sachaufgaben zugeschnitten ist, wurde von W. Steinhöfel, K. Reichold und L. Frenzel entwickelt[15]:

Handlungsvorschrift „Das Lösen von Sachaufgaben"

I. *Erfasse und analysiere die Aufgabe!*

1. Du mußt die *Aufgabe verstehen!*
 − Lies die Aufgabe gründlich durch!
 − Gib den Inhalt der Aufgabe mit eigenen Worten wieder!
 − Gib die Frage mit eigenen Worten wieder!
2. Erfasse die *gegebenen* und *gesuchten Größen!*
 − Schreibe die gegebenen Größen auf!
 − Schreibe auf, was gesucht wird!
3. Du mußt die *Beziehungen* der Aufgabenstellung *erfassen!*
 − Lege *Bezeichnungen* für die gesuchte(n) Größe(n) und für Hilfsgrößen fest!
 − Fertige, wenn möglich, eine *Skizze* an, die wichtige Beziehungen zwischen gegebenen und gesuchten Größen sowie Hilfsgrößen verdeutlicht!
 − Stelle einander entsprechende Größen (wie *Warenmenge-Preis, Weg-Zeit; . . .*) in einer *Tabelle* dar!
4. *Schätze* das Ergebnis!

II. *Ermittle den mathematischen Ansatz!*

1. Ist zur Berechnung der gesuchten Größe eine *Formel anwendbar, dann* gehe zu *2.! Sonst* gehe zu *3.!*
2. *Stelle die Formel auf!*
 − Überlege dabei, was die Symbole der Formel bedeuten und ob sie mit den Bezeichnungen übereinstimmen, die bei I. festgelegt wurden! Gehe zu 4.!
3. *Bestimme* (eine) *Gleichung*(en); *durch die* die *gesuchte*(n) *Größe*(n) *ermittelt werden kann* (können)!
 − Orientiere dich bei der Auswahl der Rechenoperationen am

15 W. Steinhöfel, K. Reichhold, L. Frenzel, Einige Probleme bei der Behandlung von Sach- und Anwendungsaufgaben in den Klassen 5 und 6, in: Mathematik in der Schule, 1975, Heft 1.

Text der Aufgabe bzw. an einer aufgestellten Tabelle oder an einer Skizze!

- Verwende für die Formulierung der Gleichung(en) die Bezeichnungen für gesuchte Größen bzw. Hilfsgrößen! (Führe unter Umständen weitere Hilfsgrößen ein!)
4. Stelle nun einen *Ansatz für* die Berechnung der *Hilfsgrößen* auf! Beginne dabei wieder bei II.1.! Gehe dann zu III.!

III. *Löse die mathematischen Aufgaben!*
1. Überschlage!
2. Rechne unter Umständen die *Maßeinheiten* um!
3. *Berechne die Hilfsgrößen!*
4. *Berechne die gesuchte*(n) *Größe*(n)!

IV. *Werte das (die) Ergebnis(se) aus!*
1. *Vergleiche* den *Überschlag* (auch das geschätzte Ergebnis) *mit* dem erhaltenen *Resultat!*
2. *Überprüfe* das Ergebnis *am Text* der Aufgabe!
3. Formuliere den *Antwortsatz!*

Hier kann im engeren Sinne von einer *Handlungsanweisung* gesprochen werden; denn es werden nicht nur Fragen gestellt, um wichtige Überlegungen zur Lösung der Aufgabe anzuregen, vielmehr ergibt sich aus Anweisungen wie ,,Beginne dabei wieder bei II.1!" oder ,,Gehe dann zu III.!" eine Steuerung der Lösungsschritte nach Art eines Programms. Es handelt sich also um den Versuch, den Lösungsprozeß zu algorithmisieren. Die Schwierigkeit dabei liegt jedoch wiederum in der weitgehenden Einengung auf Aufgaben eines bestimmten Typs, und zwar hier auf solche, die mit Hilfe der Anwendung von Formeln oder Gleichungen lösbar sind.

Um diese Einschränkung zu vermeiden, müßte man auf allgemeinere Fragestellungen und Anweisungen zurückgehen. Wie schon im Zusammenhang mit den Vorschlägen von Polya bemerkt, würde dadurch aber die direkte und sichere Anwendbarkeit eines solchen ,,Lösungsalgorithmus" wesentlich erschwert. Eine Alternative könnte darin bestehen, daß man umgekehrt das Frageschema noch erweitert, indem man sozusagen ein Methoden-Suchprogramm davorschaltet. Wichtige Fragen dafür könnten z. B. lauten:

Was ist gesucht,
  eine Begründung, ein Beweis,
  eine Ja-Nein-Antwort,
  eine Größe oder mehrere Größen?
Sind Größen miteinander zu vergleichen?
Sind Daten zu ordnen (bei statistischen Problemen)?

Kommen (bei endlich vielen Lösungsmöglichkeiten) Probierverfahren in Frage (Fallunterscheidungen)?

Man erkennt aber sofort, daß fast jede Ja-Antwort auf eine dieser Fragen in einen eigenen Lösungsalgorithmus nach Art des von Steinhöfel vorgelegten münden müßte, womit die Handlungsanweisung insgesamt zu einem sehr umfangreichen Programm anschwellen würde. Ein idealer, allen Aufgabenstellungen und Problemsituationen gerecht werdender Algorithmus dürfte also kaum zu finden sein. Immer wieder treten auch im Sachrechnen schon bei relativ einfachen Fragestellungen Fälle auf, die sich jeder Typisierung entziehen. Ein Beispiel für eine Problemlösung durch systematisches Probieren verbunden mit anderen Überlegungen:

8 Eisenträger zu je 400 kg und 10 Betonplatten zu je 500 kg sind zu einer Baustelle zu transportieren. Es steht jedoch nur ein kleinerer Lastwagen mit einer maximalen Nutzlast von 1,5 t (jedoch mit ausreichender Ladefläche) zur Verfügung. Wie muß man laden, wenn man nicht zu oft fahren will?

Hier sind die Zahl der Eisenträger (E) und die der Betonplatten (B) pro Fahrt variabel, doch es kann bei verschiedenen Fahren verschieden geladen werden. Man erkennt leicht, daß mit Gleichungen oder den in Kapitel V geschilderten elementaren Methoden des linearen Optimierens wenig anzufangen ist, obwohl es sich ja um ein Minimum-Problem handelt. Ein Weg zur Lösung führt über das *Ordnen* der überhaupt bestehenden Lademöglichkeiten, z. B. nach der Zahl der jeweils transportierten Betonplatten, wobei vorausgesetzt sei, daß stets soviel Material wie möglich aufgenommen wird. Ein zweiter Lösungsschritt, den wir in die nachfolgende Tabelle schon mit aufgenommen haben, könnte darin bestehen, die verschiedenen Lademöglichkeiten zu „bewerten", und zwar nach dem jeweils beförderten Gewicht (oder umgekehrt nach der jeweils freibleibenden Nutzlast). Beginnt man dann so zu laden, daß bei den einzelnen Fahrten möglichst wenig Nutzlast freibleibt, so hat man eine Strategie für das weitere Probieren.

Ladung B	E	Gewicht	Fahrten a	b	c	
0		1 200	2	2	–	
1	2	1 300	1	–	4	
2	1	1 400	–	2	–	
3	0	1 500	3	2	2	
			6	6	6	Fahrten insgesamt

Wir haben drei Lösungen angegeben. Gibt es noch weitere? Daß man *mindestens* 6 Fahrten braucht, daß also die angegebenen Möglichkeiten wirklich Lösungen sind, kontrolliert man in der folgenden Weise: Es sind insgesamt 8,2 t Material zu befördern, und da man pro Fahrt höchstens 1,5 t Last aufnehmen kann, reichen 5 Fahrten dafür nicht aus. Es ist interessant, daß hier die Kontrolle der gefundenen Möglichkeiten einen ganz anderen Gedanken benutzt als die Lösung des Problems, bei der ja die insgesamt zu befördernde Last keine Rolle spielte.

Aufgaben wie diese dürften kaum durch einen in Form eines Fragenkatalogs gegebenen „sicheren" Lösungsalogrithmus zu erfassen sein; und gerade deshalb ist es für die Erziehung zu beweglichem Denken wichtig, im Sachrechnen immer wieder solche Nicht-Standard-Aufgaben zu stellen. Es kann aber auch bei den Vorschlägen von Polya oder auch bei denen von Steinhöfel nicht darum gehen, dem Schüler mit einem solchen Algorithmus ein gebrauchsfertiges Instrument zum Lösen von Sachaufgaben vorzulegen. Der Schüler soll vielmehr angeregt werden, selbst an der Entwicklung und Beschreibung wirksamer Lösungsstrategien zu arbeiten und sich dabei das eigene Vorgehen bewußt zu machen. Die Erarbeitung eines geeigneten Fragenkatalogs wird also an Stelle der ursprünglichen Aufgabe selbst zum Problem gemacht. Vorschläge wie die von Polya oder Steinhöfel können als Muster dienen, die von den Schülern selbst auf ihre Anwendbarkeit zu erproben sind und die sie ergänzen, erweitern, abändern oder spezialisieren sollten[16]. Die Arbeit an der Formulierung von Lösungsstrategien kann auch dazu beitragen, eine Aufgabe mit der einmal gefundenen Lösung nicht sogleich beiseite zu legen, sondern den Aufforderungen „Überprüfe deine Lösung! Vergleiche den Lösungsweg mit anderen Möglichkeiten!" wirklich nachzukommen. Wie erwähnt, dürfte langfristig damit viel zur Steigerung des Problemlöseverhaltens der Schüler beigetragen werden.

Abschließend müssen wir jedoch noch auf eine weitere Schwierigkeit aufmerksam machen: Alle bisher diskutierten Vorschläge zum Problemlösen im Mathematikunterricht und speziell bei Sachaufgaben richten sich auf Textaufgaben oder setzen in der Regel ein von der Mathematik her gestelltes Problem voraus. Der Aspekt der *Erkundung eines Sachverhalts,* der ebenso zur Bearbeitung eines Sachproblems gehört, wird nicht erfaßt; denn da-

16 Wichtige Anregungen zum Problemlösen im Mathematikunterricht, die in derselben Weise mit den Schülern zu diskutieren wären, finden sich auch bei F. Zech, Grundkurs Mathematikdidaktik, Weinheim-Basel 1977, S. 294 ff. Neben dem für Sachaufgaben gedachten Vorschlag von Steinhöfel werden dort auch Handlungsanweisungen für andere Problemstellungen wie die Konstruktion eines Dreiecks oder das Beweisen eines geometrischen Satzes vorgestellt.

bei geht es meist um Planung und Steuerung von Aktivitäten ganz anderer
Art:
    Ein Lexikon ist zu befragen,
    die Benutzung einer Bibliothek ist kennenzulernen,
    Material ist zusammenzustellen,
    Auskünfte von Behörden sind einzuholen,
    eine Schülerbefragung ist zu organisieren,
    der Bauplan für ein Modell ist zu entwerfen,
    die Arbeitsteilung in einer Gruppe ist zu regeln
    und so fort.

Die große Vielfalt derartiger Aufgabenstellungen dürfte sich kaum durch
übergeordnete Handlungsanweisungen erfassen und steuern lassen. Hier
kann sich der Mathematikunterricht nur darum bemühen, dem Schüler im
Zusammenhang mit dem Sachrechnen möglichst viele einschlägige Erfahrungen zu vermitteln. Ein hohes Maß an kooperativem Verhalten und verschiedene Formen der Gruppenarbeit sind dabei zugleich eine Voraussetzung für die Realisierung wie auch ein wesentliches Ziel des Unterrichts.

3. Beispiele für das Problemlösen im Sachrechnen

Fragt man, in welchem Umfang überhaupt problemlösendes Denken im Zusammenhang mit dem Sachrechnen eine Rolle spielt, so ist es sinnvoll, dabei
verschiedene Unterrichtssituationen zu unterscheiden, in denen sich ein
Problem stellen kann:

1. die *Einführung* neuer Begriffe und Verfahren,
2. die *Anwendung* von für das Sachrechnen relevanten mathematischen Begriffen und Verfahren,
3. die *Vertiefung* und *Weiterführung* einer Sachaufgabe, indem sie
   in mathematischer Hinsicht oder in bezug auf den angesprochenen Sachbereich in einen umfassenderen Zusammenhang gestellt
   wird,
4. die *Erkundung eines Sachverhalts*, die sowohl auf eine (für den
   Schüler neue) Anwendungsmöglichkeit bekannter mathematischer Verfahren als auch auf neue mathematische Einsichten
   führen kann.

Wir wollen dies anhand von Beispielen erläutern:

1. Die *Einführung neuer Begriffe und Verfahren* sollte wie bei fast allem Lernen von Mathematik auch im Sachrechnen nach Möglichkeit so geschehen,

daß der Schüler das jeweils Neue *selbst entdecken* kann. Dies gilt auch dann, wenn der Unterricht kleinschrittig aufgebaut ist, so daß die von Fall zu Fall geforderten Problemlösevorgänge jeweils nur begrenzt sind. Der Einführung der Prozentrechnung geht in der Regel die gewöhnliche Bruchrechnung voraus. Es wäre also denkbar, eine Festlegung auf den Nenner 100 und somit den Übergang von der Bruchrechnung zur Prozentrechnung einfach zu verabreden und wie eine Spielregel mitzuteilen. Demgegenüber bietet der Zugang über die Frage nach einer einfachen Vergleichsmöglichkeit bei großen Nennern (vgl. S. 127) einen Einstieg von einem – wenn auch begrenzten – Problem her. Dieses Vergleichsproblem ist relativ stark mathematisch orientiert. Denkbar wäre auch der folgende Weg: Man fragt nach der Bedeutung des Zeichens %. Es werden Situationen gesammelt, in denen es den Schülern begegnet ist. Die Schüler versuchen selbständig, aus einem Lexikon Aufschluß über Bedeutung und Herkunft des Zeichens zu erhalten. Andere versuchen z. B. anhand mehrerer Rechnungen, auf denen die Mehrwertsteuer gesondert ausgewiesen ist, durch Probieren und Rechnen zu ermitteln, was mit 12 % gemeint sein kann. Die Ergebnisse werden zusammengetragen, mit der Lexikonauskunft verglichen, und es stellt sich die Frage nach dem Warum und der Zweckmäßigkeit der Prozentrechnung. Auch bei einem solchen Einstieg könnte man von Problemorientierung sprechen, jedoch mehr im Sinne einer *Erkundungsaufgabe.*

Das einfache Beispiel zeigt jedenfalls, daß eine problemorientierte Einführung neuer Begriffe im Sachrechnen ebenso wie in anderen Bereichen des Mathematikunterrichts möglich ist und daß die Möglichkeiten dafür eher reicher sind, da die Motivation ebenso von einer speziellen, seiner Struktur nach mathematischen Problemstellung ausgehen kann wie von der Erkundung des angesprochenen Sachbereichs.

2. Auch das *Anwenden* mathematischer Begriffe und Verfahren auf Text und Sachaufgaben kann Problemlösen erfordern. Anwenden der erworbenen mathematischen Kenntnisse besteht ja nicht im schematisierten Rechnen mit immer neuen Zahlen, sondern verlangt zumindest das Erkennen der erforderlichen Rechenoperation anhand eines Textes. Wir haben in Kapitel III versucht herauszustellen, wie schwierig der Übersetzungsprozeß von der Umgangssprache zur Rechnung sein kann, den schon das Grundschulkind bei in mathematischer Hinsicht anspruchslosen Textaufgaben leisten muß. Wenn in der Sekundarstufe I ein Kalkül zum Lösen von Gleichungen bereitsteht, so ist zunächst wieder der „Ansatz" zu finden. Mit jedem neuen Text ist also eine neue – wenn auch geringe – Transferleistung zu erbringen.

3. Eine *Weiterführung* und *Vertiefung* von Sachaufgaben ist in zwei Richtungen möglich, nämlich ebenso in bezug auf das Anspruchsniveau der mathematischen Fragestellung wie in bezug auf die Klärung des Sachverhalts. Wenn man bei der Einführung der Proportionalitäten flächengleiche Rechtecke betrachtet, so kann man z. B. die Frage anschließen, welches der flächengleichen Rechtecke den geringsten Umfang habe und umgekehrt, ob es zu vorgegebener Flächengröße auch Rechtecke beliebig großen Umfangs gibt.

Eine Lösung dieser Extremwertaufgabe mit elementaren Methoden ergibt sich aus der folgenden Überlegung: Bei der Umwandlung eines gegebenen Quadrats in ein Rechteck mit demselben Flächeninhalt kann der Umfang nur wachsen; denn eine Seite muß um eine Länge x wachsen, während die andere um y verkürzt wird.

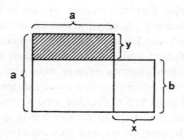

Für den Umfang des Rechtecks hat man also

$$4\,a\ (\text{Umfang des Quadrats}) + 2\,x - 2\,y.$$

Andererseits muß aber wegen der Flächengleichheit von Rechteck und Quadrat gelten

$$a\,y = b\,x,$$

und wegen $a > b$ ist folglich $x > y$ und somit

$$2\,x - 2\,y > 0.$$

Um diese Länge aber wäre der Umfang eines flächengleichen Rechtsecks größer als der des gegebenen Quadrats.

Wir erinnern ferner an die Aufgabe, ein größeres Grundstück mit Häusern von rechteckiger Grundfläche zu bebauen. (Vgl. S. 78) Wie lassen sich die Häuser stellen? Die Abbildung zeigt dazu verschiedene denkbare Anordnungen:

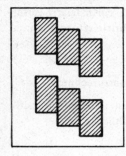 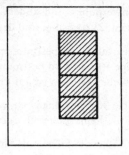 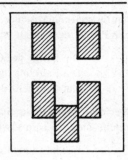

Das mathematische Problem besteht hier in einer möglichst „günstigen" Anordnung der Rechtecke. Man könnte auch einfach danach fragen, wie die Rechtecke liegen müssen, damit *möglichst viele* auf die vorhandene Gesamtfläche passen. Sinnvoll wird die Fragestellung jedoch erst durch die außermathematischen Rahmenbedingungen:

> Wieviel Gartenfläche ergibt sich für die einzelnen Häuser?
> Wie steht es mit günstigen Zugangswegen?
> Kann man gemeinsame Außenwände vermeiden oder ist eine Reihenhausbauweise notwendig?
> Wie sind die Himmelsrichtungen?
> Welche Mindestabstände braucht man bei einer „dichten" Bebauung?
> In welchem Maße können *und müssen* städtische oder staatliche Behörden die verschiedenen Bebauungsmöglichkeiten kontrollieren?

Nicht immer lassen sich die mathematischen Aspekte einer Aufgabe von denen der Erkundung eines Sachbereichs von vornherein so deutlich voneinander abgrenzen. Wir betrachten eine weitere Aufgabe[17]:

> Martin hat eine elektrische Eisenbahn bekommen und fragt: „Wie schnell fährt mein Zug in Wirklichkeit?"
> (Meßwerte: Länge des Gleisovals 253 cm, Fahrzeit pro Runde 11 sec., Spur N, Maßstab 1 : 160)

Wenn der Begriff der Geschwindigkeit als Quotient von Wegstrecke und Fahrzeit vertraut ist, scheint die Aufgabe auf den ersten Blick lediglich auf das Messen und Umrechnen der Meßwerte zu führen und somit einen ein-

---

17 Es handelt sich hier um eine der wenigen Aufgaben, die nicht erfunden oder einem Schulbuch entnommen sind. Die Frage wurde wörtlich so von einem neunjährigen Jungen gestellt.

deutig mathematischen Schwerpunkt und zudem noch einen relativ geringen Problemgehalt zu besitzen. Zur Lösung sind drei Schritte erforderlich:

Die Länge des Gleisovals ist zu bestimmen.
Die Fahrzeit für eine Runde wird bestimmt.
Der Quotient der beiden Größen ist auf km/h umzurechnen.

Verfolgt man diese Schritte im einzelnen, so ergeben sich jedoch zahlreiche Zusatzfragen sowohl mathematischer als auch sachlicher Art:

Wie kann man die Länge des Gleisovals messen?
Wie kann die Länge der beiden Bögen – von Schülern entsprechenden Alters – berechnet werden?
In welcher Weise ist die Tatsache zu berücksichtigen, daß in der Kurve die innere Schiene kürzer ist?
Die Geschwindigkeit des Zuges schwankt sichtbar. Warum ist er in der Kurve langsamer?
Die Gesamtzeit für die einzelnen Runden schwankt ebenfalls. Muß man mehrfach stoppen und den Mittelwert berechnen?
Oder kann man sofort die Fahrzeit für 10 Runden messen?

Schließlich ergibt sich noch ein Problem besonderer Art: Was ist unter der Geschwindigkeit „in Wirklichkeit" zu verstehen? Rechnet man den Quotienten aus der Länge des Gleisovals und der gestoppten Zeit auf km/h um, so ergibt sich ein Wert von 0,828 km/h. Berücksichtigt man den Maßstab der Modellbahn, 1 : 160, so entspricht das einer Geschwindigkeit von 132,48 km/h. Warum aber ist es sinnvoll, diesen Maßstab auch auf die Geschwindigkeit zu beziehen? Ist nicht die Geschwindigkeit von der Größe des sich bewegenden Objekts unabhängig?
Es zeigt sich jedoch, daß die z. B. in m/sec gemessene Geschwindigkeit des Modells und die eines mit „entsprechender" Geschwindigkeit fahrenden „richtigen" Zuges nicht dasselbe sein können. Denn bei der Modellbahn sind zwar die Längen im Maßstab 1 : 160 verkleinert, doch die Zeit bleibt von dieser Verkleinerung unberührt. Also ändert sich beim Übergang von der Wirklichkeit zum Modell auch der Quotient Wegstrecke : Fahrzeit im Maßstab 1 : 160. Man kann dies noch verdeutlichen, wenn man die von der Modellbahn gefahrene Strecke nicht in cm oder m mißt, sondern wenn man als Maßeinheit eine Strecke wählt, die selbst von der Wirklichkeit zum Modell verkleinert wird wie z. B. der Abstand zweier Schwellen. Die Geschwindigkeit des Zuges läßt sich ja – in Wirklichkeit wie im Modell – auch charakterisieren als die Anzahl der pro Zeiteinheit überschrittenen Bahnschwellen, und dieses Geschwindigkeitsmaß ist unabhängig vom Maßstab der Modellbahn, Ein einfacher Versuch kann das demonstrieren:

Faßt man als Beobachter den fahrenden Modellzug zugleich mit den darunter liegenden Gleisen ins Auge, so verschwimmen die kleinen Bahnschwellen für das Auge ganz so zu einem Band wie in Wirklichkeit von einem schnellfahrenden Zug aus gesehen. Erst mit solchen Überlegungen und einem solchen Versuch ist die gestellte Aufgabe „gelöst".

Wie die Weiterführung von Sachaufgaben auf ganz neue mathematische Problemstellungen führen kann, hat auch die in Kap. IV zur Diskussion gestellte Umkehrung einer Aufgabe aus der Prozentrechnung gezeigt: Wie hoch darf der prozentuale Lohnzuwachs sein, wenn einerseits einfester Minimalzuwachs gefordert ist und andererseits eine Begrenzung des Gesamtanstiegs der Lohnkosten gegeben ist? (Vgl. S. 135 ff.)

4. Es bleibt schließlich zu überlegen, in welcher Weise *Mathematik als Hilfsmittel* notwendig werden kann, wenn man nicht von vorgegebenen Aufgaben sondern von der Erkundung eines Sachverhalts ausgeht. Wir wollen darauf jedoch im folgenden Abschnitt im Zusammenhang mit dem Ansatz des projektorientierten Mathematikunterrichts gesondert eingehen.

4. Offene Aufgaben und Unterrichtsprojekte zum Sachrechnen ·

Nicht nur im letzten Abschnitt, sondern bei vielen Aufgabenbeispielen der voraufgehenden Kapitel haben wir immer wieder *Zusatzfragen* gestellt, um anzudeuten, wie die jeweilige Aufgabe dadurch in einen größeren Zusammenhang gestellt werden kann. Beim Vergleich von Großhandels- und Einzelhandelspreis ist ein Prozentsatz zu berechnen, mehr nicht. Die Zusatzfragen nach der Gewinnspanne, nach der Rolle des Großhändlers oder den Mechanismen der Preisbildung führen weiter. Sie *öffnen* die Fragestellung nicht nur in bezug auf eine eventuelle Weiterführung der mathematischen Problemstellung, sondern auch über das Fach Mathematik hinaus. (Vgl. S. 70) Bei dem genannten Beispiel sind vor allem Inhalte aus dem Bereich der Gemeinschaftskunde angesprochen, aber es könnten ebenso andere Fächer wie Geographie, Werkunterricht bzw. Technik, Arbeitslehre oder Biologie betroffen sein.

Man spricht in diesem Zusammenhang von *offenen Aufgaben,* obwohl richtiger von einer *offenen Behandlung* von Sachaufgaben die Rede sein müßte; denn die Aufgaben selbst deuten meist nur wenig auf eine Weiterführung hin, allenfalls dadurch, daß sie statt der Frage nach einer einzelnen Größe nur eine sehr allgemeine Aufforderung enthalten. Die Mehrzahl der Schulbuchaufgaben endet mit recht eindeutigen Anweisungen und Fragen, wie sie bei Breidenbach auch ausdrücklich gefordert werden (vgl. S. 71):

Berechne den Unterschied in DM.
Bestimme den Prozentsatz des Preisaufschlags.

Oder bei anderen Aufgaben:
Wie groß ist das Grundstück?
Bestimme die Belastung des Fahrzeugs in t.
usw.

Nur gelegentlich fehlt eine solche Festlegung der Frage auf einen einzelnen Punkt, und es heißt etwa:

Vergleiche und erkläre!
Suche nach verschiedenen Möglichkeiten!
usw.

Oder es werden ausdrücklich weiterführende Hinweise gegeben wie im folgenden Beispiel[18]:

a) Die Rückfallquote bei Strafgefangenen in der BRD beträgt im Gegensatz z. B. zu den Niederlanden (30 %) ca. 75 %; das sind 39.000 der augenblicklichen Gefangenen. . . . .
b) In Niedersachsen haben von 5.500 Strafgefangenen ca. 63 % keinen Volksschulabschluß. Von den 4.700 dort im Strafvollzug lebenden Gefangenen haben rd. 155 die Möglichkeit einer Teilnahme an Resozialisierungsmaßnahmen (Schul- und Berufsausbildung usw.).
Diskutiert die Fragen im Fach Sozialkunde weiter!

Doch ist dies die Ausnahme. In demselben Schulbuch findet sich auch die folgende Aufgabe:

Wieviel Geld man in seinem Leben verdient, hängt meistens von der Ausbildung ab. Das zu erwartende Lebenseinkommen beträgt:

a) ohne Berufsausbildung (Arbeiter)   634 000 DM ≙ 100 %
b) mit abgeschlossener Lehre
   (Facharbeiter)   740 000 DM ≙ . . . %
c) mit Fachschulausbildung   832 000 DM ≙ . . . %
d) mit abgeschlossener Ingenieurschule   1 042 000 DM ≙ . . . %
e) mit Universitätsstudium   1 294 000 DM ≙ . . . %

Hier heißt es nur: Berechne die fehlenden Prozentsätze. Weiterführende Fragen, wie wir sie für wünschenswert halten, könnten z. B. lauten:

---

18 Aus H.-G. Bigalke (Hrsg.), Einführung in die Mathematik für allgemeinbildende Schulen, Ausgabe H, 7. Schuljahr, Arbeitsblatt 17, Verlag Diesterweg, Frankfurt a. M.-Berlin-München 1974.

Sind die Zahlen realistisch?

Wie genau müssen solche Zahlenangaben sein, wie weit darf gerundet werden?

Wie kann man in einer Überschlagsrechnung ein Lebenseinkommen schätzen?

Wie erhält man genaueres Zahlenmaterial zu einer solchen Frage?

Wie unterscheiden sich die Monatseinkommen der betreffenden Berufsgruppen?

Man vergleiche die Unterschiede im Monatseinkommen mit den Unterschieden im Lebenseinkommen. Wie sind diese Unterschiede zu erklären?

Daß die Schulbücher, wie wir bemerkt haben, nur wenig Hinweise dieser Art geben, muß nicht nur negativ gesehen werden; denn bei welchen Problemen eine solche Weiterführung von Sachaufgaben für eine bestimmte Schulklasse angemessen ist und in welcher Weise und wieweit sie verfolgt werden sollte, kann sinnvollerweise nur von Fall zu Fall durch den Lehrer entschieden werden. Allgemein kann man jedoch dazu sagen, daß die Gefahr einer Verengung auf die Frage nach einer einzelnen Größe weniger besteht, wenn man für die Aufgabenstellung nicht ausschließlich das Medium der Sprache − also die Textaufgabe − wählt, sondern häufiger von Bildern ausgeht, von kurzen Unterrichtsfilmen oder von Zeitungsauschnitten mit Graphiken, wie wir es am Ende des letzten Kapitels angedeutet haben. (Vgl. S. 212 ff.)

Daß eine offene Behandlung von Sachaufgaben jedoch grundsätzlich notwendig ist, ergibt sich schon aus den Überlegungen von Kap. I. Viele der kritischen Einwände gegen das traditionelle Sachrechnen, die wir dort gesammelt haben, behalten ja für alles Sachrechnen zumindest als Hinweise auf mögliche Gefahren oder Fehlentwicklungen des Unterrichts ihre Gültigkeit:

> die isolierte Berechnung einzelner Größen, wo eine kritische Würdigung der Inhalte angebracht wäre,
>
> die Zeichnung eines falschen Bildes der Wirklichkeit in den Aufgabentexten,
>
> unzulässige Vereinfachung der realen Sachverhalte
>
> usw.

Diesen negativen Möglichkeiten, die im Sachrechnen stets gegeben sind, kann eigentlich nur begegnet werden, imdem der Lehrer die Sachaufgaben immer wieder in den Gesamtzusammenhang stellt, aus dem sie entnommen sind. Grundsätzlich müßte also jede Sachaufgabe als offene Aufgabe behandelt werden. Die einzelne Aufgabe würde damit natürlich auch weit mehr Zeit in Anspruch nehmen als sonst, und man ist versucht zu folgern, daß die

Behandlung von Sachaufgaben als offene Aufgaben mit der Beschränkung auf einige wenige grundsätzlich zu behandelnde Aufgaben einhergehen müßte. Andererseits müssen die im Sachrechnen auftretenden mathematischen Begriffe durch möglichst viele Beispiele gefestigt und die gelernten Rechenverfahren in möglichst verschiedenartigen Anwendungen geübt werden. Schon der in Kap. III beschriebene Übersetzungsprozeß vom Aufgabentext zur mathematischen Operation kann ja nur dadurch geübt werden, daß der Schüler mit immer neuen sprachlichen Wendungen und damit zugleich immer neuen Sachsituationen konfrontiert wird. Ähnliches gilt für das Aufstellen von Gleichungen.

Die Lösung dieses Problems kann nur in einem Mittelweg bestehen, der so aussieht, daß einzelne Aufgaben im Sinne von offenen Aufgaben gründlich behandelt werden, andere aber mehr der Übung bestimmter mathematischer Techniken oder dem Training des Übersetzungsprozesses vom Aufgabentext zum Rechenausdruck oder der Gleichung dienen.

Eine offene Behandlung von Sachaufgaben muß sich nicht in der – meist nachträglichen – Diskussion der Zusammenhänge erschöpfen. Sie kann auch zahlreiche Aktivitäten der Schüler auslösen, wie z. B. das selbstständige Sammeln zusätzlicher Informationen und das Überprüfen von in den Aufgaben gemachten Angaben oder das Bauen eines Modells. Dennoch ist der Ausgangspunkt solcher Aktivitäten stets die Aufgabe, die durch das Buch oder vom Lehrer her vorgegeben ist.

Der sogenannte *projektorientierte Mathematikunterricht* verfolgt demgegenüber einen anderen Ansatz, der sich kurz in der folgenden Weise beschreiben läßt[19]:

Die Bedürfnisse und Interessen der Schüler richten sich nicht auf ein Fach oder gar spezielle Inhalte eines Faches, sondern auf Sachverhalte, die ihnen in ihrer natürlichen Umgebung begegnen. Will man den Bedürfnissen und Interessen der Schüler gerecht werden, so wäre also ein *Sachverhalt als Ausgangspunkt* zu wählen und in den Mittelpunkt zu stellen. Da dieser in der Regel komplexer Natur ist, muß grundsätzlich fächerübergreifend gearbeitet werden. Die Rolle der Einzeldisziplin ist dann die eines Werkzeugs und Hilfsmittel bei der Bewältigung der vom Sachzusammenhang her sich ergebenden Schwierigkeiten. Neue mathematische Techniken und Einsichten werden erarbeitet in dem Maße, wie sie sich von der Sache her auch für den Schüler als notwenig erweisen.

Zu den Gesichtspunkten eines starken Realitätsbezugs, der fachübergreifenden Anlage und der Orientierung an den Bedürfnissen der Schüler kommen

---

19 Vgl. dazu W. Münzinger (Hrsg.), Projektorientierter Mathematikunterricht, München-Wien-Baltimore 1977.

als Charakteristika für den projektorientierten Unterricht noch weitere Aspekte: Ein vom Schüler selbst gewähltes Unterrichtsvorhaben, das den obigen Kriterien genügt, kann in gemeinsamer Arbeit zwischen Schülern und Lehrern realisiert werden. Die sich dabei ergebenden Formen der Zusammenarbeit bzw. gelegentlich auch der Arbeitsteilung können sehr verschiedenartig sein. Sie lassen aber eine Differenzierung nach Leistungsgruppen und die damit gemeinhin verbundenen Selektionsmechanismen und Härten weitgehend entbehrlich erscheinen. Die Bestätigung des Gelernten muß bei der Arbeit an einem gemeinsamen Projekt dann auch nicht von außen her durch den Lehrer erfolgen, sie ergibt sich mit dem Gelingen des Vorhabens, und umgekehrt zeigen die auftretenden Schwierigkeiten von selbst, wo noch Lerndefizite bestehen. Schließlich ermöglicht die Arbeit an einem von den Schülern selbst gewählten Projekt soziales Lernen nicht nur in bezug auf die dabei auftretenden Interaktionsformen, sondern erlaubt auch inhaltlich eine Beschäftigung mit solchen Sachverhalten, denen in hohem Maße eine gesellschaftliche Relevanz zukommt. Die Erschließung der sozialen Umwelt des Schülers kann so weit besser geleistet werden als im traditionellen Sachrechnen, und die ihm innewohnenden Gefahren werden von vornherein gemieden.

Unter den Bedingungen des Schulalltags stehen einer praktischen Umsetzung der damit theoretisch umschriebenen Konzeption erhebliche Schwierigkeiten gegenüber. Doch gibt es bereits eine Reihe von entsprechenden Versuchen:

An einer Frankfurter Gesamtschule wurde im Rahmen eines Projekts „Fußball" unter Verwendung von Tischfußball-Spielen ein Fußballturnier im Klassenzimmer durchgeführt[20]. Dabei ergaben sich neben allgemein erzieherischen Aspekten wie Mannschaftsbildung in Selbstorganisation oder Diskussion, Festlegung und Respektierung eines Regelsystems an stärker mathematischen Fragestellungen z. B. die folgenden:

> Nach welchem System soll der Meister ermittelt werden? Jeder gegen jeden mit Punktwertung oder nach einem sogenannten k.-o.-System?
>
> Wie sieht die Punktbewertung im einzelnen aus? Was geschieht im Falle des k.-o.-Systems, wenn die Anzahl der Mannschaften keine Zweierpotenz ist, so daß z. B. bei 10 Mannschaften in der zweiten Runde eine Mannschaft spielfrei bleibt. Wie erhöhen sich die Gewinnchancen einer solchen Mannschaft?
>
> Wieviele Spiele gibt es bis zum Endspiel? Wieviele Spiele sind im System Jeder-gegen-jeden zu absolvieren?

20 Vgl. Münzinger (Hrsg.), a. a. O., S. 51 ff.

Wie ist die Rangfolge der Mannschaften zu ermitteln? Was soll bei Punktgleichheit entscheiden, Tordifferenz oder Torverhältnis? Wie kann „getippt" werden? Wie sind die Gewinnchancen, und wie ist ein Gewinnplan zu gestalten?

Wie weit der unterschiedliche mathematische Gehalt und Schwierigkeitsgrad solcher Fragen im Verlauf des Projekts bewältigt werden konnte, ist dem vorliegenden Bericht nicht zu entnehmen. Daß jedoch viel Mathematik mit dem Vorhaben verbunden ist, liegt auf der Hand: Ordnen von Zahlen bzw. Zahlenpaaren, Differenz und Verhältnis, Kombinatorik und Wahrscheinlichkeitsrechnung und vieles mehr ist angesprochen.

An anderer Stelle berichtet H. D. Hermann über ein Projekt „Verkehr", das an der Hannoverschen Versuchsschule Glocksee mit Kindern des 3. bis 5. Schuljahrs durchgeführt wurde[21]. Es ging darum, aus einem Kett-car und einem alten Fahrradhilfsmotor ein Go-cart zu bauen, wobei zunächst die technischen Probleme des Fahrzeugbaus zu bewältigen waren, wobei es dann um die Bestimmung von Geschwindigkeiten und schließlich um die Festlegung von Verkehrsregeln für den Schulhof ging, einschließlich der Herstellung eines maßstabgerechten Planes und bis hin zur Einführung eines „Führerscheines". Ein solches Projekt dürfte jedoch nur unter den besonderen Gegebenheiten einer Versuchsschule durchführbar sein, da z. B. eine Werkstatt vorhanden sein muß und die Instandsetzung eines alten Motors ohne die Hilfe eines Fachmanns kaum zu bewältigen ist. Abgesehen von derartigen Einwänden in bezug auf die Realisierbarkeit scheinen auch – soweit der Bericht das erkennen läßt – nur in sehr geringem Maße mathematische Lernziele angesprochen gewesen zu sein. Ausdrücklich hervorgehoben wird merkwürdigerweise vor allem die Notwendigkeit, im Zusammenhang mit der Geschwindigkeitsbestimmung schriftlich zu multiplizieren.

Ein ganz anders geartetes Projekt zum Thema Verkehr wurde in einem 9. Schuljahr eines Berliner Gymnasiums erprobt[22]. Unter der Überschrift „Tempo 130 und aktive Sicherheit" wurde das Für und Wieder von Geschwindigkeitsbegrenzungen erarbeitet und im Zusammenhang damit wurden die Argumente für und gegen leistungsstarke Kraftfahrzeuge sowie die möglichen Auswirkungen von Geschwindigkeitsbegrenzungen auf die Auto-Industrie diskutiert. Den mathematischen Schwerpunkt des Projekts bildete der nichtlineare, nämlich quadratische, Zusammenhang zwischen Geschwindigkeit und Bremsweg, der zunächst mit anderen Beziehungen zwi-

21 H. D. Hermann, Mathematik im Projektunterricht, in: Ästhetik und Kommunikation, Heft 22/23, 1975/76.
22 Vgl. W. Münziger (Hrsg.), a. a. O., S. 111 ff.

schen Größen konfrontiert wurde – wie z. B. mit dem Beispiel einer Antiproportionalität oder dem linearen Zusammenhang zwischen Geschwindigkeit und dem in einer „Schrecksekunde" zurückgelegten Weg. Dabei ist wichtig, daß mit der Klärung der verschiedenen funktionalen Zusammenhänge zugleich versucht wurde, allgemein die Beziehung zwischen der Realität und dem die Realität beschreibenden mathematischen Modell deutlich zu machen. Neben zahlreichen Arbeitsbögen, die von den Schülern in Gruppen zu bearbeiten waren, wurde ein Unterrichtsfilm zum Thema „Zu schnell!" eingesetzt, wurde die Funktionsweise einer von der Polizei benutzten Bremswegscheibe untersucht und wurden vor allem zahlreiche Materialien und statistische Angaben aus der Tagespresse und aus Fachzeitschriften ausgewertet sowie Werbeschriften der Automobil-Hersteller in bezug auf die Qualität der darin benutzten Argumente für schnelle Fahrzeuge überprüft.

Die genannten Unterrichtsprojekte sind damit nur unzureichend beschrieben, doch müssen wir uns hier auf diese wenigen Hinweise beschränken und wollen abschließend versuchen, einige Schwierigkeiten und Probleme, die schon im Ansatz des projektorientierten Mathematikunterrichts liegen, deutlich zu machen:

1. Die Betonung des Gesichtspunkts „Mathematik als Werkzeug und Hilfsmittel" birgt in sich die Gefahr, daß mathematische Verfahren nicht mehr einsichtig erarbeitet, sondern nur wie ad hoc benötigte Rechenverfahren mitgeteilt und unverstanden eingeübt werden. Es ist kaum anzunehmen, daß die mit dem Go-cart beschäftigten Schüler die schriftliche Multiplikation anders als in dieser äußerlichen Weise verwendet haben, so daß mathematisch dabei eigentlich kaum etwas gelernt wurde. Selbst bei einem so gründlich vorbereiteten Projekt wie „Tempo 130" war es offenbar nicht zu vermeiden, einzelne Formeln in Arbeitsbögen fertig vorzugeben, wo man sich ein Erarbeiten und Entdecken hätten wünschen können.

2. Das Prinzip der Selbstbestimmung der Schüler bei der Wahl und Planung eines Projekts kann nicht ohne Einschränkung als bedingungslose Orientierung an den Interessen der Schüler hingenommen werden. Gerade aus der Aufgabe, den Schüler auf die außerschulische Welt vorzubereiten – und dies ist nach wie vor ein Ziel des Sachrechnens – kann sich die Notwendigkeit ergeben, Lernprozesse einzuleiten, die vom Schüler selbst zunächst nicht gewollt sind. Man muß ferner sehen, daß Schülerinteressen vielfach nicht von ihnen selbst entwickelt, sondern in starkem Maße durch Moden oder Werbung fremdbestimmt sind, so daß sich die Schule hier nicht passiv verhalten kann. Der Mathematikunterricht hat *auch* die Aufgabe, neue Interessen zu wecken.

Bezogen auf die Durchführung von Unterrichtsprojekten bedeutet das, daß ein vom Lehrer ausgehendes *Angebot* zwar Schülerinteressen berücksichtigen soll, daß es aber in bezug auf seine *inhaltliche und mathematische Relevanz* vorweg gründlich geprüft werden muß. Die Mitentscheidung der Schüler bezieht sich dann auf die Wahl unter mehreren thematischen Möglichkeiten, auf die Gestaltung und Durchführung in Arbeitsgruppen und auf die Eigenaktivität bei der konkreten Arbeit im Projekt.

3. Das Postulat des sozialen Lernens im projektorientierten Mathematikunterricht, verstanden als ein Lernen an Inhalten mit deutlichem Bezug zur gesellschaftlichen Realität, darf nicht dazu führen, daß Sachrechnen ausnahmslos gesellschaftskritisch zu gestalten wäre. Zur Erschließung der Umwelt im Sachrechnen gehört es auch, ganz einfache Dinge mathematisch sehen zu lernen bzw. im Umgang mit einfachen Objekten Mathematisches zu entdecken.

Vorzügliche Beispiele dafür enthalten die Materialien des englischen MMCP-Projekts (Mathematics for the Majority Continuation Project.[23]), die so konzipiert sind, daß der Schüler unter verschiedenen Materialien, Bauanleitungen, Spielen oder Arbeitskarten mit Problemen wählen kann, die jeweils alle zu einem Rahmenthema gehören, die aber nach Inhalt, Art des Zugangs und Schwierigkeitsgrad variieren. So werden ihm unter dem übergeordneten Thema ,,Buildings" z. B. ein einfacher Baukasten mit regelmäßig gelochten Leisten angeboten, aus denen er Dreiecke, Vierecke und verschiedenartige Gitter zusammensetzen soll. Welche Konstruktionen sind stabil? Welche nicht? Bilder von Kränen, die durch eigene Beobachtungen des Schülers zu ergänzen sind, stellen den Bezug zu seiner Umwelt her. Bei den stabilen Formen, den Dreiecken, führen bestimmte Zahlenkombinationen wie 3 − 4 − 5 auf rechte Winkel und eröffnen neue Aktivitäten, in denen die Bedeutung der rechtwinkligen Formen in der Umwelt erkundet wird. Und so fort.

Derartige Materialien und Vorschläge zu mathematisch relevanten Schüleraktivitäten, die durch ihre Einfachheit und zugleich durch die Vielfalt des Angebots bestechen, haben außerdem den großen Vorzug der Wiederverwendbarkeit. Sie sind nicht an aktuelle Ereignisse wie Landtagswahlen, Ölkrise oder eine neue Verkehrsgesetzgebung gebunden und erleichtern dadurch dem Lehrer Planung und Einstieg. Eine der großen praktischen

---

23 Mathematics for the Majority Continuation Project (MMCP), hrsg. vom Schools Council, Verlag Schofield & Sims Ltd., Huddersfield, Great Britain. Eine deutsche Bearbeitung der bisher vorliegenden Materialien wird zur Zeit im Rahmen des Hessischen Projekts SUGZ (Systematische Umsetzung gesamtschulspezifischer Zielsetzungen) vorbereitet.

Schwierigkeiten, die dem projekorientierten Unterschied sonst gegenüberstehen, liegt ja in dem erheblichen Aufwand an Zeit, Energie und Einfallsreichtum, der vom Lehrer für die Bereitstellung, das Sammeln und Herstellen der benötigten Unterrichtsmaterialien gefordert wird.

4. Das Lernen von Mathematik, auch eingebettet in die Erarbeitung des gesellschaftlichen Kontexts der angesprochenen Inhalte, bleibt dennoch eine wichtige Aufgabe, und ein projektorientierter Mathematikunterricht, der das leistet, darf wohl mehr als alles andere wirklich als Sachrechnen angesprochen werden. Doch muß man sehen, daß der Mathematikunterricht damit heraustritt aus der Isolierung im Fachlichen und der Beschränkung auf die unantastbaren Zahlenbeziehungen und daß vielmehr die Probleme des Urteilens, der moralischen und politischen Wertung, wie sie sonst vorwiegend in Fächern wie Deutsch oder Gemeinschaftskunde auftreten, auch für den Mathematikunterricht ein großes Gewichts erhalten. Nicht immer dürfte es gelingen, Hand in Hand mit mathematischen Überlegungen das Für und Wider einer Regelung so gründlich aufzuarbeiten wie im Projekt „Tempo 130". Wenn man etwa im Zusammenhang mit der Prozent- und Zinsrechnung fragt „Woher kommen die Zinsen, und was macht die Bank mit den Spareinlagen?" und wenn man solche Fragen so prägnant beantwortet, wie dies O. F. Kanitz unter der Überschrift „Eine objektive, doch gefährliche Rechenstunde" bereits 1924 beispielhaft tat[24], so ist nicht zu verhehlen, daß ein solcher Unterricht auch mißbraucht werden kann bis hin zu einer Indoktrination für oder gegen ein Wirtschaftssystem oder eine Gesellschaftsordnung. Andererseits findet man in einem erst 1975 gedruckten Lehrbuch ganze Seiten von Erklärungen und Übungen zum Thema „umgekehrtes Verhältnis", die inhaltlich ausschließlich Arbeiten auf dem Kasernenhof und das Ausheben von Splittergräben betreffen[25]. Die heimliche Indoktrination, die sich hier vollzieht, wenn man die Zahlen berechnet, *ohne die Inhalte zu diskutieren*, dürfte nicht weniger gefährlich sein.

Die Überlegungen dieses Abschnitts werden deutlich gemacht haben, daß Sachrechnen − im Projektunterricht wie auch sonst − kaum jemals ein didaktisch und methodisch gesichertes, abgeschlossenes Gebiet des Mathematikunterrichts sein dürfte, sondern daß sich der Lehrer dabei immer wieder neu vor eine schwierige und verantwortungsvolle Aufgabe gestellt sieht.

24 O. F. Kanitz, Eine objektive, doch gefährliche Rechenstunde (1924), Neudruck in: O. F. Kanitz, Das proletarische Kind in der bürgerlichen Gesellschaft, Frankfurt a. M. 1974, S. 242 ff.
25 Siehe G. Vietzke/H.-J. Bruhn, Rechnen, Algebra, Geometrie, Grundkurs für die Erwachsenenbildung, Regensburg 1975.

Literaturverzeichnis

A Allgemeines — mathematische und psychologische Grundlagen

Aebli, H.: Psychologische Didaktik, Stuttgart [5]1973.

Ausubel, D. P.: Psychologie des Unterrichts, Weinheim-Basel 1974.

Bartmann, Th.: Denkerziehung im Programmierten Unterricht, München 1966.

Bruner, J. S.: Der Prozeß der Erziehung, Berlin [2]1972.

Correll, W.: Programmiertes Lernen und schöpferisches Denken, München [5]1970.

Gagné, R. M.: Die Bedingungen des menschlichen Lernens, Hannover [2]1970.

Gerster, H.-D.: Aussagenlogik, Mengen, Relationen, Freiburg [4]1976.

Griesel, H.: Die Neue Mathematik für Lehrer und Studenten, Bd. 2, Hannover 1973.

Kirsch, A.: Elementare Zahlen- und Größenbereiche, Göttingen 1970.

Kütting, H.: Einführung in Grundbegriffe der Analysis, Bd. 1, Reelle Zahlen und Zahlenfolgen, Freiburg 1973.

Lompscher, J.: Theoretische und experimentelle Untersuchungen zur Entwicklung geistiger Fähigkeiten, Berlin 1972.

Luchins, A. S.: Mechanisierung beim Problemlösen, in: C. F. Graumann (Hrsg.), Denken, Köln-Berlin [5]1971.

Meadows, D. u. a.: Die Grenzen des Wachstums, Stuttgart 1972.

Menninger, K.: Zahlwort und Ziffer, Eine Kulturgeschichte der Zahl, Göttingen [2]1958.

Mitschka, A./Strehl, R.: Einführung in die Geometrie, Kongruenz- und Ähnlichkeitsabbildungen in der Ebene, Freiburg 1975.

Polya, G.: Schule des Denkens, Bern 1949.

Polya, G.: Mathematik und plausibles Schließen, 2 Bde., Basel 1962.

Polya, G.: Die Heuristik. Versuch einer vernünftigen Zielsetzung, in: Der Mathematikunterricht, 1964, Heft 1.

Poyla, G.: Vom Lösen mathematischer Aufgaben, 2 Bd., Basel-Stuttgart 1966/1967.

Rönnburg/Schröder/Diepen: Grundlagen des Bankrechnens, neu bearb. von G. Diepen, Bad Homburg-Berlin-Zürich [40]1977.

Skowronek, H.: Lernen und Lernfähigkeit, München [4]1972.

Strehl, R.: Zahlbereiche, Freiburg [2]1975.

Weinert, F. E., Graumann, C. F. u. a. (Hrsg.): Funk-Kolleg Pädagogische Psychologie 2, Frankfurt a. M. 1975.

Wertheimer, M.: Produktives Denken, Frankfurt a. M. [2]1964.

Wittmann, E.: „Mutter"-Strategien der Heuristik, in: Die Schulwarte, 1973, Heft 8—9.

B Mathematikdidaktische Literatur — Sachrechnen

Bauersfeld, H.: Der Simplexbegriff im Sachrechnen der Volksschule, in: Die Schulwarte, 1965, Heft 2—3.

Bigalke, H.-G./Hasemann, K.: Zur Didaktik der Mathematik in den Klassen 5—6 (Orientierungsstufe), Bd. 1, Frankfurt a. M. — Berlin-München 1977.

Biermann, N./Bussmann, H./Niedworok, H.-W.: Schöpferisches Problemlösen im Mathematikunterricht, München-Wien-Baltimore 1977.

Borsum, W.: Die Schülerleistungen im Zahlen- und Sachrechnen beim modernen Mathematikunterricht in der Grundschule, in: Beiträge zur Reform der Grundschule, 1975, S. 243 ff.

Breidenbach, W.: Methodik des Mathematikunterrichts in Grund- und Hauptschulen, Hannover ⁴1976.

Burchardt, B./Zumpe, S.: Zur Notwendigkeit eines praxisorientierten Mathematikunterrichts, in: betrifft erziehung, 1974, Heft 11.

Dahlke, E.: Zur Vermeidung negativen Transfers beim Lernen ähnlicher Aufgabenklassen, Diss. Braunschweig 1974.

Damerow, P. u. a.: Elementarmathematik: Lernen für die Praxis? Stuttgart 1974.

Damerow, P.: Planung von offenem Unterricht und Projektunterricht, in: Die Grundschule, 1977, Heft 1.

Deutsches Institut für Fernstudien: Mathematik − Kurs für Grundschullehrer, E 10, Größenbereiche, Tübingen 1974.

Deutsches Institut für Fernstudien: Mathematik Orientierungsstufe − Kurs für Grundschullehrer, E 19, Einfache Funktionen − Sachrechnen, Tübingen 1976.

Dienes, Z. P./Golding, E. W.: Methodik der modernen Mathematik, Freiburg 1970.

Ellrott, D./Schindler, M.: Die Reform des Mathematikunterrichts, Bad Heilbrunn 1975.

Etzrodt, J./Strehl, R.: Zur Rolle von Veranschaulichung, Modellbildung und Mathematisierung in der Didaktik der Mathematik, in: Abhandlungen aus der Pädagogischen Hochschule Berlin, Bd. II, Berlin 1976.

Fettweis, E./Schlechtweg, H.: Didaktik und Methodik des Rechenunterrichts, Paderborn 1965.

Freund, H.: Bruchrechnung und Sachrechnen, Kiel 1970.

Geist, P.: Vom Rechnen in Textaufgaben zum echten Sachrechnen, in: Neue Wege zur Unterrichtsgestaltung, 1966, Heft. 6.

Glatfeld, M.: Zum Funktionsbegriff im Mathematikunterricht der Hauptschule, in: Meyer (Hrsg.), Didaktische Studien, Mathematik in der Hauptschule II, Stuttgart 1972.

Großhans, D.: Strukturierung von Textaufgaben mit Hilfe nichtverbaler Zeichensysteme, in: Beiträge zur Reform der Grundschule, 1974, S. 283 ff.

Hermann, H. D.: Mathematik im Projektunterricht, in: Ästhetik und Kommunikation, Heft 22/23, 1975/76.

Hollmann, E.: Bruchoperatoren in der Prozent- und Zinsrechnung, in: Der Mathematikunterricht, 1975, Heft 1.

Junker, W./Sczyrba, K.: Lebensnahes Rechnen, Ratingen ²1964.

Kanitz, O. F.: Eine objektive, doch gefährliche Rechenstunde (1924), Neudruck in: O. F. Kanitz, Das proletarische Kind in der bürgerlichen Gesellschaft, Frankfurt a. M. 1974, S. 242 ff.

Kempinsky, H.: Lebensvolle Raumlehre, Bonn 1952.

Kirsch, A.: Eine Analyse der sogenannten Schlußrechnung, in: Mathematisch-Physikalische Semesterberichte, 1969, Heft 1.

Kirsch, A.: Vorschläge zur Behandlung von Wachstumsprozessen und Exponentialfunktionen im Mittelstufenunterricht, in: Beiträge zum Mathematikunterricht 1976, Hannover 1976, S. 107 ff.

Koljagin, J. M.: Über das Aufstellen von Aufgaben im Mathematikunterricht, in: Mathematik in der Schule, 1971, Heft 8.

Kröpelin, E. A.: Bericht über die Entwicklung eines Lehrprogramms zur Einführung in das Lösen von Textaufgaben im 4. und 5. Schuljahr, in: Beiträge zum Mathematikunterricht 1968, Hannover 1969, S. 180 ff.

Lange, O.: „Allgemeine Lernziele für Mathematik" – Erläuterungen zu einem Katalog, in: Lernzielorientierter Unterricht .974, Heft 4.

Lietzmann, W.: Lustiges und Merkwürdiges von Zahlen und Formen, Göttingen 1950.

Lörcher, G. A.: Sachrechnen in der beruflichen Ausbildung, unveröffentlichte Materialsammlung.

Maier, H.: Didaktik der Mathematik 1–9, Donauwörth ^{2}1972.

Maier, H.: Zahl und Sache, in: Pädagogische Welt, 1969, Heft 12.

Mayer, M.: Volkstümliche Raumkunde, München o. J.

Mitschka, A.: Anschauliche Möglichkeiten einer Erläuterung von Irrationalzahlen in der Hauptschule, in: Neue Wege zur Unterrichtsgestaltung, 1969, Heft 7.

Mitschka, A.: Das Rechnen mit Verhältnissen, Ratingen 1971.

Mitschka, A.: Schülerleistungen im Rechnen zu Beginn der Hauptschule, Auswahl, Reihe B, Bd. 42, Hannover 1971.

Müller, G./Wittmann, E.: Der Mathematikunterricht in der Primarstufe, Braunschweig 1977.

Müller, W./Thyen, H.: Rechentüchtigkeit und mathematische Bildung (Max Traeger Stiftung, Forschungsberichte, 5), Darmstadt 1967.

Münzinger, W. (Hrsg.): Projektorientierter Mathematikunterricht, München-Wien-Baltimore 1977.

Oehl, W.: Der Rechenunterricht in der Hauptschule, Hannover ^{5}1974.

Padberg, F.: Didaktik der Bruchrechnung, Freiburg i. Br. 1978.

Raatz, U./Forth, H./Priemer, W.: Welche mathematischen Kenntnisse sind im Beruf erforderlich? – eine empirische Untersuchung, in: Lernzielorientierter Unterricht, 1973, Heft 2.

Schlaak, G.: Fehler im Rechenunterricht, Auswahl, Reihe B, Bd. 8/9, Hannover 1968.

Schultz v. Thun, F./Götz, W.: Mathematik verständlich erklären, München 1976.

Schwartze, H.: Grundriß des mathematischen Unterrichts, Bochum o. J.

Steinhöfel, W./Reichhold, K./Frenzel, L.: Einige Probleme bei der Behandlung von Sach- und Anwendungsaufgaben in den Klassen 5 und 6, in: Mathematik in der Schule, 1975, Heft 1.

Strauß, J.: Sachrechnen im 5. bis 10. Schuljahr, Stuttgart 1970.

Treitz, P.: Untersuchungen mit Drittkläßlern über das Problemlösen bei Vorlage einer Textrechnung, in: Sachunterricht und Mathematik in der Grundschule, 1974, Heft 3.

Vollrath, H.-J.: Didaktik der Algebra, Stuttgart 1975.

Vollrath, H.-J.: Mathematische Behandlung von Problemen der Preistheorie in der Hauptschule, in: Beiträge zum Mathematikunterricht 1973, Hannover 1974, S. 259 ff.

Vollrath, H.-J.: Ware-Preis-Relation im Unterricht, in: Der Mathematikunterricht, 1973, Heft 6.

Wagemann, E. B.: Probleme des Sachrechnens, in: Beiträge zum Mathematikunterricht in der Hauptschule, Hannover 1968, S. 45 ff.

Weiser, G.: Sachrechnen in der Orientierungsstufe in Beispielen, Donauwörth 1975.

Wenger, O.: Sachrechnen in der Hauptschule, in: Pädagogische Welt, 1973, Heft 1.

Winter, H.: Die Erschließung der Umwelt im Mathematikunterricht der Grundschule, in: Beiträge zum Mathematikunterricht 1976, Hannover 1976, S. 262 ff.

Winter, H.: Gedanken zur Modernisierung des Sachrechnens in ·den Klassen 7–10, in: Meyer (Hrsg.), Didaktische Studien, Mathematik in der Hauptschule II, Stuttgart 1972.

Winter, H.: Kreatives Denken im Sachrechnen, in: Die Grundschule, 1977, Heft 9.
Winter, H.: Über den Nutzen der Mengenlehre für den Arithmetikunterricht, in: Die Schulwarte, 1972, Heft 9–10.
Winter, H.: Vorstellungen zur Entwicklung von Curricula für den Mathematikunterricht in der Gesamtschule, in: Beiträge zum Lernzielproblem, Ratingen 1972, S. 67 ff.
Wittmann, E.: Grundfragen des Mathematikunterrichts, Braunschweig 1974.
Wittoch, M.: Neue Methoden im Mathematikunterricht, Auswahl, Reihe B, Bd. 65/66, Hannover 1973.
Wolf, W.: Ein erster Bericht über empirische Untersuchungen aus dem Projekt „Mathematik am Arbeitsplatz", in: Lernzielorientierter Unterricht, 1973, Heft 2.
Zech, F.: Grundkurs Mathematikdidaktik, Weinheim-Basel 1977.
Ziegler, Th.: Die logische Struktur des Sachrechnens, in: Beiträge zum Mathematikunterricht 1968, Hannover 1969, S. 225 ff.

C Rahmenpläne und Richtlinien — im Text genannte Schulbücher und Materialien

Vorläufige Arbeitsanweisungen für die Hauptschulen Baden-Württembergs, hrsg. vom Kultusministerium Baden-Württemberg, Stuttgart 1967, Neckar Verlag Villingen.
Bildungsplan für die Grundschulen in Baden-Württemberg, 1967, Neckar Verlag Villingen.
Bildungsplan für die bayrischen Volksschulen, hrsg. vom Bayrischen Staatsministerium für Unterricht und Kultus, Amtsblatt Jg. 1955.
Bildungsplan für die allgemeinbildenden Schulen im Lande Hessen. II Das Bildungsgut. A Das Bildungsgut der Volksschule. Amtsblatt des Hessischen Ministers für Erziehung und Volksbildung, Februar 1957.
Empfehlungen und Richtlinien zur Modernisierung des Mathematikunterrichts an den allgemeinbildenden Schulen, Beschluß der Kultusministerkonferenz vom 3. 10. 1968, in: Sammlung der Beschlüsse der Ständigen Konferenz der Kultusminister in der Bundesrepublik Deutschland, Neuwied.
Grundsätze, Richtlinien, Lehrpläne für die Hauptschule in Nordrhein-Westfalen. Die Schule in Nordrhein-Westfalen, Eine Schriftenreihe des Kultusministers, Heft 30, Ratingen 1968.
Kultusministerium Baden-Württemberg: Abschlußprüfung Nov. 1975 der Berufsschulen (gewerblicher Bereich) — Abschlußprüfung der Industrie- und Handelskammern (schriftlicher Teil), Baden-Württemberg.
Rahmenpläne für Unterricht und Erziehung in der Berliner Schule, Berlin 1968, B III a 13, Hauptschule: Mathematik.
Richtlinien für die Lehrpläne des 5.–9. Schuljahrs der Volksschulen des Landes Schleswig-Holstein vom 8. 1. 1954, hrsg. vom Kultusminister des Landes Schleswig-Holstein.
Richtlinien für die Volksschulen des Landes Niedersachsen, Hannover 1962,
Richtlinien für die Volksschulen in Rheinland-Pfalz, Runderlaß des Ministers für Unterricht und Kultus vom 29. 3. 1957, Grünstadt 1957.
Andelfinger, B. (Hrsg.): Mathematik M 7, Herder Verlag, Freiburg 1977.
Arendt, J./Pietz, D./Usbeck, F.: Mathematik im 3. Schuljahr, Georg Westermann Verlag, Braunschweig 1971.
Athen, H./Griesel, H. (Hrsg.): Mathematik heute, Herman Schroedel Verlag, Hannover.

Bigalke, H.-G. (Hrsg.): Einführung in die Mathematik für allgemeinbildende Schulen, Ausgabe H, Verlag Moritz Dieserweg, Frankfurt a. M.-Berlin-München.

Breidenbach, W. (Hrsg.): Die Zahl in der Welt, Sachaufgaben und Prüfungsarbeiten, Schroedel Verlag, Hannover 1961–62.

Fricke, A./Besuden, H. (Hrsg.): Mathematik in der Grundschule, Ernst Klett Verlag, Stuttgart.

Griesel, H./Sprockhoff, W. (Hrsg.): Welt der Mathematik, Hermann Schroedel Verlag, Hannover.

Mathematics vor the Majority Continuation Project (MMCP), hrsg. vom Schools Council, Verlag Schofield & Sims Ltd., Huddersfield, Great Britain.

Neubert, K. (Hrsg.): Westermann Mathematik, Georg Westermann Verlag, Braunschweig.

Neunzig, W. (Hrsg.): Wir lernen Mathematik, Verlag Herder, Freiburg.

Resag, K. (Hrsg.): Zahl und Raum in unserer Welt, Georg Westermann Verlag, Braunschweig 1961–66.

Schütz, H./Wurl, B. (Hrsg.): Mathematik in der Sekundarstufe I, Hermann Schroedel Verlag, Hannover.

Vietzke, G./Bruhn, H.-J.: Rechnen, Algebra, Geometrie, Grundkurs für die Erwachsenenbildung, Regensburg 1975.

Vogler, M.: Mathematisches Arbeitsbuch – Sachrechnen, Verlag Moritz Diesterweg, Frankfurt a. M.-Berlin-München.

Winter, H./Ziegler, Th.: Neue Mathematik, Hermann Schroedel Verlag, Hannover.

Register